U0323988

贵州省煤层气

地面抽采关键技术与工程应用

贵州省煤田地质局

主　编　易同生　桑树勋　金　军

副主编　周效志　汪凌霞　陈　捷　高　为

Guizhousheng Meicengqi

Dimian Choucai Guanjian Jishu Yu Gongcheng Yingyong

中国矿业大学出版社

China University of Mining and Technology Press

内 容 简 介

本书以贵州省煤层气开发过程中的工程技术为基础,系统介绍了贵州省上二叠统龙潭组煤层煤层气地面开发中的抽采工艺及适应性评价,包括丛式井成井、含气层识别与层段优选、"小层射孔、分段压裂、合层排采"关键技术等新技术与新工艺以及相应的技术成果和施工认识等。全书共分为十章:第一章为煤层气地质基础;第二章为煤储层特征;第三章为煤层气成藏类型与关键控制因素;第四章为煤层气地面抽采技术;第五章为开发技术适应性与工程有效性评价;第六章为复杂山区丛式井部署与成井技术;第七章为煤层群含气层识别与开发层段优选技术;第八章为小层射孔与分段压裂技术;第九章为合层排采技术;第十章为产能预测与数据监测。

本书可供从事煤层气勘查开发的研究人员、工程技术人员及高等院校师生参考。

图书在版编目(CIP)数据

贵州省煤层气地面抽采关键技术与工程应用/易同

生,桑树勋,金军主编. —徐州:中国矿业大学出版社,2019.8

ISBN 978-7-5646-4533-5

Ⅰ.①贵… Ⅱ.①易… ②桑… ③金… Ⅲ.①煤层—

地下气化煤气—油气开采—研究—贵州 Ⅳ.①P618.11

中国版本图书馆 CIP 数据核字(2019)第 177915 号

书　　名	贵州省煤层气地面抽采关键技术与工程应用
主　　编	易同生　桑树勋　金　军
责任编辑	仓小金　周　红　王美柱
出版发行	中国矿业大学出版社有限责任公司
	(江苏省徐州市解放南路　邮编 221008)
营销热线	(0516)83884103　83885105
出版服务	(0516)83995789　83884920
网　　址	http://www.cumtp.com　**E-mail:**cumtpvip@cumtp.com
印　　刷	虎彩印艺股份有限公司
开　　本	787 mm×1092 mm　1/16　**印张** 13　**字数** 324 千字
版次印次	2019 年 8 月第 1 版　2019 年 8 月第 1 次印刷
定　　价	48.00 元

(图书出现印装质量问题,本社负责调换)

《贵州省煤层气地面抽采关键技术与工程应用》
编 委 会

主 任 委 员：王　剑

副主任委员：易同生

委　　　员：周传芳　刘　毅　赵　霞
　　　　　　杨通保　洪愿进

主　　　编：易同生　桑树勋　金　军

副　主　编：周效志　汪凌霞　陈　捷　高　为

参　　　编：颜智华　姜秉仁　赵凌云　罗　沙
　　　　　　白利娜　曾家瑶　杨　雪　付　炜
　　　　　　韩忠勤　陶斤金　邓　兰　慕熙玮
　　　　　　周培明　韩明辉　蔡　杰　王　乔
　　　　　　周　泽　郭志军

前　言

　　贵州省是中国南方煤炭资源最丰富的省份,其煤层气资源具有储量大、分布集中、品位高等特点。据相关资料,贵州省 2 000 m 以浅煤层气地质资源量为 3.05 万亿 m³,居全国前列,具备煤层气规模化勘探开发的资源条件。

　　贵州省煤层气赋存地质条件复杂,上二叠统含煤地层龙潭组煤层群发育,主采煤层含气量高。省内绝大多数煤矿为高瓦斯矿井,其风排瓦斯量大、井下瓦斯利用率低,矿井瓦斯不仅直接威胁井下生产安全,也加剧了温室效应。因而,全面推进贵州省煤层气(瓦斯)勘查开发,不仅可从根本上打破贵州省"缺油少常规气"的能源格局,为全省经济高速发展提供能源基础,同时也可保障煤矿安全和促进矿井高效生产,从而带动全省能源经济快速发展,这具有重大的安全、环境、经济与社会效益。

　　贵州省地处云贵高原,地形高差大,地质构造复杂,尤其是主要含煤地层上二叠统龙潭组沉积于上扬子地台康滇古陆前缘的三角洲—潮坪—潟湖环境,造就了煤层层数多、单层厚度薄、层间距小、侧向变化大、渗透率及单层煤层气资源丰度低、总资源丰度高等煤层气成藏地质特点,煤层气开发地质条件不同于国内外其他煤层气勘探开发区块,开发难度大。早在20 世纪 90 年代,贵州省就开始了煤层气(矿井瓦斯)勘查与开发试验工作,但一直未取得工业突破。自 2012 年贵州省煤层气地面开发示范工程实施以来,省内煤层气地面开发中的关键问题得到了很好的解决和突破,并创新性地引入了多元化思路,建立了与本省低渗、薄至中厚煤层群发育条件相匹配的、本土化的煤层气勘探开发新模式、新技术及新工艺。为了及时总结近几年煤层气开发过程中的关键技术和经验成果,本书对贵州省煤层气地质基础、煤储层特征、成藏特征、地面抽采工艺及适应性评价、丛式井完井、含气层识别与层段优选以及"小层射孔、分段压裂、合层排采"关键技术等进行了系统介绍。

　　全书由易同生、桑树勋、金军担任主编,周效志、汪凌霞、陈捷、高为担任副主编。易同生对全书进行了修改、补充、完善和审定,颜智华、姜秉仁、赵凌云、陈捷、高为等对各章节进行了审读与修改,付炜、罗沙、白利娜、周培明、韩明辉等进行了数据分析,曾家瑶、杨雪、韩忠勤、陶斤金、邓兰、慕熙玮、蔡杰、王乔、周泽、郭志军等进行了资料收集和图件绘制。

　　本书借鉴了贵州省煤田地质局等单位取得的大量煤炭勘探资料、煤层气开发试验取得的经验以及勘查开发研究成果。其中,示范工程得到了贵州省科学技术厅、贵州盘江投资控股(集团)有限公司和贵州盘江煤层气开发利用有限责任公司的大力支持;样品测试分析由贵州省煤田地质局实验室完成。本书中的部分插图由贵州省自然资源厅进行审核。谨此,对上述单位和个人为本书所做的贡献表示衷心感谢!

　　本书主要成果完成于2017年年底,具体内容是理论研究在工程实践探索中的经验总结与体现,许多内容属首次公开出版,希望能给从事相关技术研究的人员提供借鉴和指导。

　　本书不足之处,恳请读者批评指正。

编　者
2019 年 6 月

目　　录

第一章　煤层气地质基础

第一节　煤田地质

一、区域地层与含煤地层

（一）区域地层

贵州位于中国西南部的云贵高原东部,沉积岩层分布广泛,地层发育较齐全,古生物化石丰富,煤、磷、铝等沉积矿产种类多,是我国沉积地层和沉积矿产研究的典型地区之一。

根据全国地层区划,贵州属华南地层大区中的扬子地层及东南地层区,从蓟县系至第四系均有发育,厚 30 000 余米,绝大部分属海相沉积,厚度巨大。前震旦系及震旦系以碎屑岩为主,普遍变质,发育完整;古生界至三叠系海相地层分布广泛,化石丰富,层序完整。中、晚元古宙以海相碎屑沉积为主,古生代至晚三叠世中期则是海相碳酸盐岩沉积占优势,晚三叠世晚期以后则全为陆相碎屑沉积(见表 1-1)。

表 1-1　　　　　　　　　　　　　　　　贵州区域地层简表

年代地层			岩石地层		岩 性 描 述	厚度 /m
界	系	统	群	组（段）		
新生界	第四系	全新统			黄色-灰色黏土、亚黏土及沙、砾岩。局部夹泥炭 1～2 层	0～120
		更新统				
	新近系			高坎子组	灰褐色或灰绿色亚砂土、亚黏土、黏土及紫红色砾岩、泥岩。夹褐煤 0～10 层	65～135
				翁哨组		
	古近系		石脑群	上坝组	灰紫色厚层砾岩、砂砾岩、砂质泥岩、泥质粉砂岩、细砂岩	0～2 156
				彭家屯组		
中生界	白垩系	上统			泥岩、砂质泥岩、细砂岩和石英砂岩等。产植物化石碎片	4～1 440
		下统			洪积-河流相砾岩、石英砂岩。产介形类化石	235
	侏罗系	上统		蓬莱镇组	紫红色砂岩、长石石英砂岩、泥岩。偶产叶肢介等化石	1 420
				遂宁组		
		中统		上沙溪庙组	紫红色泥岩、粉砂岩、石英砂岩,局部夹泥灰岩透镜体。产叶肢介、双壳类等化石	1 330
				下沙溪庙组		
		下统	自流井群	凉高山组	紫红色为主的泥岩、石英砂岩,夹泥质灰岩。底部为一铁矿层位,偶夹碳质泥岩或煤线。产双壳类等化石	401
				大安寨组		
				马鞍山段		
				东岳庙段		
				珍珠冲段		

续表 1-1

年代地层			岩石地层		岩 性 描 述	厚度/m
界	系	统	群	组（段）		
中生界	三叠系	上统		二桥组	灰色-灰绿色泥岩、砂岩、石英砂岩，中上部夹碳质泥岩及煤层（线）。产粗菊石、云南蛤、鳞羊齿等化石	2 300
				火把冲组		
				把南组		
		中统		法郎组	灰色-黄灰色泥岩、泥灰岩、灰岩及白云岩，底层为"绿豆岩"。产粗菊石等化石	1 236
				关岭组		
		下统		永宁镇组	紫红色-灰绿色-灰色泥岩、粉砂岩及灰岩、白云岩、溶塌角砾岩。产克氏蛤、蛇菊石、提罗菊石等化石	1 079
				飞仙关组		
古生界	二叠系	上统		长兴组（汪家寨组）	绿灰色-灰色-深灰色玄武岩、砂岩、泥岩及灰岩、硅质岩，夹碳质泥岩及煤层。产大羽羊齿、欧姆贝、喇叭蜓、古蜓、假提罗菊石等化石	425
				龙潭组（宣威组、吴家坪组）		
				峨眉山玄武岩组		
		中统		茅口组	灰色-灰黄色石英砂岩、泥岩、灰岩、燧石灰岩、白云岩，底部夹碳质泥岩及煤层（线）。产米斯蜓、新希瓦格蜓、矢部蜓等化石	743
				栖霞组		
				梁山组		
		下统		包磨山组	深灰色灰岩，夹石英细砂岩及泥岩。产蜓、珊瑚等化石	56
				龙吟组		
	石炭系	上统		马平组	灰白色中厚层灰岩、白云质灰岩、白云岩和瘤状灰岩，含燧石团块或条带，紫红色泥质物。产假史塔夫蜓、谢尔文氏纺锤蜓等化石	848
				达拉组		
				滑石板组		
		下统		摆佐组	灰黑色中厚层石灰岩、泥质灰岩、白云质灰岩及紫褐色石英砂页岩、钙质或砂质页岩；旧司组和祥摆组含煤1～5层。产沟珊瑚、假乌拉珊瑚、贵州珊瑚及细线贝等化石	1 210
				上司组 打屋坝组		
				旧司组		
				祥摆组		
				汤粑沟组		
	泥盆系	上统		革老河组	灰色-灰黑色白云质灰岩、泥质灰岩、灰岩及泥岩。产弓石燕、介形类等化石	627
				尧梭组		
				望城坡组		
		中统		独山组	灰色-灰黑色-黄褐色灰岩、泥质灰岩及石英砂岩、页岩。产巅石燕、鸮头贝、乌塔拉图珊瑚等化石	700
				邦寨组		
				龙洞水组		
		下统		舒家坪组	灰白色-深灰色石英砂岩、页岩。产阔石燕、鱼等化石	255
				丹林组		
	志留系	中统		回星哨组	灰绿色页岩、粉砂岩，夹薄层灰岩。产湖南笔石、翼肢鲎等化石	720
				韩家店组		
		下统		石牛栏组	深灰色页岩、粉砂岩及泥质灰岩，底部为碳质页岩。产笔石等化石	417
				龙马溪组		

续表 1-1

年代地层			岩石地层		岩 性 描 述	厚度/m
界	系	统	群	组（段）		
古生界	奥陶系	上统		五峰组	灰色瘤状泥质灰岩、页岩及碳质页岩。产南京三瘤虫、小达尔曼虫、双角笔石等化石	21
				涧草沟组		
		中统		宝塔组	灰色碳质泥岩、泥灰岩及龟裂纹灰岩。产双房角石、震旦角石等化石	44
				十字铺组		
		下统		湄潭组	灰色灰岩、白云质灰岩、白云岩及黄绿色砂岩、页岩。产对笔石、雕笔石等化石	388
				红花园组		
				桐梓组		
	寒武系	上统		毛田组	灰色白云岩、白云质灰岩及灰岩。产卡尔文虫等化石	603
				后坝组		
		中统		平井组	灰色白云质砂质泥岩、泥质白云岩、白云岩及白云质灰岩、灰岩。产高台虫等化石	725
				石冷水组		
				高台组		
		下统		清虚洞组	灰黑色碳质页岩,灰色、灰绿色砂岩、页岩、古杯灰岩及白云质灰岩,底部时含石煤。产软舌螺、遵义盘虫、莱德利基虫等化石	837
				金顶山组		
				明心寺组		
				牛蹄塘组		
新元古界	震旦系			灯影组	深灰色-灰黑色泥岩、碳质泥岩及浅灰色白云岩,局部含硅质条带。产叠层石、疑源类化石	353
				陡山沱组		
	南华系	上统		南沱组	灰色-灰绿色石英杂砂岩、泥岩、含砾砂岩及冰川角砾岩,松桃、凯里、江口等地夹碳质页岩。产藻类、疑源类等化石	2 968
		下统		大塘坡组		
				富禄组		
				长安组		
	青白口系		板溪群	隆里组	灰色-灰绿色片岩、千枚岩、板岩、变余砂岩及变余沉凝灰岩,下部夹少量大理岩或透镜体。产疑源类、叠层石等化石	9 249
				清水江组		
				番召组		
				乌叶组		
				甲路组		
元古界	蓟县系		梵净山群	独岩塘组	浅灰色-深灰色-灰绿色千枚岩、板岩、变余砂岩、变余凝灰岩等	>9 500
				洼溪组		
				铜厂组		
				回香坪组		
				肖家河组		
				余家沟组	变质基性-超基性熔岩（未见底）	
				淘金河组		

（二）含煤地层

含煤地层自下而上有下寒武统，下石炭统，中二叠统，上二叠统，上三叠统，新近系和第四系。其中：下寒武统牛蹄塘组夹有层状石煤；下石炭统祥摆组和旧司组局部含有薄煤层，少数地段达可采厚度；中二叠统梁山组局部含有薄煤或煤线；上二叠统龙潭组（宣威组、吴家坪组）含有多层可采煤层，长兴组（汪家寨组）含煤线或薄煤，局部可采；上三叠统火把冲组局部含煤线或薄煤层；新近系翁哨组见有褐煤；第四系有泥炭堆积。其中，具有工业开采价值的为下石炭统祥摆组、中二叠统梁山组、上二叠统长兴组和龙潭组、上三叠统火把冲组，以上二叠统煤层群最为发育。

（1）下石炭统含煤地层（C_1）

下石炭统祥摆组集中分布于黔南、黔西一带，大致在赫章—纳雍—安顺—麻尾一线以东及威宁地区（据《贵州省岩石地层》，祥摆组和旧司组在罗甸—紫云—六盘水—普安一带称为打屋坝组，不含煤）。含煤地层主要由砂泥岩组成，灰岩夹层罕见，岩性和厚度变化大，煤层薄，且多呈透镜状、扁豆状，稳定性差。

（2）中二叠统含煤地层（P_2）

中二叠统梁山组分布广泛，除雪峰古陆及黔北时有缺失外，其余广大地区均有分布。梁山组岩性变化较大，以黔中、黔西北及黔南一带较为典型，由石英砂岩、泥岩、碳质泥岩及煤层组成；向北砂岩逐渐减少，泥岩增多，至桐梓、仁怀一带为泥岩或"铁铝岩"；向南砂岩亦逐渐减少，灰岩逐渐增多，至紫云、安龙一带为灰岩夹泥岩。

梁山组厚0～257 m，南西厚、北东薄，以水城矿区白泥滥坝一带最厚，达257 m。梁山组含煤区主要分布在黔西北（水城、毕节、大方一带）、黔东（凯里、福泉、黄平、麻江、丹寨一带）、黔东北（务川、德江、印江、石阡一带），其次零散分布于黔中（贵阳附近）、黔北（遵义周围）、黔南荔波及黔东南从江附近。

梁山组含煤0～8层。黔西北区含煤（线）层数较多，最多达8层，一般2～6层；其他含煤区一般含煤1～2层。煤层通常较薄，厚度变化大，呈透镜状或扁豆状产出，一般不可采。含煤性较好的地区为黔东凯里一带，含煤1～3层，一般1～2层；含可采或局部可采煤层1层（局部2层）；煤层可采总厚0～6.5 m，平均1.3 m；含煤系数5%～15%。其次为从江贯洞，含煤2层，其中有1层可采，最大厚度达2 m。其余含煤区除局部区域（如水城山王庙煤厚1.2 m）外，煤层厚度一般在0.4 m以下。水城一带梁山组煤层发育较全，多达8层，上部的1、2号煤层连续性稍好，中下部的3、4、5号煤层稳定性差，向北至毕节、赫章一带逐渐尖灭。

（3）上二叠统含煤地层（P_3）（见表1-2）

上二叠统是贵州省最主要的含煤地层，分布广泛，发育完好，化石丰富。沉积类型多样，自西向东，依次发育陆相、海陆过渡相和海相沉积。在西部地区，晚二叠世早期有大规模基性岩浆喷溢，形成含煤地层下伏的玄武岩组。根据岩性、岩相、古生物、含煤性及煤质特征，全省可划分为三大相区、九个小区（见图1-1），不同区域含煤地层和煤层的发育特征明显不同。

陆相区宣威组分布于赫章、水城、盘州一线以西。以碎屑岩沉积为主，偶夹泥灰岩和透镜状菱铁岩。一般含煤30余层，可采0～4层，厚0.6～3 m。煤质为中灰、低硫～中硫，煤种为气煤～无烟煤。

表 1-2　　　　　　　　　　贵州省上二叠统含煤地层及煤层发育特征

含煤性	陆相区	过渡相区						海相区			
		六盘水小区			织纳小区	黔北小区	兴义小区	贵阳小区	黔东北小区	黔东南小区	黔南小区
		盘州矿区	水城矿区	六枝矿区							
地层厚度/m	0~192	220~460	220~425	358~513	273~422	136~255	366~434	204~698	93~257	144~1 081	138~2 380
含煤层数/层	0~30	14~58	9~83	9~47	5~57	6~55	11~41	0~16	0~3	1~7	0~1
煤层总厚/m		14.8~46.2	13.1~46.9	12.33~39.67	8.76~38.13	3.25~28.54	1.93~15.05	0~9.10	0~2.4	0.27~4.80	0~0.51
含煤系数/%	1	4.0~15.5	5.4~11.7	2.5~8.2	2.1~10.1	1.5~13.3	0.5~4.0	0~2.8		0.2~1.4	
可采煤层数/层	0~4	2~24	2~19	1~16	1~18	1~12	0~6	0~3	0~1	0~2	
可采厚度/m	0.6~3	3.0~29.8	3.49~24.92	3.77~23.31	2.14~17.58	1.84~14.81	0~9.02	0.7~4.71	0.55~1.08	0.60~2.68	
可采系数/%	0~2.2	0.8~7.6	1.6~7.3	0.8~5.0	0.7~4.9	0.8~6.9	0~2.3	0.3~1.2		0.2~0.4	

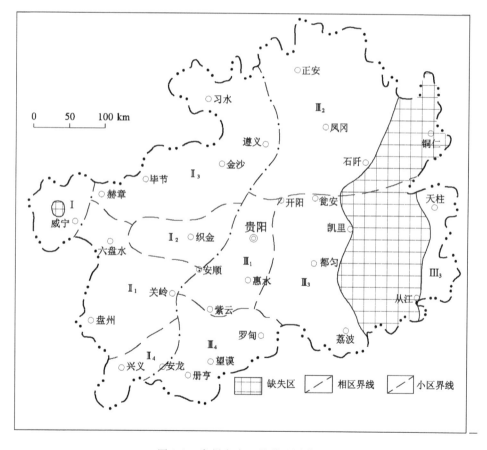

图 1-1　贵州省晚二叠世地层分区

Ⅰ—陆相区(黔西北小区)；Ⅱ—过渡相区(Ⅱ₁—六盘水小区；Ⅱ₂—织纳小区；
Ⅱ₃—黔北小区；Ⅱ₄—兴义小区)；Ⅲ—海相区(Ⅲ₁—贵阳小区；Ⅲ₂—黔东北小区；Ⅲ₃—黔东南小区；Ⅲ₄—黔南小区)

海陆过渡相区长兴组和龙潭组位于陆相区以东,桐梓、贵阳、兴仁一线以西。由碎屑岩、灰岩、煤层组成,灰岩层数和厚度自西向东递增。煤组厚度、煤层层数变化较大。六枝矿区煤组一般厚 360 m,含煤 8~32 层,可采煤层一般 6 层,厚 12 m 左右,多为中灰、中高硫煤,以无烟煤为多,也有部分烟煤。

海相区吴家坪组位于桐梓、贵阳、兴仁一线以东的贵州东部地区,自西向东龙潭组逐渐过渡为吴家坪组,以灰岩为主,夹碎屑岩、煤层。含煤一至数层,可采 1 层,厚约 1 m。煤质为中灰、中硫~高硫煤,煤种为肥煤~贫煤。

(4) 上三叠统(T_3)

省内上三叠统分布在罗甸—贵阳—遵义—正安一线以西地区,主要为一套陆相或海陆交互相碎屑岩含煤沉积,厚 87~2 400 m。火把冲组主要分布在龙头山向斜和郎岱向斜,另在关岭断桥附近向斜核部有零星分布,但残存不全。以龙头山向斜发育最好,主要由泥岩、砂质泥岩、碳质泥岩和石英砂岩组成,含煤 40~50 层,其中,可采煤层 1~3 层,一般 2 层(即 2、3 号煤层)。

本书主要针对的层位是上二叠统海陆过渡相龙潭组。

二、构造及其控煤作用

(一) 区域构造

贵州省大地构造格架首先按基底性质差异划分为扬子陆块和华南褶皱系两个一级构造单元,在此框架内,进一步按盖层发育差异划分为若干个二级构造单元,三级构造单元的划分则更多地考虑上二叠统含煤地层的沉积和含煤性差异(见图 1-2)。

贵州省主要位于扬子陆块,该陆块在中~晚元古代早期为基底发育阶段,分别经历了陆缘大洋地壳、边缘坳陷等阶段,形成一套厚达 2 万余米的变质沉积岩系,下部火山凝灰岩发育。自震旦纪起,陆块进入盖层发育阶段,经广西运动与闭合的华南褶皱系"拼贴"形成统一的华南板块。晚古生代~晚三叠世中期,陆块基本处于滨海浅海环境。晚三叠世晚期,经安源运动全境上升为陆,结束了海相沉积历史。燕山运动使盖层发生强烈褶皱和断裂,区域构造格架基本定形。喜马拉雅运动该区亦受到波及。

(1) 扬子陆块(Ⅰ)

根据盖层发育的显著差异,扬子陆块可分为 3 个二级构造单元(见图 1-2):

① 黔北隆起($Ⅰ_1$)。从震旦纪至晚三叠世中期,基本上处于相对隆起且较稳定的陆表浅海台地环境,可进一步划分为 2 个三级构造单元。遵义断拱($Ⅰ_{1A}$)在泥盆纪~石炭纪期间的拉张断块运动仍继承早期隆升格局,普遍缺失或很少有泥盆系和石炭系沉积。六盘水断陷($Ⅰ_{1B}$)以紫云—垭都断裂为界与北东侧的遵义断拱分开,泥盆纪~石炭纪期间拉张沉陷,沉积厚度较大;紫云—垭都断裂两侧地层特征明显分异,表明其在海西期仍有较强的活动性。

② 黔南坳陷($Ⅰ_2$)。系泥盆纪初拉张沉陷活动中形成的坳陷区,自泥盆纪至晚三叠世早期一直处于浅海—半深水环境。泥盆纪~石炭纪沉积地层十分发育,三叠纪为半深水的广海环境。

③ 川南盆缘坳陷($Ⅰ_3$)。自晚三叠世晚期至始新世,该区一直处于内陆湖泊环境,以侏罗系~白垩系发育且大面积分布为特征。喜马拉雅运动使该坳陷形成褶皱并抬升,褶皱多呈东西向展布,断裂不甚发育。

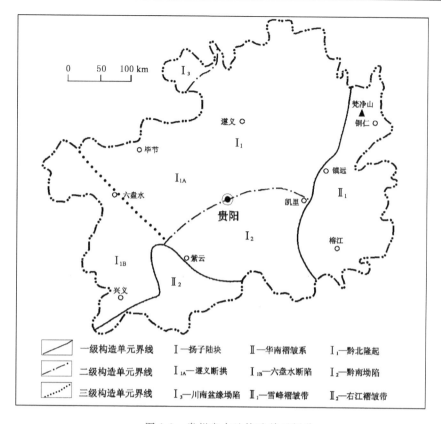

图 1-2　贵州省大地构造单元划分

（2）华南褶皱系（Ⅱ）

贵州省境内的华南褶皱系仅分布在东南部和西南部两个区域,区内几乎没有含煤地层发育。中元古代～早古生代为基底发育阶段,广西运动使其与扬子陆块"拼贴"而在晚古生代进入盖层发育阶段。

根据盖层发育的差异,可分为 2 个二级构造单元:雪峰褶皱带（Ⅱ₁）分布在黔东的铜仁—玉屏—凯里—三都一线以东,广西运动后长期隆起为陆,盖层极不发育,仅南缘一带有泥盆系～三叠系沉积;右江褶皱带（Ⅱ₂）在贵州省内部分系右江褶皱带的北端,其北东侧大致以紫云—垭都断裂为界,基底形成史与华南褶皱带相同,但基底硬化程度较低,盖层发育阶段具有一定的构造活动性。

（二）赋煤单元

贵州大地构造单元发育特征和演化历史的差异造成各构造单元之间煤田构造的千差万别。贵州省地处古秦岭洋南部的扬子陆块被动大陆边缘,属华南赋煤区（Ⅰ级赋煤单元）。根据赋煤带的划分方法,进一步划分为毕节—织金、六盘水、凤冈—都匀和南盘江等 4 个赋煤带（Ⅱ级赋煤单元）,各赋煤带构造形态及分布特点均有各自的特征。根据岩性、岩相、古生物化石、含煤性及煤质特征,全省划分为 9 个煤田（Ⅲ级赋煤单元）,分别为:黔西北煤田、黔北煤田、织纳煤田、六盘水煤田、兴义煤田、贵阳煤田、黔东北煤田、黔东南煤田、黔南煤田（见图 1-3）。

（1）毕节—织金赋煤带

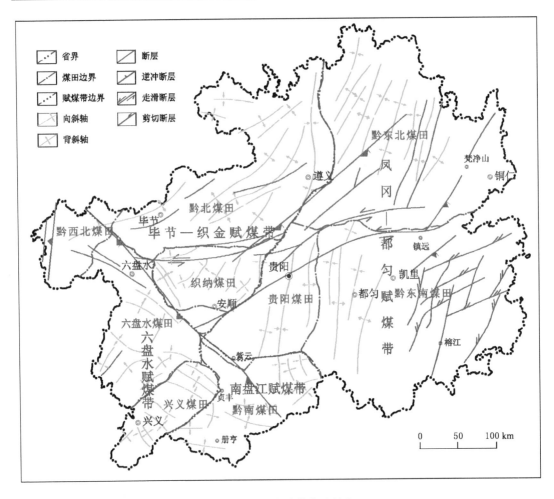

图 1-3　贵州省赋煤单元划分

该带位于贵州省西北部,主要地处交叉断裂(水城—紫云断裂与贵阳—镇远断裂)北部,遵义断裂以西,主要包括黔北煤田和织纳煤田。该赋煤带主要成煤时代为晚二叠世,地处海陆交互过渡相区,为贵州省一般含煤区,煤层厚度10～30 m,位于黔中隆起两侧,地处毕节弧形构造区和织金宽缓褶皱区,煤田构造主体为北东向构造,以等势式、短轴式褶皱为主,西南部以水城—紫云断裂、垭都—蟒洞断裂为界,东南部以镇宁—平坝—息烽一线为界,东部大致以遵义断裂为界。

(2)六盘水赋煤带

该带位于贵州省西部,地处水城—紫云断裂与册亨弧形断裂所围限的西部区域,包括黔西北煤田、六盘水煤田和兴义煤田。该赋煤带主要成煤时代为晚二叠世,地处海陆交互过渡相区,为贵州省富煤区,煤层厚度大于30 m,位于黔南坳陷六盘水断陷区,地处六盘水复杂变形叠加褶皱区。东北部以水城—紫云断裂、垭都—蟒洞断裂为界,东南部以册亨弧形断裂为界。该赋煤带以隔档式褶皱为主,主体走向北西,南部普安山字形前弧构造主体亦走向北西,仅中部山字形前弧脊柱为一南北向构造带。

(3)凤冈—都匀赋煤带

该带位于贵州省东部,遵义断裂以东,地处水城—紫云断裂南东段东北部,包括贵阳煤田、黔东北煤田、黔东南煤田。该赋煤带成煤时代有早石炭世,中、晚二叠世,地处浅海碳酸盐岩台地相区,为贵州省贫煤区,煤层厚度小于 10 m,位于凤冈南北向褶断区和都匀南北向褶皱区,西侧大致以遵义断裂、镇宁—平坝—息烽一线为界,西南部以水城—紫云断裂为界,南部至黔南煤田北边界。该赋煤带以南北向隔槽式褶皱为主,次为北东向隔槽式褶皱和北北东向、北东向褶皱。

(4)南盘江赋煤带

该带位于贵州省南部,地处水城—紫云断裂东南段与册亨弧形断裂所围限的南部区域,南部位于南盘江—右江前陆盆地右江褶皱带,包括整个黔南煤田。该赋煤带成煤时代为晚二叠世,地处深海碳酸盐岩台地相区,为贵州省贫煤区,煤田构造主体为近南北向、近东西向构造,以隔档式褶皱为主,西侧以册亨弧形断裂为界,北部以黔南煤田北部边界为界,即大致以深海碳酸盐岩台地边缘生物礁为界。区内以复杂的弧形褶皱为特点,主要属于印支运动的产物,长期处于深海盆地环境,绝大部分区域为生物贫乏、不含煤的深水建造,仅在北部李子湾向斜含有薄煤,对研究后期控煤构造的形态、期次和强度有一定的实际意义,该区不含煤或含煤性极差。

(三)构造控煤作用

在贵州省境内,聚煤期构造显著影响上二叠统含煤地层和煤层的发育特征,聚煤期后构造则控制了赋煤构造发育特征和含煤地层的保存程度。

从聚煤期构造来看,北北东向同沉积断裂对贵州省晚二叠世沉积格局起着主导性控制作用,而近东向和北东东向同沉积断裂的差异沉降叠加导致沉积格局进一步复杂化,形成"东西分带、南北分区"的沉积与聚煤格局(见图 1-4)。

进一步分析,省内晚二叠世聚煤期构造表现为如下控煤特征:

① 总体上,以横贯中部的遵义—惠水北北东向断裂带为界,东部地区海相沉积较为发育,煤层发育极差,西部地区以海陆交互相沉积为主且煤层发育较好;以展布在西缘的盘州—水城断裂带为界,西部主要表现为陆源区,而东部为沉积区。在此构造背景上,纳雍—瓮安断裂带将贵州中西部地区进一步划分为黔北隆起和黔南坳陷两个二级构造单元。在黔南坳陷内,紫云—水城断裂带、师宗—贵阳断裂带和望谟—独山断裂带的差异沉降及其叠加,导致了东部以浅海为主、西部以三角洲为主的分区格局。进一步来看,不同断裂带在不同沉积阶段沉降活动的差异性,致使龙潭早期、龙潭晚期、长兴期的沉积格局和聚煤特征有所不同。

② 在龙潭早期,纳雍—瓮安断裂北盘抬升,南盘缓慢沉降,使得黔北隆起遭受剥蚀而缺失龙潭组下段沉积,而在黔南坳陷形成含煤地层。在黔南坳陷,由于遵义—惠水断裂带南段及其与紫云—水城断裂带、师宗—贵阳断裂带、望谟—独山断裂带的复合控制,在东部的紫云—贵阳—都匀—荔波区域发育碳酸盐岩开阔台地,制约了含煤地层的发育;师宗—贵阳北东向断裂带两盘的差异沉降,导致从西向东为三角洲—潮坪环境和泥质潮下环境的北东向展布格局。由此,造成龙潭组下段煤层从西向东明显增高的总体变化趋势。

③ 在龙潭晚期,纳雍—瓮安断裂带两盘的相对运动转变为差异沉降。北盘(黔北隆起)沉降幅度相对较小,表现为水下隆起而接受沉积,形成了龙潭组上段含煤地层,但厚度相对

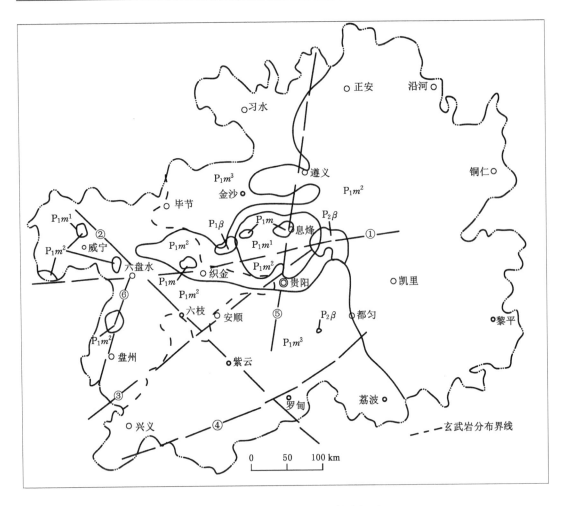

图 1-4 贵州省晚二叠世基底构造纲要

① 纳雍—瓮安断裂带；② 紫云—水城断裂带；③ 师宗—贵阳断裂带；④ 望谟—独山断裂带；

⑤ 遵义—惠水断裂带；⑥ 盘州—水城断裂带

较小，一般为 100～150 m，总体上向南变薄，煤层较为稳定，易于对比。同时，黔北隆起区大致以遵义—惠水断裂带为界，东、西两个区域的沉积环境差异明显，东部地区以海相沉积为主，西部地区则以海陆交互相沉积为主，显示出北北东向断裂带对沉积格局的控制作用。南盘（黔南坳陷）沉降幅度相对较大，龙潭组上段地层相对较厚，具有自西向东、由北向南变厚的总体趋势，在南部的紫云一带可达 500 m 左右。同样，受到遵义—惠水断裂带两盘差异沉降的控制，东部地区以海相沉积为主，西部地区以海陆交互相沉积为主。

④ 在长兴期，海侵作用使得海岸线向西迁移至织金—六枝—兴义一线附近，沉积相带总体上呈北北东向展布，含煤地层沉积范围明显缩小，主要发育于贵州西部的六枝—盘州—水城地区，且煤层的层位、厚度、结构、层数均变化较大，在区域上不易对比，表明区域性同沉积断裂对沉积格局的控制作用明显减弱。但是，在贵州西南部紫云—罗甸—安龙之间的区域仍然发育着似三角形深海盆地，显示出在整个晚二叠世期间，紫云—水城北西向断裂带和师宗—贵阳北东向断裂带对该区域的沉积格局始终起着明显的控制作用。

　　晚二叠世聚煤期之后，省内先后历经了印支、燕山和喜马拉雅三次褶皱运动。其中，燕山运动最为强烈，致使境内晚白垩世以前的地层普遍形成褶皱，奠定了现代赋煤构造的基本格局。构造单元基底及边界条件的差异，导致不同煤田的赋煤构造及其组合特征各异，控制了含煤地层的保存程度和赋存状态(见表1-3)。褶曲是省内主要赋煤构造，包括隔槽式、隔档式、短轴式、等势式、弧形褶皱等类型。断裂主要破坏了含煤地层的连续性，可归纳为走滑断裂控煤和其他断裂控煤两种情况。聚煤期后构造的综合作用使贵州省晚古生代～晚三叠世含煤地层被分割赋存在不同类型、不同展布方向的小至中型褶曲之中。

表 1-3　　　　　　　　　　　　　　贵州省赋煤构造类型及其分布

类型/特征		方向	主要特征及其对煤系赋存的控制	分布范围	所控煤系
褶皱控煤构造	隔槽式褶皱	南北	背斜宽缓，跨宽30～50 km，轴部地层倾角平缓，多小于20°；向斜窄陡，跨宽约10 km，轴部地层紧陡。纵贯贵州中部，南北延伸长者可达400 km，南北向正、逆断层发育。煤系仅保存在窄陡向斜中，剥蚀面积是保存面积的3～5倍，对煤田破坏严重	主要分布于贵阳煤田南部(贵阳—平坝一线以南)、黔东北煤田西部(务川—凤冈—瓮安一线以西)及黔东南煤田西部	C_1j P_1l P_2w
	隔档式褶皱	北西、北东	背斜窄陡，跨宽多小于10 km，轴部地层倾角大于50°；向斜宽展，跨宽多大于20 km，轴部地层倾角多于20°；延伸一般数十千米，背斜中走向正、逆断层发育，向斜较完整。煤系出露于背斜翼部，保存面积远大于剥蚀面积	主要分布于六盘水煤田和兴义煤田	P_1l P_2 T_3h
	短轴式褶皱	北东	向斜与背斜的长短轴之比均较小，平面上呈鸭蛋形或浑圆形；地层倾角普遍小于40°。煤系保存在向斜中，保存较完整，保存面积与剥蚀面积相近	织纳煤田、黔北煤田南部的黔西及贵阳煤田北西部的息烽一带多属此类褶皱	P_2
	等势式褶皱	北北东、北东	背斜与向斜多等势发育，幅宽十余千米，延伸数十至百余千米，地层倾角多为20°～40°。单个褶皱沿轴向多呈"S"形弯曲。背斜中走向断层发育，向斜完整。煤系保存在向斜中"S"形弯曲处，因轴向挤压常变厚，主要可采煤层尤为明显。煤的保存面积与剥蚀面积相近	黔北煤田的大方—金沙—遵义一线以北、黔东北煤田的务川—凤冈—瓮安一线以东，均属此类褶皱	P_2
	弧形褶皱	东西	褶皱及其组合均呈弧形展布，主要形成于印支运动。其主要分布区无重要含煤建造，对控煤无大的影响	主要分布于黔南煤田，其余零星可见	P_2
断裂控煤构造	走滑断裂	北东、北北东	横向切割煤系，延伸长度可达300～400 km，断层产状较陡，使赋存煤系的褶皱发生错断和位移，断层两侧煤系或赋存煤系的褶皱相对应，形成于燕山运动	分布广泛。规模大者，主要分布于黔东北煤田东部和织纳煤田，其余规模较小	C_1j P_1l P_2 T_3
	其他断裂	方向多样	斜切、断失、重复煤系等现象均有，破坏煤系的连续性和完整性，主要形成于燕山运动	分布广泛，遍及全省各煤田	C_1j P_1l P_2 T_3

三、岩浆活动

贵州省从中元古代晚期至中生代均有岩浆活动发育,岩浆岩分为 5 个组合(见表 1-4)。其中,以中元古代晚期和晚古生代二叠纪时期最为强烈。

表 1-4 岩浆岩分布特征

特征组合	形成时代	岩石名称	分布范围	产出层位及状态	对煤层的影响
细碧岩—石英角斑岩组合	中元古宙	细碧岩、角斑岩、石英角斑岩	梵净山、从江宰鸡沟—大弄及加鸠—宰便—平正一带	产于梵净山群及四堡群中。呈层状、似层状产出,与围岩产状一致或间互成层	无影响
基性岩—超基性岩组合		辉长—辉绿岩、辉绿岩、辉绿玢岩、辉石橄榄岩、橄榄辉石岩、辉石岩、含长石辉石岩			
变形花岗岩组合	中元古宙至晚中古宙	白岗岩、黑云母花岗岩、花岗质混合岩、花岗伟晶岩、长英岩	梵净山、九万大山	产于梵净山群及四堡群中。呈岩株、岩枝、岩脉和岩基等形态侵入	无影响
大陆溢流拉斑玄武岩及辉绿岩组合	晚古生代华力西期	玄武质熔岩、玄武质火山碎屑岩、辉绿岩	西部地区大面积分布	玄武岩呈层状、似层状产于中、下二叠统之间。辉绿岩呈岩床、岩墙状侵位于 $D_3 \sim P_2m$	影响不大
偏碱性超基性岩组合	早古生代加里东期	金伯利岩、斑状云母橄榄岩、橄辉云煌岩、苦橄玢岩	镇远、施秉、三穗、雷山、剑河	侵位于晚元古代和早古生代地层中,呈岩脉状成群产出	无影响
	中生代印支至燕山期	橄云辉岩、云橄辉岩、辉橄云岩、橄辉云岩	贞丰、镇宁、望谟一带	侵位于 P_2、T_2 中,呈岩脉、岩墙状构成岩体群	有一定影响

总体上,地史上岩浆活动对本省含煤地层和煤层的影响主要表现在两个方面:

第一,东吴运动期(早、晚二叠世之间)的峨眉山玄武岩,构成了晚二叠世含煤地层的沉积基底,影响到聚煤期古地理格局。在黔西—滇东地区,峨眉山玄武岩厚度总体上由北向南、由西向东逐渐递减,最大厚度超过 1 600 m(见图 1-5)。峨眉山玄武岩厚度的分布造成晚二叠世聚煤期古地形西高东低,是导致沉积环境从西向东为陆相至海陆交互相分布格局的重要因素之一。由此,导致黔西上二叠统由东向西超覆式沉积,主要煤层层位由东向西逐渐升高,煤层层数和厚度随之变化,煤层总厚大于 30 m 的富煤区分布于盘州、水城、纳雍之间,形成于上、下三角洲平原过渡地带。

第二,燕山期深部岩浆活动及沿深大断裂运移进入含煤地层后,热液可能对煤化作用格局产生一定影响。黔西上二叠统含煤地层中几乎未见岩浆侵入现象,但低温热液矿化现象普遍发育。例如,大方煤田龙潭组 11 号煤层发育高含量的脉状石英和脉状铁白云石,脉状石英中发现有热液成因的黄铜矿、闪锌矿和硒方铅矿,脉状石英形成温度为180 ℃。再如,上二叠统煤化作用程度在紫云—垭都、师宗—贵阳等深大断裂附近较高,可能是深成变质作

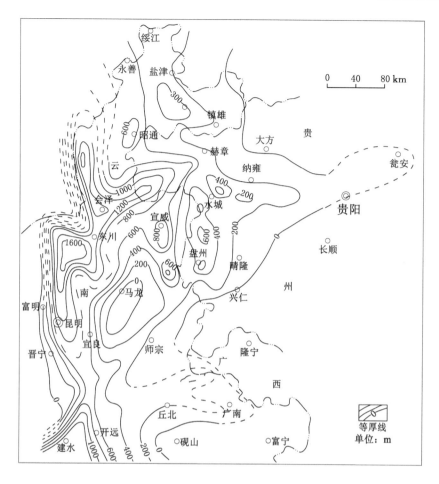

图 1-5　滇黔桂地区二叠纪玄武岩分布厚度等值线(据《滇黔桂石油地质志》,1992)

用基础上叠加了区域岩浆热液变质作用的结果。

四、水文地质条件

贵州省雨量充沛,大气降水是含煤地层的主要补给水源。贵州省地形切割严重,坡度和相对高差大,有利于雨水排泄和径流,但不利于对含煤地层的补给。

贵州省含煤地层主要为碎屑含水层,分布于遵义—贵阳—罗甸一线以西,岩性主要以黏土岩、粉砂岩为主,夹硅质岩、砂岩、灰岩。据对含水岩组泉水调查,流量小的泉多出露于砂岩层间裂隙及风化裂隙中,流量大的泉出露于夹层灰岩溶蚀裂隙中。

上二叠统主要含水层为碎屑岩孔隙—裂隙含水层。在六盘水煤田和织纳煤田,龙潭组以裂隙充水含水层为主,含水性弱;长兴组发育灰岩岩溶裂隙含水层。黔中、黔北地区含煤地层发育灰岩岩溶裂隙含水层,含水性不均,钻孔单位涌水量 0.004～0.295 L/(s·m),个别达到 2.0 L/(s·m)。

上二叠统含煤地层的上覆地层一般具有隔水作用(见表1-5)。六盘水煤田和织纳煤田长兴组上覆的下三叠统飞仙关组下段由粉砂岩和砂质泥岩组成,厚度为 150～200 m,在导水性断裂不发育的情况下,一般都构成良好的隔水层,使得含煤地层与飞仙关组上段灰岩岩溶含水层之间没有直接水力联系。

表 1-5 织纳煤田含煤地层含水情况和富水性状况

地层代号	厚度/m	岩 性	水文地质特征
Q	0.5~77.78	洪积物、坡积物、残积物、冲积物	零星分布于河谷、冲沟、洼地、含煤地层出露带等,孔隙发育。大多数呈松散状,渗透性强。出露泉水多,有时成片出水,无固定泉口,流量小,个别点流量稍大。大多数降雨时有水,雨后不久干涸,个别流量变小,极不稳定
T_1f^2	65.71	灰岩	呈条带形陡崖出露于河谷、沟谷两岸,以溶蚀裂隙为主,局部有溶穴或小溶洞。调查岩溶 21 个,暗河 2 条。节理裂隙发育,被方解石充填,有溶蚀现象,局部为溶洞,溶面呈铁锈色,部分岩芯破碎。在沟谷出露岩溶泉点,调查泉 87 个,流量最大约 1 229 L/s,极不稳定
T_1f^1	194.97	粉砂岩、泥质粉砂岩	多沿河床和含煤地层出露带出露,风化裂隙发育。有多处破碎带,被方解石充填的节理裂隙普遍发育,裂隙面多有铁锈色。夹的灰岩局部有溶蚀现象,部分岩芯破碎,地表基本无大的泉水。调查泉 53 个,流量为 0.008 9~2.229 3 L/s,枯季多无水,极不稳定
P_3l+c	386	砂岩夹灰岩和煤层,底部为铝土岩	多出露于较缓的斜坡上,多被第四系地层覆盖。接受降雨和第四系地层孔隙水补给。有断层破碎带,被方解石充填的节理裂隙发育,局部岩芯破碎。地表无大的泉点。调查泉 50 个,总流量 22.56 L/s;调查煤窑 72 个,总流量 33.2 L/s,多数煤窑雨季有水流出。浅部有水,深部基本无水。一般极不稳定
$P_3\beta$	180	凝灰岩、玄武岩	呈"U"形出露于南西边界外,风化裂隙发育,地形陡。地表基本无大的泉点。调查泉 17 个,总流量 9.72 L/s,枯季多无水,极不稳定
P_2m	440	灰岩	加戛背斜轴部附近呈条带形出露,有峰丛地貌。溶蚀裂隙发育,局部有落水洞、溶斗、竖井等。调查岩溶 16 个。1909 钻孔揭穿上部 150.98 m,溶孔、溶穴发育,往下渐变为裂隙发育为主。地表泉点极少,仅发现鞍山水库边出露 138 号泉群。其多变性

上二叠统含煤地层的下伏地层在黔西地区为广泛分布的峨眉山玄武岩,厚度达数百米(见图 1-5)。峨眉山玄武岩具有良好的隔水作用,使得黔西地区含煤地层与下二叠统茅口组灰岩岩溶含水层之间在一般情况下没有水力联系。

总的来说,贵州地区,特别是贵州西部多属于水文地质条件简单区域,部分属于简单至中等类型。但在水城、遵义煤田等的局部煤层,由于距离茅口组灰岩太近,存在复杂水文地质条件因素。

第二节　煤炭资源及其分布

一、煤类分布

以上二叠统为例,全省可分为 3 个大区和 6 个小区(见图 1-6)。

由图 1-6 可见,其煤类区域分布规律十分明显,煤化作用程度在中部地区最高,向东、西两侧逐渐降低。在中部的毕节—织纳—兴义一带,无烟煤带呈南北向"哑铃"状分布,其东、西两侧的贫煤带十分狭窄,然后很快过渡到瘦煤、焦煤和肥煤带。六盘水煤田以肥煤~瘦煤为主,织纳煤田和兴义煤田几乎全部为无烟煤。

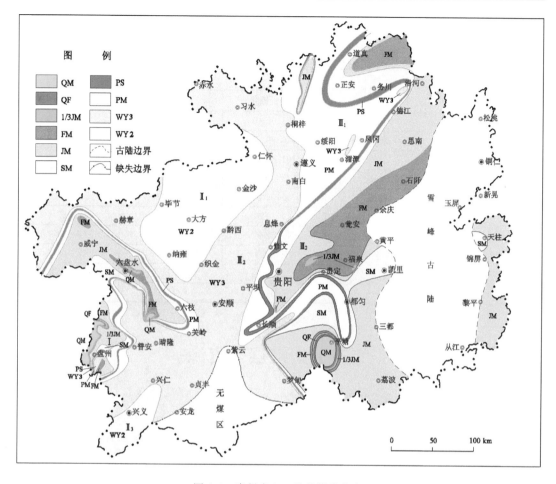

图 1-6　贵州省上二叠统煤类分布

Ⅰ—西部烟煤区；Ⅱ—无烟煤区（Ⅱ₁—北部无烟煤小区；Ⅱ₂—中部无烟煤小区；Ⅱ₃—南部无烟煤小区）；

Ⅲ—东部烟煤区（Ⅲ₁—东北部烟煤区；Ⅲ₂—中南部烟煤区）

QM—气煤；QF—气肥煤；1/3JM—1/3 焦煤；FM—肥煤；JM—焦煤；SM—瘦煤；PS—贫瘦煤；

PM—贫煤；WY3—无烟煤三号；WY2—无烟煤二号

贵州省境内煤炭资源的煤类较齐全，各变质阶段的煤类均有分布，主要有气煤、气肥煤、1/3 焦煤、肥煤、焦煤、瘦煤、贫瘦煤、贫煤和无烟煤。此外，在施秉翁哨、盘州平关、威宁中水等地有少量褐煤；在威宁草海等地，尚有第四纪泥炭发育。其中，气煤～无烟煤在全省煤炭资源总量中的比例达 61.97%，贫煤占 9.13%，瘦煤占 6.54%，焦煤占 13.48%，肥煤占 2.47%，气煤占 0.59%。

二、煤炭资源

贵州省含煤面积达 7 万余平方千米，占全省总面积的 40% 以上。全省煤炭资源总量为 2 588.558 9 亿 t，其中，探获资源量 707.614 3 亿 t，预测埋深 2 000 m 以浅潜在资源量 1 880.944 6 亿 t（见表 1-6）。区域分布上，全省煤炭资源分布相对集中，90% 以上的保有储量赋存在桐梓—遵义—安顺—兴义连线以西地区，烟煤主要分布于六盘水及黔西南普安等地，无烟煤主要分布于毕节及遵义桐梓、仁怀、习水等地；层域分布上，煤炭资源量主要集中于上二叠统龙潭组和长兴组,其煤炭资源量占全省资源总量的99.37%。

表1-6 贵州省煤炭资源量

序号	煤田名称	资源量/亿t		
		探获资源量	预测资源量	合计
1	六盘水	258.083 0	715.967 5	974.050 5
2	黔北	216.891 0	531.555 8	748.446 8
3	织纳	191.646 0	334.325 6	525.971 6
4	兴义	17.831 5	71.641 8	89.473 3
5	贵阳	8.109 1	118.279 6	126.388 7
6	黔西北	1.979 5	15.357 9	17.337 4
7	黔东北	1.752 6	40.458 3	42.210 9
8	黔东南	10.854 3	49.584 1	60.438 4
9	黔南	0.467 3	3.774 0	4.241 3
合计	9个	707.614 3	1 880.944 6	2 588.558 9

第三节 煤层气资源

一、煤层气资源量及可采资源

(一)煤层气资源量

贵州省煤层气含气面积为2.73万km^2,占全省含煤面积的64%。全省上二叠统可采煤层煤层气地质资源量(潜在资源量+推断地质储量)为3.05万亿m^3,煤层气平均资源丰度为1.12亿m^3/km^2,煤层气推断地质储量为1.38万亿m^3,占地质资源总量的45.31%(见表1-7)。据中国煤炭地质总局评价,全国煤层气平均资源丰度为1.12亿m^3/km^2;原国土资源部全国油气资源动态评价成果显示,全国煤层气平均资源丰度为0.98亿m^3/km^2。与此相比,贵州省煤层气平均资源丰度比全国平均水平略高或持平。

表1-7 贵州省煤层气资源量汇总

煤 田	煤层气资源总量/亿m^3		煤层气资源丰度/(亿m^3/km^2)	
	地质资源量	推断地质储量	平均地质资源丰度	可采资源丰度
六盘水	13 895.26	6 560.79	2.26	1.07
织 纳	7 002.80	4 415.43	1.41	0.89
黔 北	7 392.15	2 075.72	0.66	0.19
贵 阳	1 231.77	202.01	0.41	0.07
黔西北	121.79	62.93	0.23	0.12
兴 义	918.09	474.38	0.65	0.34
合 计	30 561.86	13 791.26	1.12	0.51

贵州省煤层气地质资源主要集中在六盘水、织纳、黔北三个煤田,三者之和为2.83万亿

m³,占全省煤层气地质资源总量的 92.57％(见图 1-7)。以六盘水煤田最高,为 1.39 万亿 m³,占全省地质资源总量的45.47％;平均资源丰度为 2.26 亿 m³/km²,居全国烟煤～无烟煤煤田前列。织纳煤田次之,地质资源量为 7 002.80 亿 m³,占全省地质资源总量的 22.91％;平均资源丰度为1.41 亿 m³/km²,略高于全国平均水平。黔北煤田煤层气资源量较大,达到 7 392.15 亿 m³,占全省地质资源总量的 24.19％,但资源丰度明显低于全国平均水平。贵阳、黔西北和兴义三个煤田地质资源量合计 2 271.65 亿 m³,仅占全省资源总量的 7.43％,煤层气地质资源丰度远低于全国平均水平。

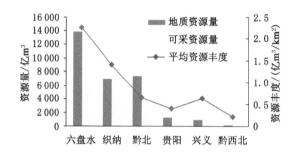
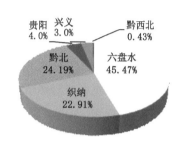

图 1-7　贵州省煤层气地质资源量和资源丰度总体分布

(二)可采资源

全省上二叠统煤层气可采资源量为 13 791.26 亿 m³,占地质资源总量的 45.13％。其中,六盘水煤田可采资源量为 6 560.79 亿 m³,占全省可采资源总量的 45.57％;织纳煤田 4 415.43 亿 m³,所占比例为 32.02％;贵阳煤田 202.01 亿 m³,所占比例为 1.47％;黔北煤田 2 075.72 亿 m³,所占比例为 15.05％;黔西北煤田 62.93 亿 m³,所占比例只有0.46％;兴义煤田 474.38 亿 m³,所占比例为 3.44％。全省煤层气可采资源平均丰度为0.51 亿 m³/km²,最高的为六盘水煤田(1.07 亿 m³/km²),其次为织纳煤田(0.89 亿m³/km²),兴义煤田也相对较高(0.34 亿 m³/km²),黔北、黔西北和贵阳煤田均极低。

二、煤层气资源分布

(一)区域分布

贵州省煤层气资源具有"西部富集,东部、北部和南部相对较少"的区域分布特征。煤层气资源丰度以六盘水煤田西部为富集中心,向西、向北、向南逐渐降低,这与沉积环境控制之下的煤层发育特征以及构造—沉积—水文条件联合控制之下的煤层气保存条件密切相关。

贵州省范围内的煤层气资源富集中心位于西部边缘的盘州矿区,其煤层气地质资源量为 8 736.57 亿 m³,占全省总资源量的 1/4 以上;地质资源丰度达 3.16 亿 m³/km²,在全省以矿区为统计单元的区块中是最高的;整个矿区埋深 1 000 m 以浅与 1 000～2 000 m 的煤层气地质资源量比例大致相当,深部略微偏少。从盘州矿区往北进入水城矿区,煤层气地质资源平均丰度降至 2.24 亿 m³/km²,高于全国以及贵州省平均水平;矿区煤层气地质资源量为 2 312.40 亿 m³,占全省地质资源总量的 7.57％。从盘州矿区往东北方向至六枝矿区,煤层气资源富集程度进一步降低,平均资源丰度降至 1.21 亿 m³/km²,略高于全国和贵州省平均水平;矿区煤层气地质资源量为 2 846.29 亿 m³,占全省地质资源总量的9.31％。从六枝矿区向北东方向进入织纳煤田,煤层气资源富集程度略有升高,平均资源丰度为 1.41 亿 m³/km²;矿区煤层气地质资源量为 7 022.80 亿 m³,资源规模仅次于六盘水煤田。从盘州矿区往南和南东方向至兴义煤田,煤层气资源富集程度显著降低,平均资源丰度为 0.65 亿 m³/km²,只为盘州矿区的 1/5,远低于全省平均水平。从织纳煤田往东至黔中的贵阳煤田,煤层气地质资源量可达 1 231.77 亿 m³,但资源富集程度明显降低,地质资源平均丰度仅为 0.41 亿 m³/km²,只有盘州矿区平均丰度的 1/8~1/7,织纳煤田的 1/3。位于水城矿区之北的黔西北煤田含煤面积只有 500 km²,煤层气地质资源量为 121.79 亿 m³,地质资源平均丰度仅为 0.23 亿 m³/km²,资源富集程度进一步显著降低,只有邻区水城矿区平均丰度的 1/9。黔北煤田含煤面积在全省六大煤田中位列第一,煤层气地质资源量位列第二,达 7 392.15 亿 m³,但平均丰度只有 0.66 亿 m³/km²,约为全省平均水平的一半。

　　以向斜为基本单位的含煤构造单元,其煤层气地质资源规模和富集程度差异极大(见图1-8)。资源丰度最高且资源规模最大的单元只有盘关向斜,资源丰度最高但规模中等的有照子河和百兴向斜,资源丰度中等但规模最大的为青山向斜。总体来看,煤层气资源具有较高工业开采潜力的向斜构造单元几乎都集中在盘州矿区、织纳煤田和水城矿区,其中,盘州矿区表现为规模大和丰度高~中等,织纳煤田表现为规模中等~较小但丰度高~中等,水城矿区主要表现为规模较小和丰度中等。

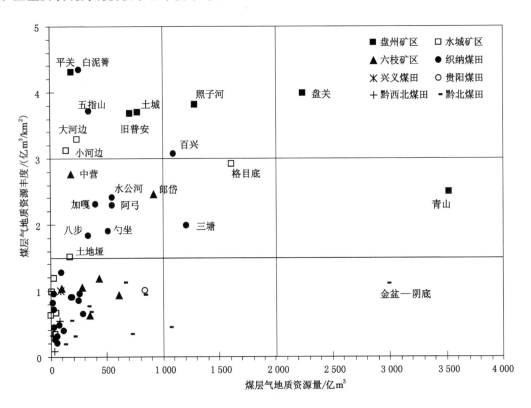

图 1-8　贵州省主要含煤构造单元煤层气地质资源规模和富集程度

（二）资源深度分布

　　贵州省煤层气资源主要赋存在埋深 1 500 m 以浅,地质资源量为 23 077.55 亿 m³,占全省埋深2 000 m以浅可采煤层煤层气地质资源总量的74.86%,赋存条件总体上极好。其中,埋深1 500 m以浅煤层气地质资源的比例在织纳煤田最高,达86.43%;六盘水煤田、贵阳煤田和黔西北煤田也较高,分别为77.41%、76.61%和71.11%;兴义煤田只有52.50%,与埋深1 500~2 000 m之间的地质资源量基本相当(见图1-9)。

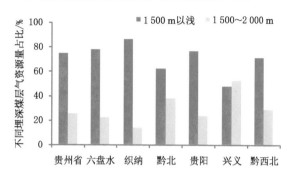

图1-9　全省及各煤田不同埋深段煤层气地质资源量比例

六盘水煤田埋深小于1 000 m、1 000~1 500 m和1 500~2 000 m的煤层气地质资源量占资源总量的比例分别为46.37%、31.04%和22.59%,即以浅于1 000 m的资源为主。其中:

① 盘州矿区三个埋深段的煤层气地质资源平均比例分别为51.50%、31.12%和17.38%(见图1-10),总体上资源比例随深度增大而显著递减。盘州矿区不同深度段煤层气资源丰度极高,远远高于省内其他矿区和向斜,国内罕见。在浅于1 000 m埋深段,地质资源丰度多数超过2.70亿 m³/km²,资源规模较大的盘关向斜和照子河向斜在3.00亿 m³/km²以上。在1 000~1 500 m埋深段,地质资源丰度多数超过4.20亿 m³/km²,土城、盘关、平关向斜超过5.10亿 m³/km²,在平关向斜达到6.15亿 m³/km²。

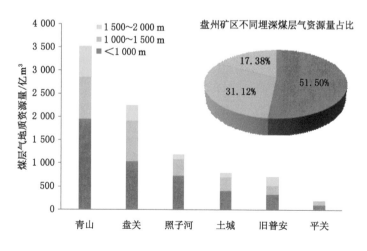

图1-10　盘州矿区各构造单元不同埋深煤层气地质资源量

② 水城矿区三个埋深段的煤层气地质资源平均比例分别为37.55%、35.64%和26.81%(见图1-11)。其中,资源规模最大的格目底向斜,其深部的煤层气资源量多于浅

部,三个埋深段的资源比例分别为28.85%、36.68%和34.47%。煤层气资源丰度随埋深增大而增高,但在不同向斜变化较大。浅于1 000 m埋深段资源丰度介于0.33亿~2.44亿m³/km²,1 000~1 500 m埋深段资源丰度为0.33亿~4.48亿m³/km²。

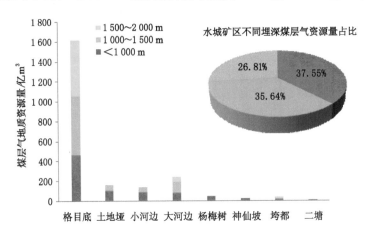

图1-11　水城矿区各构造单元不同埋深煤层气地质资源量

③ 六枝矿区3个埋深段的煤层气地质资源平均比例分别为37.79%、27.06%和35.15%,深部和浅部相对较大,中部相对较小(见图1-12)。煤层埋深增大,地质资源丰度增高,但在不同向斜变化较大。浅于1 000 m埋深段的资源丰度为0.56亿~2.49亿m³/km²,1 000~1 500 m埋深段资源丰度为0.66亿~4.64亿m³/km²。

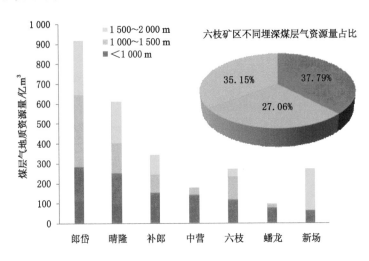

图1-12　六枝矿区各构造单元不同埋深煤层气地质资源量

④ 织纳煤田3个埋深段的地质资源平均比例分别为66.15%、20.37%和13.48%,煤层气资源主要集中在埋深1 000 m以浅,1 000~1 500 m的资源所占比例约为1/5,1 500~2 000 m的资源较少(见图1-13)。

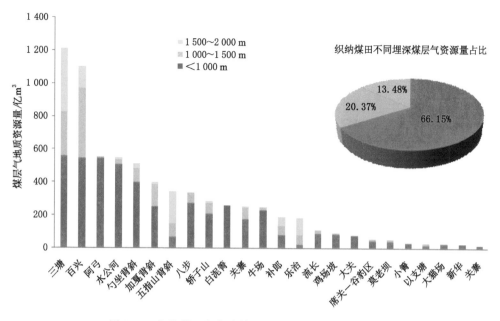

图 1-13 织纳煤田各构造单元不同埋深煤层气资源量分布

第二章　煤储层特征

第一节　煤层厚度分布

一、六盘水煤田

六盘水煤田所含煤层数量多、厚度大且分布稳定,含煤盆地和向斜较多,可采煤层1～26层,可采厚度累计达15～40 m,该煤田包括盘州、水城、六枝三个矿区。

(1)盘州矿区

该矿区晚二叠世含煤地层厚220～460 m,含煤14～58层,煤层总厚度14.8～46.2 m,含煤系数4.0%～15.5%,含可采煤层2～24层,可采厚度3.0～29.8 m。含煤性由东往西逐渐变好:东部碧痕营一带含煤约20层,可采煤层2～3层,可采厚度3 m左右;向西至普安新田、九峰一带,含煤20～38层,可采煤层5～6层,可采厚度8～10 m;至羊场以西,可采煤层15～24层,可采厚度一般在20 m以上,部分井田均在25 m以上,其至达30 m(见表2-1)。

表 2-1　　　　　　　盘州矿区各含煤构造单元上二叠统含煤性

含煤性	含煤构造单元						
	盘关向斜	土城向斜	照子河向斜	旧普安向斜	盘南背斜南(东翼)	老鬼山向斜	碧痕营背斜(北翼)
上二叠统厚度/m	245	343	399	368	256	310	366
煤层总层数	27～57	48～54	37～58	20～41	22～30	14～20	20
煤层总厚/m	34.4	39.7	36.8	33.6	30.7	15.8	14.8
含煤系数/%	14	11.6	9.2	9.1	12.1	5.1	4.0
可采煤层数	10～20	10～22	5～24	6～13	9～15	4	2
可采厚度/m	18.7	17.6	14.4	13.9	19.5	13.1	3.0
可采系数/%	46.2	49.2	46.6	34.8	7.6	4.2	0.8

注:① 上二叠统厚度未含峨眉山玄武岩组;

②可采厚度为构造单元中各井田可采范围内纯煤厚度之平均值(以下同)。

区内龙潭组含煤10～30层,其中可采煤层1～18层,可采厚度1.0～20.1 m,由北东向南东方向含煤性变差(见图2-1)。上段可采煤层层数较多,稳定性较好。盘江矿区及周边可采煤层总厚在7 m以上,最厚达16 m,其中14号、17号、18号煤层可采范围广泛。下段含煤性弱于上段,可采层数较少,稳定性亦较差。北部松河—古树寨地段含煤性较好,可采煤层多为4～5层,可采厚度大于5 m,最厚可达29.8 m,松河井田含煤层18层,主要可采煤层 5 层,可采厚度 23.51 m,主要分布在含煤地层中上段,结构较为简单。马依东、火铺井田含煤性一般,可采煤层 4 层,可采厚度 4~5 m。区内其余井田可采煤层多在 1~2 层,可采厚度 1~3 m。在少数井田,龙潭组下段无可采煤层发育。24 号煤层在盘关向斜发育较好,26 号、27 号、29 号煤层在土城向斜和照子河向斜北翼多数井田均可采。此外,某些研究者将该矿区龙潭组底部砂泥岩段划归峨眉山玄武岩组,局部含有煤层,一般 1~5 层,最多达 11 层,煤层薄,变化大,仅在照子河向斜北翼和旧普安向斜的部分地段 31 号、32 号煤层发育较好,一般厚 1~2 m,高硫,高灰。

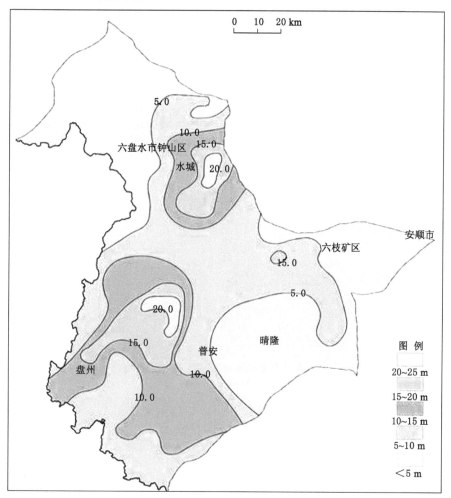

图 2-1　六盘水煤田上二叠统龙潭组可采煤层总厚分布

区内汪家寨组含煤性由北西向南东逐渐变差,含煤 2~20 层,其中可采煤层 0~9 层,一般 2~8 层,可采厚度 0~13.6 m(见图 2-2)。可采煤层主要发育于下段,一般 2~5 层,以 12 号煤层可采范围最广,在盘关向斜、七城向斜、照子河向斜及盘南雨谷一带普遍可采。本组上段可采煤层少,一般仅 1~2 层,在土城、盘关向斜西翼等区 1 号煤层普遍可采。

(2)水城矿区

水城矿区上二叠统含煤性由北西向南东逐渐变好。北西端的香炉山一带,含煤 9 层,2

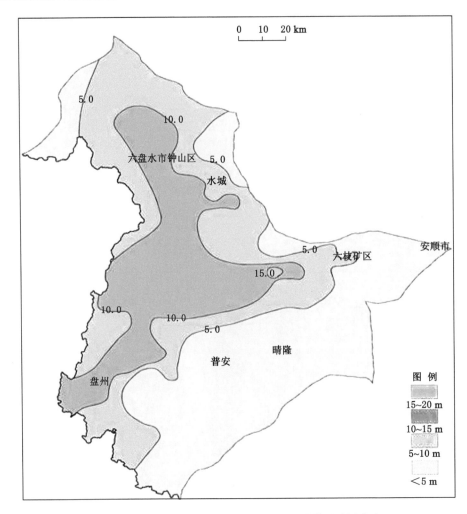

图 2-2　六盘水煤田上二叠统汪家寨组可采煤层总厚分布

层可采;向南东至结里一带,含煤增至 14 层,可采煤层 6 层;至二塘一带,含煤 25 层,可采煤层 9 层;至大河边一带,含煤 20 余层,可采煤层 11~13 层;至小河边向斜、格目底向斜东段,含煤 29~83 层,可采煤层 11~26 层,可采厚度 20 m 以上(见表 2-2)。

表 2-2　　　　　　　　　水城矿区各含煤构造单元上二叠统含煤性

含煤性	含煤构造单元									
	香炉山	妈姑	结里	二塘	神仙坡	土地垭	大河边	小河边	格目底	杨梅树
上二叠统厚度/m	220	240	240	229	260	255	247	310	425	422
煤层层数	9	9	14	25	43~50	17~27	32~39	29~35	50~83	41~58
煤层总厚/m	—	13.1	21.6	21.6	23.7	22.6	26.2	36.4	46.2	46.9
含煤系数/%	—	5.4	9.0	9.4	9.1	8.9	10.6	11.7	10.9	11.1
可采煤层数	2	4	6	9	9~13	9~10	11~13	11~17	14~26	10~19
可采厚度/m	3.49	8.67	7.05	11.40	13.81	12.89	18.04	22.99	24.92	17.70
可采系数/%	1.6	3.6	2.9	5.0	5.3	56.3	42.2	45.4	54.0	4.2

注:上二叠统厚度未含峨眉山玄武岩组。

　　龙潭组含煤 2～67 层,其中可采煤层 0～20 层,可采厚度 0～21.48 m。宏观上看,由北西向南东方向,含煤性逐渐变好(见图 2-1)。龙潭组上段是可采煤层发育的主要层位,可采煤层 0～12 层,可采厚度 0～14.0 m。含煤性向北西方向逐渐变差,至二塘、结里、香炉山一带仅含 1 层可采煤层,厚 0.7～1.6 m;至妈姑一带无可采煤层发育。龙潭组下段含煤性较上段差,可采煤层 0～9 层,可采厚度 0～9.65 m,以薄煤层为主。格目底向斜东段和小河边向斜可采煤层均在 3 层以上,厚度大于 4 m。

　　汪家寨组煤厚变化在 0.8～21.9 m,变化范围较大,总体上呈从西到东逐渐增厚的趋势,具有"由西向东逐渐增大,西部小,东部变化范围大"的总体分布特点。其中,西部的立新二井—汪家寨—玉舍—发耳勘查区一线以西以及北部的土地垭勘查区,煤厚均在 5.0 m 以下,平均 2.18 m。此线以东的神仙坡向斜、大河边向斜、格目底向斜的玉舍、滥坝勘查区以及发耳勘查区一带,煤厚变化在 5.0～10.0 m,平均 7.76 m。从该带往东至保华、大河边、苏田、勺米勘查区以及格目底向斜东段阿嘎、马场勘查区和小河边向斜东段一带,煤厚继续增厚至 10.0～15.0 m,平均 12.1 m;此带所包围的小河边向斜、格目底向斜东段俄夏、米箩等勘查区,煤厚增大至 15.0～20.0 m,平均 16.5 m;老鹰山、牛场勘查区煤厚继续增大至 20.0 m 以上,平均 21.0 m。

　　(3) 六枝矿区

　　六枝矿区上二叠统含煤 9～47 层,煤层总厚 7.0～52.0 m,含煤系数 1.2%～9.6%;可采煤层 1～16 层,可采厚度 1.79～29.60 m。由北西向南西方向,含煤性总体变差(见表 2-3)。

表 2-3　　　　　　　　　　六枝矿区各主要含煤构造单元上二叠统含煤性

含煤性	含煤构造单元							
	蟠龙向斜	中营向斜南东翼	郎岱向斜南西翼	郎岱向斜北东翼	六枝向斜南西翼	六枝向斜北东翼	大煤山背斜北东翼	晴隆向斜北翼东段
上二叠统厚度/m	448	513	469	358	440	511	487	492
煤层层数	37～46	31～47	22～39	15～30	13～32	10～33	9～35	20～25
煤层总厚/m	37.06	39.67	33.77	14.62	18.26	14.80	13.22	12.33
含煤系数/%	8.2	7.7	7.2	4.0	4.1	2.9	2.7	2.5
可采煤层数	9	11～16	8～16	7～8	2～15	1～8	1～8	5
可采厚度/m	12.39	20.92	23.31	9.46	11.34	6.56	3.77	10.00
可采系数/%	53.1	40.0	53.4	46.6	55.9	52.8	0.8	40.5

　　龙潭组含煤性向北、东、南三个方向逐渐变差。含煤 6～34 层,可采煤层 0～12 层,可采厚度 0～15.99 m。西部的中营、中寨一带,可采煤层在 5 层以上,最多可达 12 层,可采厚度大于 10 m,部分勘查区大于 15 m。上段含可采煤层 0～6 层,可采厚度 0～11.05 m;煤层发育最好地段位于中营向斜和郎岱向斜南西翼北段,可采厚度多在 6 m 以上;其次为六枝向斜南西翼北段,可采厚度 4～5 m;南东部的化处、落别、大寨等井田,均无可采煤层。下段含可采煤层 0～7 层,可采厚度 0～9.02 m,稳定性较差;富煤带位于中营—中寨一带,可采厚度 6～9 m,呈北东向展布。其余地段可采厚度多在 4 m 以下,南东部无可采煤层。

　　汪家寨组含煤 3～13 层,可采煤层 0～7 层,可采厚度 0～17.44 m。郎岱向斜南西翼北

段可采煤层 $6\sim7$ 层,可采厚度大于 10 m,最大达 17.4 m。由该区向东、南、北三个方向含煤性变差,在坡贡—安顺一线东南部基本不含可采煤层(见图 2-2)。

二、织纳煤田

织纳煤田的含煤地层为上二叠统的龙潭组和长兴组,其中龙潭组为该区的主要含煤地层。从宏观上来看,织纳煤田上二叠统含煤性由东向西随陆相岩性体系发育而逐渐变好。该煤田薄煤层和中厚煤层比例相当,在 50% 左右,含煤 $10\sim88$ 层,煤层总厚 $8.21\sim92.16$ m,可采煤层 $1\sim12$ 层,可采厚度 $0.70\sim13.19$ m。

区内龙潭组含煤 $3\sim54$ 层,由北西向南东方向层数减少,含煤性变差。西北部的马中岭、以支塘一带含煤达 $30\sim40$ 层,至东缘的席关、罗家院一带含煤仅 $9\sim10$ 层。龙潭组下段含煤 $1\sim25$ 层,煤层总厚 $0.75\sim15.15$ m,可采厚度 $0.80\sim7.00$ m,27 号煤层为主要可采层。上段含煤 $2\sim35$ 层,煤层总厚 $0.53\sim17.50$ m,可采总厚 $0.80\sim7.40$ m,16 号煤层为主要可采煤层。

长兴组含煤 $0\sim15$ 层,由北西向南东方向层数减少,含煤性变差。西北部的以支塘、马中岭、坐拱一带含煤 $9\sim13$ 层,至东南部的轿子山、大猫场一带含煤仅 2 层,谷豹、席关一带仅含 1 层薄煤(煤线)。

第二节　煤储层含气性

一、煤储层含气量

(一)煤层含气量确定方法

长期以来,煤层气地质界致力于发展煤层含气量的测井解释方法,但由于受测井仪器发展水平限制,解释结果的可靠性仍然较低。近年来,探索出了一些新的预测方法,如煤层地质演化历史数值模拟法、煤质—灰分—含气量类比法等,但这些方法很大程度上仍属于地质类比分析方法的范畴。

(1)地质类比法

如果预测区及其浅部煤层几乎没有煤岩煤质、煤层含气性、煤吸附性等实测资料,地质类比分析就是预测煤层含气量的唯一方法。通过综合分析预测区煤层气基本地质条件,选择地质条件类似且拥有煤层含气量预测结果的地区,作为预测区煤层含气量预测的重要依据。

对已知煤阶、煤质等基础资料但缺乏煤层实测含气量和等温吸附试验数据的地区,可在综合分析煤层气地质条件的基础上,采用煤质—灰分—含气量类比方法,选择煤阶与煤质条件类似地区煤层含气量梯度、等温吸附等数据,作为煤层含气量的预测依据。

(2)实测解吸数据外推法

20 世纪 50 年代至 60 年代早期,煤田地质勘探中煤层气(瓦斯)含量测试采用真空罐法,60 年代晚期以后采用集气法,80 年代以来大多采用解吸法。

解吸法包括两种:中华人民共和国煤炭行业标准《煤层气测定方法(解吸法)》(MT/77—1994)和美国矿业局(USBM)直接法,我国 2008 年颁布的国家标准《煤层气含量测定方法》(GB/T 19559—2008)实质上与美国 USBM 的直接方法相同。传统的煤炭行业标准 MT 77—1994 规定,煤层含气量由四部分组成,即损失气量(V_1)、现场 2 h 解吸量(V_2)、真空加热脱气量(V_3)及粉碎脱气量(V_4)。USBM 直接法测定的煤层含气量由三阶段实测气量构成,即逸散气量、解吸气量和残余气量。

通过对实测解吸数据与煤层埋深关系的拟合分析,可在一定边界条件限制下推测深部煤层含气量。这种关系往往用含气量梯度(煤层埋藏深度每增加百米的含气量增量)表征,故实测解吸数据外推法也称为含气量梯度法。

煤层含气量是地层压力和地层温度的函数,基于单调函数原则的实测解吸数据外推法存在一个下限深度适宜范围。关于这一下限深度,苏联学者认为在甲烷风化带之下 500～700 m;英国斯克顿煤田定在垂深 800～900 m;张新民等认为是在垂深 800～1 000 m。秦勇等研究表明,煤层含气量随深度单调增加的下限深度与煤阶密切相关,变化在 1 100～1 500 m。

(3)等温吸附—含气饱和度法

等温吸附—含气饱和度法对煤层含气量的预测精度相对较高,但应用前提要求较为严格。首先,需要具备煤的等温吸附实测数据,实验煤样的煤阶、物质组成、物理性质等应与拟预测煤层相似;其次,需要事先采用适当方法了解煤层压力状态,如试井压力、矿井/钻孔瓦斯压力、水头高度、等效储层压力等;再次,应了解煤储层温度及其随深度的变化规律;最后,需要合理估算煤层的含气饱和度。

采用等温吸附—含气饱和度法预测煤层含气量的理论基础在于,煤层含气性取决于煤的吸附能力和含气饱和度,即含气量为最大吸附量与含气饱和度的乘积。为此,基于朗缪尔原理,煤层含气量(无水无灰基)预测数学模型为:

$$V_P = S_G(1 - A_d)\frac{V_L p}{p_L + p}e^{n(t_0 - 1)}$$

或:

$$V_P = S_G(1 - A_d - M_{ad})\frac{abp}{1 + bp}e^{n(t_0 - 1)}$$

式中,V_P 为预测的煤层含气量,m^3/t;S_G 为含气饱和度,%;V_L 为朗缪尔体积(无水无灰基),m^3/t;p_L 为朗缪尔压力(无水无灰基),MPa;p 为煤储层压力,MPa;n 为常数,$n = 0.02/(0.993 + 0.07p)$;a,b 为吸附常数(无水无灰基),其中 a 相当于朗缪尔体积,b 为朗缪尔体积的倒数;A_d 为煤的干燥基灰分产率;M_{ad} 为煤的空气干燥基水分含量。

(4)深部煤层含气量预测方法

煤层含气量是煤层埋藏演化过程中多次吸附/解吸、扩散/渗流、运移后,在现今地层条件下达到动态平衡的产物,深部煤层含气量预测目前缺乏成熟方法。

① 含气量梯度法

含气量梯度法主要适用于同一构造单元中的深部外推预测区或不同构造单元中基本条件相近的预测区,是可靠程度相对较高且应用最广的预测方法之一。其理论基础为:在构造相对简单的赋煤块段,在一定的埋深范围内,煤层含气量主要受煤层埋深所控制。

根据上述原理可知,含气梯度法预测深部煤层含气量的前提条件是:a. 同一构造单元中已有浅部煤层解吸资料的深部地区;b. 煤阶受埋深控制,煤阶相当或变幅较小;c. 勘探区煤层气解吸数据较为丰富,含气量梯度明显,或煤层埋深与煤层含气量之间关系离散性较小。

② 煤阶—等温吸附法

该方法适用范围较广,特别是煤阶变化较大的地区,也是本次资源评价与地质选区工作主要采用的深部煤层含气量预测方法。

煤阶—等温吸附法的理论基础在于,煤层气主要以吸附方式赋存在煤基质微孔表面,吸附量的大小主要受控于煤阶、地层温度和地层压力。应用该方法进行深部煤层含气量预测的前提是已有不同煤阶煤的等温吸附测试数据,区内煤阶、地层温度、地层压力的分布规律基本查明。

(二)含气量平面变化

(1)织纳煤田

贵州省织纳煤田构造变动较为强烈,相当一部分地段的含煤地层被剥蚀殆尽,大的含气区块集中于南部、西部和北部,如西部的比德—三塘盆地、南部的五指山—勺坐—乐冶地区和北部的猛作—孟甲—蔡官地区(见图2-3)。

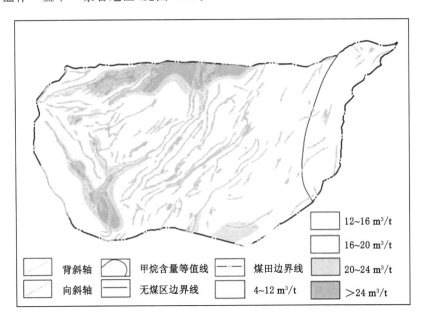

图 2-3 织纳煤田 6 号煤层甲烷含量分布

织纳煤田煤层甲烷含量的区域分布特点与单个向斜的规模和"凹陷"深度直接相关,具有向斜控气的典型特征。不同煤层其含气量的区域分布规律类似,只是下部煤层高含气量分布范围略大于上部煤层。含气量大于 24 m³/t 的地带主要分布于煤田西部的比德—三塘盆地深部,在北部和南部向斜群轴部局部分布,但这些地段缺乏勘探实证资料,多数是预测结果。含气量变化于 12~24 m³/t 的地带广泛分布在煤田南部、西部和北部,一般位于向斜两翼斜坡部位。

织纳煤田东部煤层含气量一般在 4~12 m³/t,个别向斜平均含气量为 12~16 m³/t。尽管该地带煤层含气量总体上低于其他地带,但具有埋藏浅、煤层气资源丰度高、煤层原生结构完整等特点,有利于煤层气开发。例如,水公河向斜含煤面积约 120 km²,龙潭组含煤 35 层左右,煤层总厚平均 33 m;除 6 号煤层外,其他煤层原生结构十分完整;煤层最大埋深不到 700 m,一般在 300～500 m,煤层气风化带深度 55～60 m;东、西两翼平均含气量 15～17 m³/t,煤层气平均资源丰度 3.68 亿 m³/km²,可采资源丰度 1.27 亿 m³/km²,理论平均抽采率达 38.49%。这些条件极有利于煤层气地面抽采。

(2)六盘水煤田

六盘水煤田构造更为复杂,含煤地层分割赋存的特点更为明显。然而,该煤田同样具有向斜控气的典型特征,不同煤层含气量区域分布格局也极其相似(见图 2-4)。整个煤田可归纳为四个含气区域,分别为东部的普定—六枝—郎岱—晴隆向斜群、西部的土城—照子河—盘关—普安向斜群、北部的土地垭—大河边—垭都—格目底向斜群和南部的保田—青山复向斜。总体上,六盘水煤田煤层甲烷含量略低于织纳煤田,含气量平均只有12.24 m³/t。因此,含气量等值线只划分出三个等级。

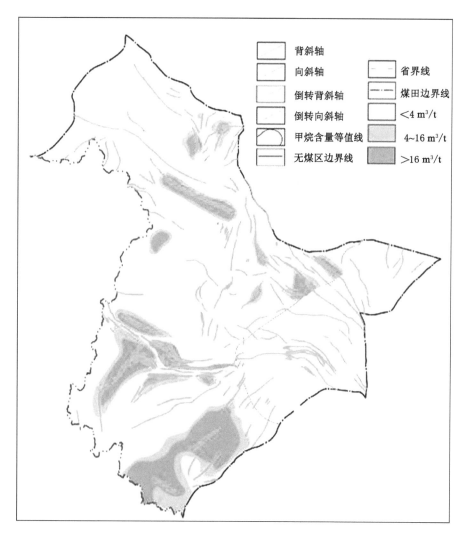

图 2-4 六盘水煤田 29 号煤层甲烷含量分布

整体来看,各向斜群之间煤层含气量并无大的差异,一般都包括三个含气量等级。然而,煤田东部、西部两个向斜群中含气量>16 m³/t 地带的分布面积显著较大,北部向斜群中该带分布范围相对狭窄,南部保田—青山向斜几乎不存在含气量>16 m³/t 的地带。从单个向斜分析,含气量从边缘的<4 m³/t 地带向轴部的>12 m³/t 地带依次过渡。其中,含气量<4 m³/t 地带一般十分狭窄,往向斜内部很快过渡到 4~16 m³/t 地带。这一特点是赋煤构造多为隔槽式向斜的必然结果。

(三)含气量垂向变化

织纳煤田煤层含气量与煤层层位之间的关系分为两类基本表现形式(见图 2-5、图2-6)。第一类是织纳煤田的主要形式,表现为非单调函数分布,平均含气量随煤层层位降低而呈波动式变化。第二类为单调递减趋势,煤层层位降低,含气量具有趋于增高的趋势。第一类形式指示煤层(群)之间地层流体动力联系较弱,显示出独立叠置含煤层气系统的基本特征。第二类形式表明,整个含煤地层不同煤层之间具有较强的流体动力联系,属于同一含煤层气系统。

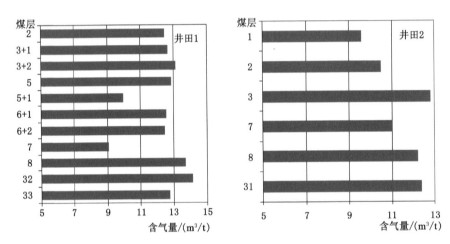

图 2-5 织纳煤田平均含气量层位分布呈波动式变化形式

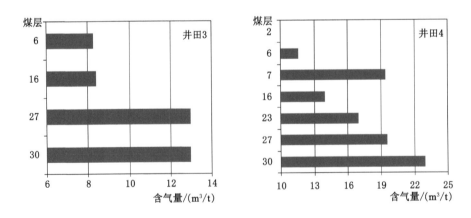

图 2-6 织纳煤田平均含气量层位分布呈单调递减变化形式

与织纳煤田相比,六盘水煤田煤层含气量与层位之间关系只表现出一种基本形式,即非单调函数类型。然而,这种基本类型在不同勘探区呈现出不同的表现形式,大致有三种情况

（见图 2-7）。第一种情况表现为先增后降,含气量随上部煤层层位的减低而逐渐增加,至下部某一煤层后又转为递减趋势。第二种情况具有先降后增再降的趋势,含气量随煤层层位的降低呈三阶段波动式变化。第三种情况则为先增后降再增的趋势,含气量虽随煤层层位降低也呈三阶段波动式变化,但波动顺序与第二种情况相反。六盘水煤田含煤层气系统较为复杂,同属同一向斜的两个相邻勘探区,其含气量的层位分布趋势也可不相同。

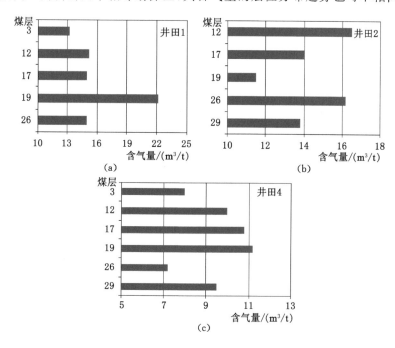

图 2-7 六盘水煤田平均含气量层位分布的三种情况

（a）先增后降;（b）先降后增再降;（c）先增后降再增

盘州部分煤层气探井施工的气测录井结果显示,12 号和 19 号煤层气测异常最强,钻开后基值抬升,气测曲线形态较为饱满,反映含气量相对较高、地层能量相对较大,是施工探井中最有利的煤层气储层。

二、气体组成

煤层气化学组分主要包括甲烷、二氧化碳和氮气,含少量的重烃气(乙烷、丙烷、丁烷和戊烷)、氢气、一氧化碳、二氧化硫、硫化氢以及微量的稀有气体(氦气、氖气、氩气、氙气等)。其中,甲烷和重烃气统称为烃类气体。煤层埋藏深度增大,煤层气化学组成随之变化,从地表至煤层气风化带下限深度依次形成二氧化碳—氮气带、氮气—甲烷带和甲烷带。其中,前两带统称煤层气风化带。

（一）化学组成

织纳煤田煤层甲烷浓度为 0～99.97%,平均 88.32%;氮气浓度为 0.02%～50.47%,平均 8.64%;二氧化碳浓度为 0～23.81%,平均 1.64%;其重要特征是多数勘探区含有数量不等的重烃,平均浓度在 0～12%,单个样品最高达 96%,11 个勘探区重烃含量平均 1.46%。

六盘水煤田煤层甲烷浓度为 16.32%～99.62%,平均 80.49%;氮气浓度为 0.10%～

29.78%,平均11.40%;二氧化碳浓度为0～34.46%,平均2.51%。

黔北煤田煤层甲烷浓度为59.58%～99.48%,平均92.66%;氮气浓度为0.11%～38.62%,平均6.88%;二氧化碳浓度为0.04%～12.59%,平均2.38%;乙烷浓度为0.01%～1.75%,平均0.41%。

（二）化学组成区域分布

织纳煤田煤层化学组成具有分片相似的统计特点（见图2-8）。五轮山、中岭、补作、坪山、坐拱五个勘探区位于相邻的水公河向斜和白泥箐向斜,煤层甲烷浓度达90%以上。黑塘和肥三勘探区甲烷浓度在75%～80%。大冲头和文家坝勘探区同属阿弓向斜,重烃异常,其中大冲头重烃平均浓度12%,最高达25.09%,文家坝重烃平均浓度接近5%。西部比德向斜的黑塘、华乐勘探区氮气浓度较高,达到20%以上,相应的甲烷浓度降低,一般低于80%;肥三、肥一两个勘探区氮气浓度在15%左右,其他勘探区一般低于5%。

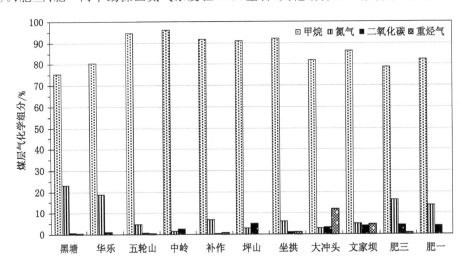

图2-8 织纳煤田部分勘探区煤层气平均化学组成

六盘水煤田煤层气化学组分分布特点相对简单（见图2-9）。煤层甲烷浓度最高的是泥堡勘探区,平均92.18%;其次是马依西、老厂、地瓜、马依东、幸福及响水勘探区,甲烷浓度

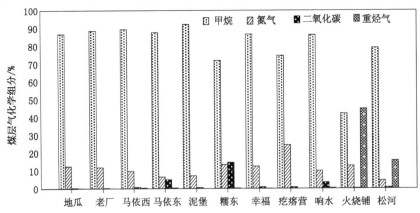

图2-9 六盘水煤田部分勘探区煤层气平均化学组成

在 80%～90%；最低的为火烧铺勘探区，甲烷平均浓度仅为 42.23%。氮气浓度最高的是疙瘩营勘探区，达到 24.55%。二氧化碳浓度最高的为糯东勘探区，为 14.66%，其次为马依东，为 4.97%。青山向斜地瓜、马依西、马依东、糯东、幸福等勘探区虽有微量重烃存在，但未达异常；而松河、火烧铺勘探区出现重烃异常现象，乙烷平均浓度分别可达 15.73%、44.77%。

（三）化学组成层位分布

织纳煤田部分勘探区煤层气化学组分层位分布情况见图 2-10，黑塘、华乐区块所属比德向斜，各煤层甲烷浓度较低，在 75% 左右；一般具有随层位降低甲烷浓度升高、氮气浓度降低的趋势。中岭、坪山勘探区各煤层甲烷浓度极高，一般在 90% 以上。甲烷浓度随煤层层位降低呈现波动性变化，且各煤层都保持有很高的甲烷浓度，说明该地层封闭性好，各煤层之间相互封闭性强。文家坝、大冲头勘探区由于重烃异常，甲烷浓度一般较低，文家坝随层位降低甲烷浓度增高，氮气浓度降低，大冲头甲烷浓度随层位降低波动性变得复杂。

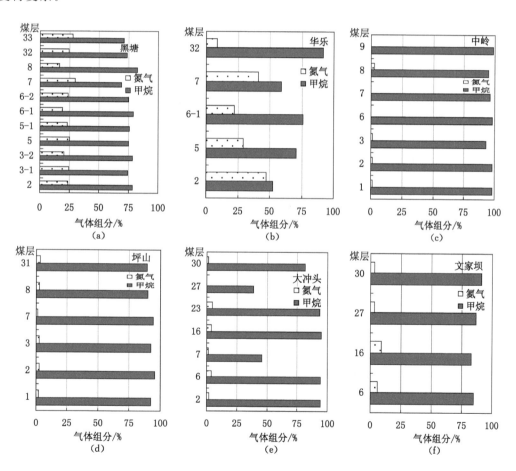

图 2-10　织纳煤田部分勘探区煤层气化学组分层位分布图

六盘水煤田（见图 2-11）与织纳煤田相比，煤层气化学组成层位分布的规律性较简单。各煤层甲烷浓度一般在 90% 左右，且随煤层层位的降低，甲烷浓度一般递增，氮气浓度递减。其中,规律性最为明显的是马依东勘探区;老厂、马依西勘探区虽略有波动,但递增趋势并未改变。

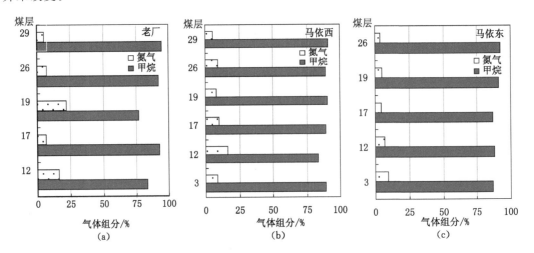

图 2-11　六盘水煤田 3 个典型区块煤层气化学组分层位分布图

黔北煤田与织纳、六盘水煤田相比,变化规律性较为简单。各煤层甲烷浓度一般在85%左右,且随煤层层位的降低,甲烷浓度递增趋势不明显,氮气浓度递减,二氧化碳浓度递增。

第三节　煤储层渗透性及其地质控制

一、煤层试井渗透率与分布特征

在煤储层渗透率的多种获取方法中,只有试井和产能历史匹配方法求得的结果接近于地层条件下的真实情况。本节主要以试井结果为基准,采用地球物理测井曲线换算、煤层及煤芯裂隙观测等多种方法,对煤层渗透率变化情况进行预测。

(1)煤层试井渗透率

煤层渗透率是衡量煤层渗流能力的主要参数,是制约煤层气资源开发成败的关键地质因素。国外根据试井渗透率大小,将煤层划分为三类:高渗透率煤层,渗透率大于 10 mD;中渗透率煤层,渗透率介于 1～10 mD;低渗透率煤层,渗透率小于 1 mD。我国煤层渗透率总体上低于北美大陆,但可参照上述分类,适当降低标准进行评价。

不同地区各煤层煤层气井的试井数据统计见表 2-4。织纳煤田测试煤层埋深浅于600 m,试井渗透率在 0.107 4～0.500 2 mD,算术平均值 0.279 7 mD。

表 2-4　　　　　　　　　　　　　煤层气井试井成果统计

煤田名称	煤层编号	试井煤层埋深/m	煤层厚度/m	煤层渗透率/mD
织纳 煤田	2	464.04～520.17	0.80～1.65	0.500 2～0.107 4
	5	502.26	1.15	0.322 8
	6	523.35～577.76	5.9～1.58	0.30～0.168 2

续表 2-4

煤田名称	煤层编号	试井煤层埋深/m	煤层厚度/m	煤层渗透率/mD
六盘水煤田	1	534.91	1.71	0.078 4
	3	359.09～644.57	2.46～3.26	0.017 3～0.324
	5	687.35	4.05	8.1
	7	554.24	2	0.426
	9	408.53～660.48	1.5～2.5	0.004 4～0.093 4
	10	609.92～1 139.7	1.4～2.36	0.002～0.097 5
	12	720.8～1 062	1.4～6.0	0.001～0.313
	13	641.02	1.12	0.015 7
	15	1 080	8	0.009 6
	16	737.83	2.14	0.21
	17	292.22～632.36	3.02～3.84	0.007 8～0.48
	18	1 178.4	3.4	0.000 4
	19	329.4～777.04	1.95～6.84	0.011～0.844
	22	652.7	2.25	0.007 5
	24	1 243.6	2	0.000 6
	26	874.77	4.32	0.127
	27	919.34	1.37	0.043 7
	29	426.95	5.57	0.013

六盘水煤田煤层试井渗透率在 0.000 4～8.100 0 mD,平均 0.156 8 mD(最大值未参与计算),低于织纳煤田。其中,亮山勘探区煤层渗透率极低,最高不超过 0.01 mD,平均 0.002 6 mD,这与其测试煤层埋深均超过 1 000 m 有关;金佳勘探区埋深 800 m 以浅的煤层渗透率变化极大,在 0.004 4～0.426 0 mD,平均 0.171 1 mD;火烧铺勘探区渗透率为 0.007 5～0.116 0 mD,平均 0.067 3 mD;响水勘探区渗透率为 0.125 0～8.100 0 mD,平均 0.526 5 mD,其中 5-2 号煤层的渗透率表现出高异常,为 8.100 0 mD,说明该煤岩层具有较好的渗透性;青山向斜马依东勘探区煤层渗透率同样变化极大,测试煤层埋深浅于 650 m,渗透率为 0.007 8～0.480 0 mD,平均 0.114 8 mD;土城向斜勘探区埋深 1 000 m 以浅的煤层渗透率变化较小,分布在 0.043 7～0.210 0 mD,平均 0.113 3 mD。

(2)煤层试井渗透率变化特征

取埋深 650 m 以浅的测试煤层为基准,黔西(乃至滇东)地区上二叠统煤层试井渗透率区域分布规律十分明显,总体上由东向西趋于降低。例如,织纳煤田煤层试井渗透率为 0.279 7 mD,六盘水煤田盘关向斜和青山向斜煤层渗透率在 0.15 mD 左右,进一步向西至滇东恩洪、老厂、宣威等向斜或煤田煤层试井渗透率平均值只有 0.090 4 mD。这一区域的分布规律,一方面是聚煤期后构造变动对煤层破坏程度不同的结果,另一方面与区域现代构造应力场对煤层裂隙的挤压封闭程度有关。

进一步来看,织纳煤田化乐勘探区煤层试井渗透率与煤层厚度、埋深等在勘探深度范围内具有显著的多元拟合关系:

$$K = -7 \times 10^{-10} d^3 h^3 + 5 \times 10^{-6} dh - 0.01 dh + 6.868$$

式中，K 为试井渗透率，mD；d 为煤层厚度，m；h 为煤层埋深，m。

基于上述经验公式，可对同一向斜其他勘探区和其他煤层的渗透率进行初步预测。依据上述经验方程预测埋深 750 m 以浅各煤层渗透率，见表 2-5。

表 2-5　　　　　　　　　　　织纳煤田某孔煤层渗透率预测结果

煤层编号	煤层厚度/m	煤层埋深/m	预测渗透率/mD	煤层编号	煤层厚度/m	煤层埋深/m	预测渗透率/mD
2	1.9	430.60	0.165	6-1	4.26	490.72	0.142
3-1	1.25	440.76	0.276	7	1.61	505.59	0.166
3-2	1.29	448.88	0.262	32	1.81	720.36	0.078
5	1.97	470.08	0.134	33	1.79	726.55	0.078
5-1	1.73	478.57	0.162				

表 2-5 所列结果显示：随着层位降低，煤层渗透率趋于降低，但在不同煤层之间出现明显波动。6_1 号煤层厚度最大（4.26 m），但其渗透率低于上、下相邻煤层的渗透率；3_1 号煤层渗透率最大，但其厚度只有 1.25 m，且其埋藏较浅。

二、煤层试井渗透率变化的地质控制

影响煤层原位渗透率发育的地质因素是多方面的。在宏观尺度上，最主要的影响因素是区域构造应力大小以及主应力方向与煤层裂隙优势方向之间的关系。在中观尺度上，向斜甚至勘探区构造变形历史及其控制之下的煤层裂隙发育状况、煤层埋深、煤层厚度等影响煤层渗透性的强弱。在微观尺度上，煤体结构以及煤物质组成对渗透率起着控制作用。

（1）现代构造应力场对煤层渗透率的影响

黔西地区基底交叉断裂控制盖层中方向各异的褶皱断裂带组合为弧形、菱形和三角形等各种构造形式，构成统一的区域构造格局。其中，织纳煤田位于百兴三角形构造，六盘水煤田的构造主体是发耳菱形构造和盘州三角形构造，构造应力场极其复杂（见图 2-12）。

对三角形构造，应力值在 3 个顶角处最大，边部次之，向三角形内部递减，构造变形在角顶和边部强、中部弱，这与本章第三节中阐述的织纳煤田煤体结构区域分布规律一致。由此推测，六盘水煤田中～南部可能发育两个煤体结构相对完整的中心地带，分别是中部发耳菱形构造区和南部盘州三角形构造区的中央地带。其中，发耳菱形构造区构造隆升相对强烈，含煤地层保存条件较差，只有零星分布。因此，黔西地区煤层渗透性较好的地带可能位于两个地带：一是织纳煤田中部，如水公河向斜、珠藏向斜、牛场向斜等；二是六盘水煤田南部的盘关向斜中央地带，大致位于盘州以北。

进一步分析，黔西—滇东地区煤层物性与地应力状况关系密切，尤其是煤体结构、煤层渗透率和煤储层压力，地应力场则受控于区域构造背景。这种控制作用具体表现在如下几个方面：

① 地应力梯度

地应力梯度是造成煤层试井渗透率区域分布差异的重要地质原因。

据黔西—滇东煤层气井试井资料，地应力场中的最小主应力（闭合压力）梯度降低，煤层渗透率随之增高，两者之间呈相关性良好的负幂指数关系[见图 2-13（a）]。进一步分析发

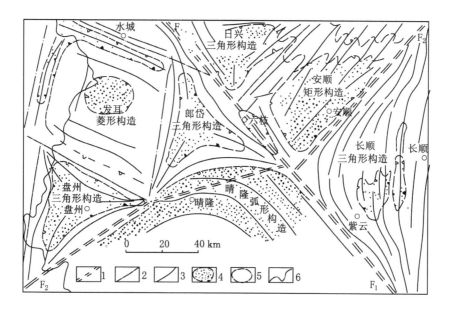

图 2-12 贵州西部构造示意图

现,区内最小主应力梯度从东往西增大,在织纳煤田比德向斜为 17～21 kPa/m,六盘水煤田青山向斜为 12～27 kPa/m,六盘水煤田盘关向斜为 21～33 kPa/m,滇东老厂矿区为 17～25 kPa/m,滇东恩洪盆地为 20～34 kPa/m[见图 2-13(b)]。也就是说,越靠近康滇古陆方向,最小主应力越高。与此吻合的是:在地应力相对较低的织纳煤田和老厂矿区,龙潭组煤层原生结构保存较好,试井渗透率相对较高;在地应力相对较高的六盘水煤田和恩洪盆地,龙潭组煤层原生结构遭受强烈破坏,构造煤高度发育,试井渗透率极低。

② 煤层埋藏深度

煤层埋藏深度在一定程度上影响煤层试井渗透率,从另外一个角度反映出地应力对渗透率的控制效应。

如图 2-14 所示,黔西—滇东地区煤层试井渗透率与埋藏深度之间关系尽管较为离散,但负幂指数趋势十分明显。同时,在测试煤层埋深(500～700 m)相似的情况下,试井渗透率同样具有由东往西降低的趋势,比德向斜最高,青山向斜和老厂矿区次之,盘关向斜和恩洪盆地最低。进一步分析得出,试井渗透率与煤层埋深之间负幂指数关系的转折深度在 600 m 左右,对应的试井渗透率约 0.05 mD。煤层试井渗透率一旦低于 0.05 mD,则渗透率与埋藏深度之间就没有确定的关系,指示渗透率极低的向斜或勘探区煤层气地面开发难度极大,如盘关向斜和滇东恩洪盆地。如果在浅部存在试井渗透率高于 0.05 mD 的煤层,则渗透率会随埋藏深度的变浅而有所增高,显示出较为有利的煤层气地面开发前景,如比德向斜、青山向斜以及滇东的老厂向斜等。埋藏深度的变化,意味着上覆岩柱对煤层施加的重力出现差异。因此,埋深与试井渗透率之间关系在两个方面体现出地应力对渗透率的控制效应:其一,埋深增大的实质是煤层所受垂向应力增高,由此导致试井渗透率降低;其二,两者关系在一定埋深范围内出现"转折点",暗示现代构造应力场水平应力与垂向应力的关系发生转变,黔西—滇东地区这一转变深度约在 600 m,是造成深部煤层试井渗透率急剧降低的关键地质原因。

③ 储层压力

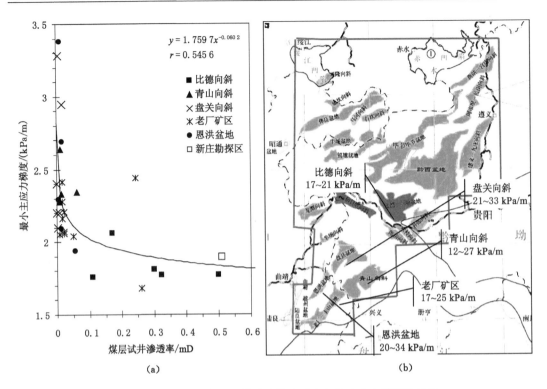

（a）　　　　　　　　　　　　　　　（b）

图 2-13　黔西—滇东地区煤层试井渗透率与最小应力梯度的关系

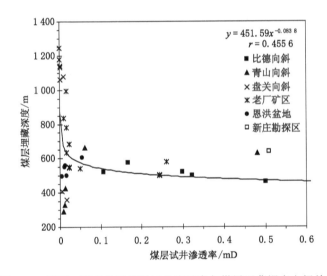

图 2-14　黔西—滇东地区煤层试井渗透率与煤层埋藏深度之间关系

储层压力是地应力、煤层流体压力、煤层有效应力等因素之间相互作用的结果。

与最小主应力和埋藏深度类似，试井渗透率与煤储层压力之间呈现出显著的负幂指数关系（见图 2-15）。两者之间关系剧变的转折点同样在试井渗透率为 0.05 mD 左右，对应的储层压力在 5～6 MPa。低于这一储层压力时，渗透率变化极大，似乎不受储层压力的影响；一旦高于这一储层压力，渗透率即随储层压力的增高而急剧减小。因此，储层压力对深部煤层渗透率存在显著影响。储层压力是作用在煤层孔隙—裂隙壁上的流体压力,煤层所受地应力与储层压力之差,即所谓的有效应力。在煤层埋深增大的情况下,垂向地应力导致储层压力增大,有效应力随之显著减小,煤体发生弹性膨胀致使裂缝宽度减小,渗透性同时降低,这是深部煤层渗透率急剧降低的另一原因。如果煤层埋深变化不大,则煤层有效应力的大小往往取决于水平应力的差异,储层压力的影响较为微弱,这是浅于 $500\sim700$ m 煤层的试井渗透率由东向西明显减小的更深层次的地质原因。

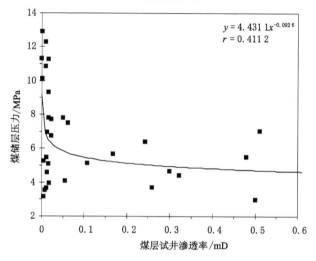

图 2-15 黔西—滇东地区煤层试井渗透率与煤储层压力之间关系

(2) 煤层厚度对试井渗透率的影响

分析试井资料发现,黔西乃至滇东地区煤层厚度增大,试井渗透率以 $0.02\sim0.03$ mD 为界,表现出截然相反的两种相关趋势,这与华北石炭二叠系情况颇为相似。当渗透率小于 0.03 mD 时,煤层厚度增大,渗透率总体上增高;当渗透率大于 0.03 mD 时,渗透率随煤层厚度的增大而降低。这种耦合关系,指示煤层厚度对煤储层渗透率的控制机理可能随煤体结构和煤厚的变化而有所不同。如图 2-16(a)所示。

华北石炭二叠系煤层以渗透率 0.5 mD 为界,煤层厚度与试井渗透率之间表现为两段趋势相反的分布规律[见图 2-16(b)]。无论是煤层还是岩层,天然裂隙的间距均小于煤(岩)层分层的厚度,即煤层裂隙密度常随煤岩类型条带或分层厚度的变薄而增大。因此,就区内渗透率大于 0.03 mD 的煤层而言,渗透率随煤层有增厚而减小的趋势,显然与煤厚—裂隙密度之间的负相关特征有关,泥炭聚集期各种地质因素的综合作用起着重要控制作用。然而,渗透率小于 0.03 mD 时的煤层厚度与渗透率之间有正相关趋势,用上述原理显然无法解释,表明其他因素起着更为重要的控制作用,如煤体结构、裂隙开合度以及煤阶和煤岩组成控制之下的裂隙发育密度等。

从另外一个视角来看,在天然裂隙极度发育的构造煤层中,构造煤发育程度与煤层厚度之间呈正相关趋势,我国大量矿井瓦斯地质研究资料充分地揭示出这一事实。无论是厚度受煤物质流变影响而变化较大的煤层,还是主要受沉积作用控制而厚度较为稳定的煤层,均有该分布规律。显然,对原生结构受到严重破坏的煤储层而言,煤层厚度越大,构造煤发育程度可能就越高,煤层气发生达西流动所需的裂隙网络的连通性就越差,即渗透率受沉积

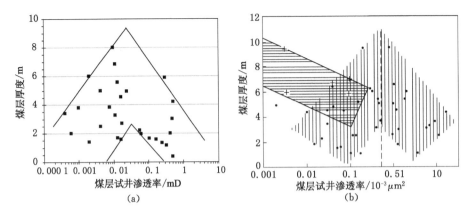

注：圆点和直线代表构造煤不发育的煤层，乘号和阴影代表构造煤发育的煤层

图 2-16　不同地区煤层厚度与试井渗透率之间的关系

（a）黔西—滇东地区；（b）华北地区

作用与沉积期后构造变形综合控制之下的煤层厚度的影响，这可能是在解释黔西—滇东地区煤层试井渗透率与煤层厚度关系时需要考虑的一个重要因素。

第四节　储层压力与地应力

一、储层压力

煤储层压力，是指作用于煤孔隙—裂隙空间上的流体压力（包括水压和气压），故又称为孔隙流体压力。煤储层流体要受到三个方面力的作用，包括上覆岩层静压力、静水压力和构造应力，煤储层压力是控制煤层吸附气量的最关键因素。煤储层压力受地质构造演化、生气阶段、水文地质条件（水位、矿化度、温度）、埋深、含气量、大地构造位置、地应力等诸多因素的影响，其中，埋深和地应力是最主要的控制因素。煤储层压力总体呈"东低西高"的大区域分布趋势，即由东向西方向，上二叠统煤储层由欠压状态向正常和超压状态转变。东部的织纳煤田某勘探区煤储层压力梯度和压力系数平均值分别为 8.8 kPa/m 和 0.89，为欠压状态；西部六盘水煤田的两河和马依地区分别为 10.8 kPa/m 和 1.10 以及 10.2 kPa/m 和 1.04，为正常压力状态；进一步向西至忠义地区分别为 11.9 kPa/m 和 1.22（见图 2-17），为超压状态。六盘水煤田整体显示出正常～异常高压的储层压力状态，织纳煤田普遍呈现正常～低压的储层压力状态（见图 2-18）。

二、地应力

地应力的形成主要与地质历史时期地球的各种动力作用过程有关。地应力测量方法有多种，如应力恢复法、应力解除法及水压致裂法等，目前使用较多的是应力解除法和水压致裂法。应力解除法主要用于煤矿深部应力测量，且在国内多个矿区获得了一批可靠的地应力资料。水压致裂法是自 20 世纪 70 年代迅速发展起来的方法，作为一种深部应力测量技术，首先在油气田中得到应用，其测量的应力是一个较大范围内的平均应力，而不像应力解除法是一个点的应力，在目前的煤层气勘探开发过程中获得广泛应用。水压致裂法通过钻孔以大排量向地下某深度处的煤层注水，累积起高压迅速将孔壁压裂并使煤层产生裂缝，然后对压降曲线进行分析，根据破坏压力、闭合压力和破裂面的方位，计算和确定岩体内各主

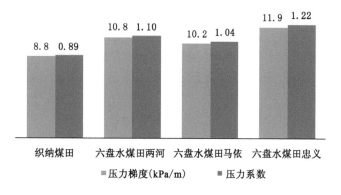

图 2-17　煤储层试井压力状态区域分布

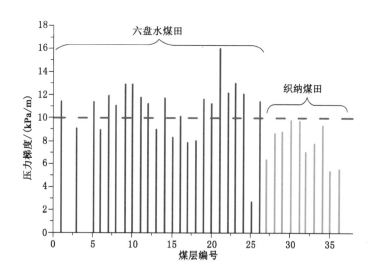

图 2-18　煤储层压力梯度分布

应力的大小。煤储层的原始地应力场状态可为选择煤层渗透性相对较高的开发靶区和适宜的增产措施提供保障。

贵州西部地区水压致裂法测得的最小水平主应力平均为 12.53 MPa,最小水平主应力梯度平均为 22.5 kPa/m;最大水平主应力平均为 17.53 MPa,最大水平主应力梯度平均为 30.3 kPa/m(见表 2-6)。整体属于中至高应力值区。最大水平主应力方向基本为近东西向,一般为南东—北西向。

表 2-6　　　　　　　　　　　　　水力压裂试验应力参数

测试参数	煤层埋深 /m	最小水平 主应力/MPa	最小水平 主应力梯度 /(kPa/m)	最大水平 主应力 /MPa	最大水平 主应力梯度 /(kPa/m)	垂直应力/MPa
极值	135.9～1 243.6	2.14～27.36	11.6～36.4	2.80～40.49	12.2～62.7	3.00～32.33
均值	632.82	12.53	22.5	17.53	30.3	14.76

从某参数井注水压降试井法获得的原始地应力梯度垂向变化来看(见图 2-19),破裂压力梯度及闭合压力梯度具有一致的变化规律,破裂压力梯度及闭合压力梯度大体随埋深的增加而增加,且 16 号煤层以下的各煤储层破裂压力梯度及闭合压力梯度显著大于 16 号煤层以上的各煤层,从一定程度上反映多煤层发育条件下可能存在两个大的独立含煤层气系统,即1~16 号煤层的含煤层气系统和 16~27$_1$ 号煤层的含煤层气系统。

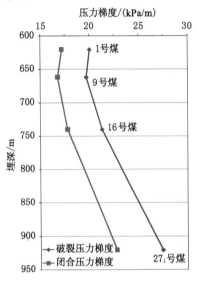

图 2-19　某参数井地应力梯度变化

第三章 煤层气成藏类型与关键控制因素

第一节 煤层气成藏类型及特征

一、煤层气成藏类型

煤层气成藏效应可用煤层裂隙系统指数(ξ_1)、煤层压力系统指数(ξ_2)和煤层裂隙开合系数(Δ)加以定量表述。煤层压力系统指数定义为气体弹性能对总弹性能的贡献率($\xi_2 = E_{气}/E_{总}$),指数越高,煤层气的动力条件就越强。煤层裂隙系统指数指基块弹性能与基块破裂能之比值($\xi_1 = E_{煤}/E_{破}$)。基块破裂能越小,在同一应力场条件下煤储层中裂隙就可能越为发育;基块弹性能越大,煤层气降压排采过程中煤基块的"回弹"能力就越大,煤层裂隙的"闭合"程度就会越高。因此,基块破裂能与基块弹性能对煤层渗透性的影响互呈反向关系,煤层裂隙系统指数可综合表征煤层裂隙的发育程度和开合程度,指数越低,煤层裂隙相对发育程度和相对开放程度就越高,煤层渗透性可能就越好。

基于上述原理以及煤层裂隙系统和压力系统二元能量参数,参照沁水盆地煤层气勘探开发效果,可将贵州省煤层气成藏效应划分为四种基本类型(见图3-1)。

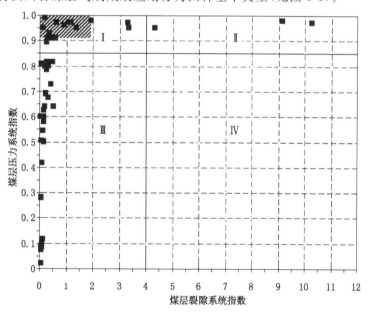

图 3-1 煤层气成藏效应分类图解(图中充填区域为华北沁水盆地数据)

① I型发育(有利压力系统—有利运移系统)

煤层裂隙系统指数小于 4,煤层压力系统指数大于 0.85,既有较高的煤储层流体能量和煤层气富集条件,又存在有利于煤层裂隙发育并开启的动力条件,是最理想的煤层气地面开发选区。

② Ⅱ型发育(有利压力系统—不利运移系统)

煤层裂隙系统指数大于 4,煤层压力系统指数大于 0.85,存在较高的煤储层流体能量,能量条件不利于煤层裂隙发育和开启,煤层气较为富集但煤层渗透性可能较差,可作为煤层气地面开发选区。

③ Ⅲ型发育(不利压力系统—有利运移系统)

煤层裂隙系统指数小于 4,煤层压力系统指数小于 0.85,煤储层流体能量较低,煤层裂隙发育和开启的动力条件较好,煤层气富集程度较差但煤层渗透性可能较高,可考虑作为煤层气开发优选区。

④ Ⅳ型发育(不利压力系统—不利运移系统)

煤层裂隙系统指数大于 4,煤层压力系统指数小于 0.85,煤储层流体能量较低,裂隙发育和开启的动力条件较差,煤层气富集程度和煤层渗透性均可能受到不利影响,不宜作为煤层气地面开发选区。

与分类图解对比,沁水盆地南部煤层气地面开发区煤层裂隙系统和压力系统二元能量参数落在Ⅰ型区域,且数据集中在该类型区域的左上部分,最有利的煤层压力系统和煤层气运移系统同时发育(见图 3-1)。相比之下,织纳煤田煤层二元参数总体上属于Ⅰ型区域,总体上具有煤层气富集且高渗的能量条件。但是,织纳煤田煤层裂隙系统指数变化范围为 0.07~0.22,平均为 0.13,低于沁水盆地南部地区,表明织纳煤田煤层渗透动力条件要好于沁水盆地目前的煤层气商业性开发区;煤层压力系统指数在 0.82~0.93,平均 0.89,同样低于沁水盆地南部,指示织纳煤田煤层流体动力条件总体上逊于沁水盆地目前的煤层气商业性开发区(见表 3-1)。

表 3-1　　　　　　织纳煤田主要煤层的裂隙系统指数和压力系统指数

勘探区	煤层裂隙系统指数(ζ_1)			煤层压力系统指数(ζ_2)		
	6 号煤层	16 号煤层	27 号煤层	6 号煤层	16 号煤层	27 号煤层
新店东	0.12	0.10	0.10	0.89	0.91	0.91
大洞口	0.13	0.10	0.10	0.89	0.91	0.91
骂若	0.13	0.10	0.10	0.89	0.91	0.91
新华	0.14	0.13	0.12	0.87	0.89	0.89
官寨	0.15	0.11	0.13	0.87	0.90	0.89
新华	0.18	0.12	0.10	0.85	0.90	0.91
勺坐	0.14	0.11	0.11	0.88	0.90	0.90
文家坝	0.22	0.19	0.22	0.82	0.84	0.84
中岭	0.12	0.09	0.08	0.89	0.92	0.93
补作	0.15	0.13	0.13	0.87	0.88	0.89
新店西	0.18	0.13	0.13	0.85	0.89	0.89

续表 3-1

勘探区	煤层裂隙系统指数（ζ_1）			煤层压力系统指数（ζ_2）		
	6 号煤层	16 号煤层	27 号煤层	6 号煤层	16 号煤层	27 号煤层
牛场	0.17	0.18	0.18	0.86	0.85	0.85
化乐	0.09	0.09	0.07	0.92	0.92	0.93
开田冲	0.11	0.10	0.09	0.90	0.91	0.92
坪山	0.17	0.15	0.11	0.86	0.87	0.90
左家寨	0.18	0.13	0.12	0.85	0.89	0.89

对比分析得出,织纳煤田煤层气成藏效应分属两个类型:Ⅰ型和Ⅲ型(见图 3-2)。绝大部分地段属于Ⅰ型;Ⅲ型位于文家坝南段勘探区,煤层裂隙系统指数低于 0.22,煤层压力系统指数大于 0.82,仍具有较好的煤层气富集高渗动力条件。进一步看,Ⅰ型区域主要分布在织纳煤田西部,尤其是西南部化乐—百兴—张家湾—后寨—珠藏—坪上—新华所包围的区域以及西北部的水公河向斜和白泥箐向斜,涵盖了上述煤层弹性能"正正"和"正负"环状结构的分布区。

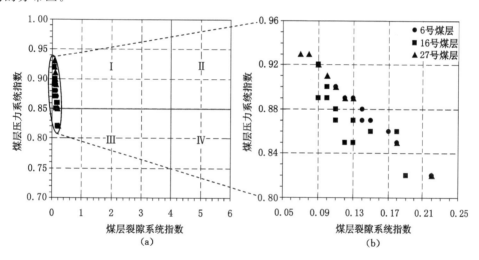

图 3-2　织纳煤田煤层气成藏效应分类图解

化乐—百兴—张家湾一带位于比德向斜南段,煤层埋深在 1 000 m 以上,向斜西南翼地层倾角较大,东北翼倾角较缓;后寨—珠藏—坪上—新华一带位于阿弓向斜南段和珠藏向斜,煤层最大埋深一般小于 1 000 m;水公河向斜北段中岭和坪山井田煤层最大埋深不到500 m,南段五轮山和补作井田煤层最大埋深小于 700 m。结合以上对沁水盆地煤层弹性能与煤层气地面开发效果的分析,认为比德向斜南段东北翼、阿弓向斜南段、珠藏向斜以及水公河向斜南段存在最有利于煤层气地面开发的地质条件。

二、煤层气成藏类型判识标志

煤层气成藏类型可根据其能量平衡系统的优劣进行划分,煤层气富集成藏的能量平衡系统主控因素体现在 3 个方面:一是由古构造应力场和热应力场制约的古地层能量场,控制着储层裂隙的发育程度参数 ξ_1;二是由现代构造应力场、煤化程度以及埋深制约的裂隙开

合程度参数 Δ；三是由地下水动力学条件制约的现今地层弹性能，控制着有效压力系统的发育程度参数 ξ_2。前两者通过与天然裂隙之间的耦合关系控制着煤储层有效运移系统的渗透性；后者在构造应力场作用下，通过控制地下水径流状态，对煤层气有效压力系统以及煤层气富集起着关键性影响。但是，随着埋深的增加，储层原始渗透率随现代构造应力场最大主应力差增大而增加的趋势将越来越弱，也就是说，上覆岩柱垂向应力的控制作用将逐渐增大。从理论上来说，ξ_1、Δ 和 ξ_2 的有利匹配，可能形成有利的煤层气能量平衡系统。换言之，三个主控因素的有机结合，可作为衡量煤层气成藏的判断标准（见表3-2）。首先，如果 $\xi_1 >$ 1，说明地层弹性能可以突破煤岩束缚，是产生有效运移系统的前提之一，其值越大，裂隙越发育。其次，如果 $\Delta > 0$，表明煤基块自调节作用以正效应占优势，裂隙处于张开状态，随着流体压力的降低，渗透率将逐渐增大，有效运移条件将得到改善，但煤层气保存条件也将随之恶化。第三，ξ_2 是有效压力系统优劣的表征，其值越大越好，反映出储层中能量充足，有利于煤层气富集成藏。

表 3-2   **能量聚散模式量化数据的模糊化标准**

模糊化标准	煤层气成藏三元判识标志					
	裂隙发育程度参数 ξ_1		裂隙开合程度参数 Δ		压力系统发育程度参数 ξ_2	
	有利或较有利，$\xi_1 > 4$	不利，$\xi_1 < 4$	有利或较有利，$\Delta > -0.8$	不利，$\Delta < -0.8$	有利或较有利，$\xi_2 > 0.85$	不利，$\xi_2 < 0.85$
	1	0	1	0	1	0

因此，可将秦勇等学者提出来的能量聚散概念模式公式(3-1)变化为式(3-2)。

$$S = (f, s, R) = (w, g, s, R) \tag{3-1}$$

式中，S 表示一种成藏模式；f 表示流体动力系统，代表成藏的有效压力系统；s 表示煤储层，代表有效运移系统；w 表示水动力系统；g 表示气体化学系统；R 表示各系统之间的关系，代表能量作用机制。

$$S = (f, s, R) = (\xi_1, \Delta, \xi_2, R) \tag{3-2}$$

式中，ξ_1、Δ 是有效运移系统的判识标志；ξ_2 是有效压力系统的判识标志。

在讨论现今的能量聚散模式和煤层气成藏类型时，应该用早期的裂隙发育程度参数 ξ_1 数据代替现今的裂隙发育程度参数 ξ_1 数据。这是因为地质历史时期的裂隙发育程度决定了现今煤储层的裂隙发育程度。

对有效运移系统的判识标志 ξ_1 和 Δ 来说，两者共同表示有效运移系统的优劣程度。ξ_1 和 Δ 之间存在下面的 4 种组合：$(1,1)$、$(1,0)$ 和 $(0,1)$、$(0,0)$。从煤层气开采的角度来说，只有存在较高的裂隙张开程度，即 $\Delta > 0$ 时才有利于煤层气开采。否则，即使煤层气很富集，但裂隙闭合程度很高，也不利于开采（见表3-2）。所以，有利于煤层气成藏和开采的有效运移系统只有 $(1,1)$ 一种组合，可以将其定为 1，其他三种不利组合定为 0。于是表示有效运移系统的集合只有 1、0 两个元素，表示有效压力系统的集合也只有 1、0 两个元素。因此，能量聚散模式的模糊化结果可以简化为只包含 1、0 两个元素的集合，即 $(1,1)$、$(1,0)$、$(0,1)$、$(0,0)$。其中 $(1,1)$ 集合，表示有效运移系统—有效压力系统类型；$(1,0)$ 集合，表示有效运移系统—差压力系统类型；$(0,1)$ 集合，表示差运移系统—有效压力系统类型；$(0,0)$ 集合，表示差运移系统—差压力系统类型。

第二节　煤层气成藏地质控制因素

一、构造形态及演化对煤层气成藏的控制

1988 年,英国的 Davdir 提出地质构造对煤层气赋存特征的影响起主导作用,建议加强对地质构造演化与煤层气地质规律的研究。澳大利亚的 Jshhedr 对地质构造与煤层气的赋存关系也做了广泛的研究。Bitiler 等在研究全球范围的瓦斯涌出现象时,指出矿区构造运动不仅影响煤层气的生成条件,而且影响煤层气的保存条件。国内学者结合中国含煤盆地实际情况对煤层气成藏的影响因素也做了很多研究。目前一致认为,煤层气的赋存状态是含煤地层经历历次构造运动演化的结果,构造运动是影响煤层气成藏的最为重要和直接的控制因素。构造运动对煤层气的成藏控制主要有构造形态、构造演化和岩浆活动。

我国煤层气赋存的地质条件复杂,构造运动频繁且强烈,各期构造运动的动力来源与挤压方向不一致,煤层形成后遭受不同程度的破坏改造,使得现今我国的煤层气赋存呈现"三低一高"的地质特征,即低饱和度、低渗透性、低储层压力和高变质程度。

（一）构造形态

不同形态、发育部位、力学性质及封闭性的地质构造,对煤层气赋存或逸散的作用不同。封闭性地质构造有利于煤层气储集,开放性地质构造不利于煤层气的赋存,更利于煤层气的逸散。含煤盆地不同的构造形态,包括断层、褶皱及其组合形式对煤层气的富集和保存起到重要的控制作用。

（1）褶皱

在褶皱的不同位置,围岩的封闭能力有较大差别。在背斜枢纽部位,如果节理发育,则节理的性质以张性为主,围岩的封闭能力显著减弱;但如果背斜的枢纽部位节理不发育,闭合而完整且岩层的透气性差,煤层气会沿煤层内部运移通道向上流动,往往在煤层枢纽部位聚集,形成高压"气顶",则背斜的枢纽部位为良好的煤层气储存和富集场所。在受到应力作用时,背斜枢纽部位节理是否发育除受到应力大小和性质的影响,还受岩层岩性的显著影响。在向斜枢纽部位,节理以压性或压扭性为主,围岩的封存能力较强,在枢纽部位也会形成高压圈闭。勘探实践也表明,褶皱的枢纽部位是煤层气富集的有利场所。

（2）断层

断层对煤层气的储集能力随断层性质不同而有显著差异。压性、压扭性断层因具有封闭性且煤层结构致密、渗透性差、阻滞气体运移能力强,沿断层面和跨越断层面方向的煤层气运移困难,对煤层中煤层气的储集有利。张性断层则相反,断层具有一定的开放性,且煤层结构松散、渗透性好,气体很容易沿断层面和跨越断层面运移,易于造成煤层气逸散圈。对于倾斜的断块,在上倾方向,如果断层是压性或压扭性的封闭断层,则煤层气易沿煤层向上运移,并在断块的上倾部位形成煤层气富集;如果断层是张性的开放断层,则煤层气沿煤层向上运移,在断块的上倾部位通过开放的断层向外逸散,不利于煤层气的储存和富集。

（二）构造演化

煤层气成藏是一个宏观的动态地质过程,宏观地质要素包括构造演化史、沉积埋藏史、煤化作用史、有机质生气史、地下流体活动史等,其中构造演化史起到主导作用。区域构造

演化控制着煤系的沉降埋藏、受热变质（煤化作用）及煤层气的生成、保存或散逸整个过程，而且现今煤层气藏的富集程度是构造作用导致的聚煤盆地回返抬升及构造变动对煤层气藏保存和破坏的综合叠加结果。

构造演化控制煤层上覆盖层厚度。煤层沉积埋藏后，能否形成煤层气藏，主要取决于后期构造演化条件。上覆盖层有效厚度是地质构造发展史留下的最直接的证据，在煤层气勘探选区中承担着重要的作用。它不仅通过控制煤层的压力而影响煤层气的吸附量，而且控制着游离气的散失，而构造演化控制着成藏过程中上覆盖层厚度的变化。

构造的回返抬升对煤层气的富集有明显的控制作用。现今埋深相同的煤层，其经历的回返抬升的时间早晚和长短不同，煤层气的富集程度也不同。抬升回返时间晚且短，煤层气散失的时间就短，对煤层气藏的保存有利。例如，华北东部和西部地区抬升回返时间不同，煤层气富集程度具有明显差异。聚煤盆地回返抬升后的喜马拉雅期构造演化对煤层气的富集程度也有重要影响。长期处于隆起剥蚀的地区，煤层气将不断散失；后期发生沉降的地区有利于煤层气的保存，但易造成煤层气饱和度的降低（见图 3-3），因为地层的抬升导致上覆地层压力减小，煤层气发生解吸散失，部分以游离气和水溶气的形式保存在煤层中。当地层沉降后，上覆地层压力增大，煤的吸附能力增强，如果没有气源补给，煤层的含气量仍保持地层沉降前的水平，造成煤层气含气饱和度降低。

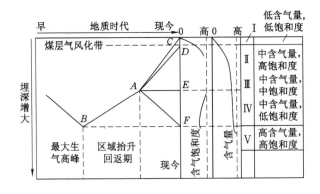

图 3-3　回返抬升后 3 种构造演化的现今煤层气富集程度

构造抬升对煤层吸附性和渗透性也有重要影响。构造抬升使煤层的负荷压力降低，高煤阶煤层裂缝开启，渗透性能显著增强，但同时会造成大量气体逸散，对煤层气储集不利；低煤阶煤层物性受构造抬升的影响较小，上覆地层压力减小导致煤层气运移速率增大。构造抬升过程中，若温度占主导控制地位，则煤的吸附量增加；若压力占主导控制地位，则吸附量减少，高煤阶煤吸附量的变化大于低煤阶煤。抬升过程中会出现煤层气的吸附或解吸，当温度作用效果大于压力作用效果时，抬升易导致煤层含气欠饱和。

（三）岩浆活动

岩浆活动对煤层储气的影响是双向的。如果岩浆活动没能直接侵入煤层，则岩浆活动所带来的热量对处于热生气阶段的煤层而言，显然能够促进煤层的热生气。煤层气的吸附反应是一个放热反应，因此，温度的升高能够促使吸附态的煤层气解吸运移。岩浆活动能够带来大量的热量，使得煤层温度升高，会加速吸附态的煤层气的解吸运移。同时,由于岩浆活动带来的热量会烘烤煤层,加速了煤层的热变质作用。煤层变质程度的升高改变了煤层的物性特征,使孔隙孔径减小,孔隙率减小,割理发育密度增大,孔隙表面的吸附性能增强,这些均影响了煤层气的储集。如果岩浆活动直接侵入煤层,则岩浆的热量会侵蚀煤层,对煤层造成极大破坏,会破坏同时充当生气和储气角色的煤层,对煤层气的储集极为不利。

二、能量系统对煤层气成藏的控制

地质系统中煤层气富集依赖于地层能量系统的逐步强化,煤层气保存的基本地质条件是系统内部能量达到动态平衡。换言之,煤层气富集过程是能量系统逐渐调整的地质过程,含气系统是一个能量动态平衡系统。煤层气富集成藏过程的实现,依赖于含煤层气系统的有形载体,载体核心是包括煤基块、地层水和煤层气在内的煤储层,煤层气成藏效应是煤层固、液、气三相物质在动能作用下耦合关系的具体体现。此外,地应力和煤储层压力对煤层气的成藏也存在一定的影响。

（一）煤储层三相物质组成

煤储层由固态、气态、液态三相物质所构成。其中,固态物质是煤基质,液态物质一般是煤层中的水(有时也含有液态烃类物质),气态物质即煤层气。正是在地层状态下含有煤层气,煤层才被称之为煤储层,否则只是一般的煤层。

（1）煤储层固态物质组成

煤储层固态物质包括两个部分:以固态有机质为主,含有数量不等的矿物质,它们共同构成了煤的固体骨架。对于煤及煤储层的固态物质成分,可从宏观(煤岩类型)、显微(煤岩显微组成)、分子(化学结构与化学组成)三个层面予以描述。

对于煤固体骨架的几何性质,不同学科其描述方式有所不同。瓦斯研究者基于构造软煤的特点将煤体骨架描述为球粒,煤层气研究者基于煤储层本身的特征将其描述为被裂隙分割的基质块体。由于显微裂隙的存在,煤体骨架十分复杂,不可能利用曲面方程来描述构成固体颗粒的几何形状。

目前常用的是一种平均性质描述,用煤岩学和煤化学方法来描述其物质构成,用孔隙率、比表面积、比孔容等特征参数来反映孔隙—裂隙状态,用弹性模量、泊松比等来描述其力学性质等。由此可知,煤储层固态物质组成的特性,一方面影响到煤储层储气空间发育性质,另一方面与煤的吸附/解吸性密切相关,此外很大程度上还会影响煤储层的渗透性和工程力学特征。

（2）煤储层液态物质组成

煤储层中液相物质包括裂隙、大孔隙中的自由水(油)及煤基质中的束缚水。

从地下水渗流的角度,按水的结构形态、分子引力(P_m)与重力(P_r)的关系、水与围岩颗粒的联结形式,可将煤层中的水划分为结合水和液态水(见表3-3)。其中:强结合水在静电引力和氢键的作用下牢固地吸附于煤颗粒表面,弱结合水受范德瓦耳斯力作用分布于强结合水的外层,它们影响到煤对气体的吸附能力和煤层气的储集空间;重力水能在自身重力作用下运动,是赋存在煤层裂隙、大孔和中孔中的游离水,在煤层气排采过程中可被采出,与煤层气井的气体产能有关;毛细水是煤中固、液、气三相界面上发生毛细现象而存在的水。

表 3-3 煤层中水的分类

类型	结构形态	P_m 与 P_r 的关系	水与围岩颗粒的联结形式
结合水	强结合水（吸着水）	$P_m > P_r$	物理化学联结
	弱结合水（薄膜水）		
液态水	重力水	$P_m < P_r$	物理力学联结

煤层气研究中常引入平衡水分含量或临界水分含量这一概念，其值略低于最高内在水分。平衡水分含量的确定方法为：将样品称重（约 100 g，精确到 0.2 mg），把预湿煤样或自然煤样放入装有过饱和 K_2SO_4 溶液的恒温箱中，该溶液可以使相对湿度保持在 96% ～ 97%。48 h 后煤样即被全部湿润，间隔一定时间称重一次，直到恒重为止。平衡水分含量相当于工业分析中空气干燥基水分（M_{ad}）与煤样水平衡时吸附水分含量之和。

（3）煤储层气态物质组成

煤储层中赋存的气态物质就是煤层气，主要化学组分为甲烷、二氧化碳、氮气、重烃气等。其中，甲烷在煤储层中的赋存方式有游离态、吸附态、固溶态（吸收态）和水溶态（见表 3-4）。不同赋存态甲烷在甲烷总量中的比例取决于煤层所受的压力、煤储层孔隙—裂隙系统、煤大分子结构缺陷、煤吸附能力等因素。

表 3-4 甲烷在煤储层中赋存形态和分布

赋存位置	赋存形态	比例/%
裂隙、大孔和块体空间内	游离（水溶态）	8～12（1～3）
裂隙、大孔和块体内表面	吸附	5～12
显微裂隙和微孔隙	吸附	75～80
芳香层缺陷内	替代式固溶体	1～5
芳香碳晶体内	填隙式固溶体	5～12

注：中煤阶煤，埋深 800～1 200 m。

正常情况下，煤储层中游离态甲烷占甲烷总量的 8% ～12%，而吸附态甲烷均要通过解吸或置换才能被开采出来。吸附态甲烷是裂隙—孔隙表面及芳香层缺陷内吸附甲烷的统称，其与游离态甲烷呈动态平衡状态，随环境条件的变化而不断运动和转换。

（二）煤储层弹性能

宏观动力学因素作用于煤储层，使煤储层中固、液、气三相物质的耦合关系不断发生变化，能量系统的这种动态平衡变化特征，体现为固、液、气三相物质弹性能综合而成的地层弹性能，并制衡着煤层气的成藏效应。因此，地层弹性能在本质上是联系煤层气成藏动力学条件与煤层气成藏效应的纽带，也是煤层气成藏动力学条件耦合特征的关键，但以往普遍受到忽视。储存于热力学系统中的能量称为系统的储存能，包括系统本身热力状态所确定的热力学能、宏观动能以及宏观位能。煤层弹性能由三个部分构成，包括煤基块弹性能、水体弹性能和气体弹性能，其总体关系式表达为：

$$E_总 = E_煤 + E_水 + E_气 \tag{3-3}$$

其中，煤基块弹性能为：

$$E_{煤} = \frac{C_V}{2}[\sigma_1^2 + \sigma_2^2 + \sigma_3^2 - 2\nu(\sigma_1\sigma_2 + \sigma_2\sigma_3 + \sigma_1\sigma_3)] \tag{3-4}$$

式中,C_V 为煤基块体积压缩系数;ν 为泊松比;σ_1、σ_2、σ_3 为三轴应力。

水体弹性能为:

$$E_{水} = RT_0\varphi\left[\frac{P_1}{P_0}(1 + \alpha\Delta T)(1 - \beta\Delta P)\right] \tag{3-5}$$

式中,P_1 为变化后的流体压力;P_0 为原始水体压力;T_0 为原始水体温度;α 为初始时刻水的热膨胀系数;β 为初始时刻水的压缩系数;ΔT 为温度变化量;ΔP 为压力变化量;R 为摩尔气体常数,其值为 8.314 J/(mol·K);φ 为 1 m³ 煤基块中束缚水饱和度。

气体弹性能包括游离态和吸附态气体两部分,即

$$E_{气} = E_{游} + E_{吸} = E_{游}\left[1 + \frac{a}{\upsilon}(\sqrt{P_0} - \sqrt{P})\right] \tag{3-6}$$

式中,a 为温度从 T_0 到 T 时甲烷的热膨胀系数。

其中,游离态甲烷弹性能为:

$$E_{游} = \frac{\beta RT_0\varphi(1 + \alpha\Delta T)(1 - \beta\Delta P)}{k - 1}\frac{P}{P_0}\frac{\Delta T}{T} \tag{3-7}$$

式中,β 为压力从 P_0 到 P 时甲烷的压缩系数;T 为气体状态变化后的环境温度;P_0 为气体状态变化前的气体压力;P 为气体状态变化后的气体压力;$\Delta T = T - T_0$,为温度变化量;$\Delta P = P - P_0$,为压力变化量;$k = C_p/C_V$ 为多变指数,其中,C_p 为甲烷气体定压热容(甲烷的 $k = 1.30$);φ 为 1 m³ 煤基块中的游离气含量。

吸附态甲烷弹性能为:

$$E_{吸} = \int_P^{P_0} E_{游}\frac{\alpha}{2\upsilon\sqrt{P}}\mathrm{d}P = E_{游}\frac{\alpha}{\upsilon}(\sqrt{P_0} - \sqrt{P}) \tag{3-8}$$

式中,P 为煤储层流体压力;α 为甲烷含量系数,其值为 3.16×10^{-3} m³/(t·Pa$^{\frac{1}{2}}$);υ 为标准状态下甲烷的摩尔体积,22.4×10^{-3} m³/mol;$E_{游}$ 为游离态甲烷弹性能。

(三)地应力及地应力强度

地质历史过程中,每次构造运动都是地层能量由聚集到释放的过程,也是地应力由聚集到释放的过程,故地应力大小和方向制约着煤层裂隙的发育程度和方向。一般地,主裂隙组延伸方向垂直于主压应力,次裂隙组方向与主压应力方向基本一致。煤层孔隙—裂隙系统是煤层流体的储存空间和运移通道,它的发育程度决定了煤层渗透率的好坏。当煤层遭受强度过大并超过煤层抗剪强度的地应力作用时,极易破坏煤层原生孔隙—裂隙系统,降低煤储层的孔渗性,不利于煤层气的产出。

现今地应力分布状况及其强度大小,对煤层当前的渗透性影响巨大。当现今构造应力场主压应力方向垂直于煤层主裂隙面时,主裂隙受挤压有闭合的趋势;如果其中流体发育,煤储层流体压力就会升高;构造应力强度越大,流体压力就越高,地层能量就越大,有利于煤层气的产出。另外,根据等温吸附理论,现今构造应力引起煤层流体压力升高时,若煤层含气量不变,则煤层含气饱和度就会降低,排采过程中达到煤层气解吸的生产压差就会增大,导致开采成本增加。

反之,当现今构造应力场主压应力方向平行于主裂隙面时,裂隙受到相对拉张,有利于煤储层渗流能力的提高,渗透率相对增大。主应力差越大,对煤层渗透性的提高就越为

有利。

（四）煤储层压力

煤储层压力包括煤层及煤层围岩所具有的地层流体压力，是煤储层能量的具体表现形式之一。

对于年轻的含煤沉积盆地，盆地内流体流动的驱动力主要是由压实作用形成的地层流体的排驱力，流体运动方向是从下向上；只有在盆地浅部潜水层，水流动才是由重力驱动的。年轻含煤沉积盆地的地层压力一般为正常状态，在特定沉积构造条件下可形成超压地层（如同生断层活动、快速沉积），使水动力不连续，阻滞或延缓了层内流体在压实和埋藏过程中的排出，孔隙流体部分支撑了上覆地层负荷，产生超压。此外，年轻盆地热动力作用在一定程度上控制着地层压力的分布，超压与高地温场存在着某种必然联系。高地温场促进大量烃类气体的生成，在烃类气体生成聚集速率大于其扩散速率时，没有扩散出去的烃类气体就转化为压力流体并与地下水一起形成地层超压现象。

老的沉积盆地（如晚古生代含煤盆地）经历了多次构造抬升，地下流体主要受重力驱动，在势能作用下从高地势的供水区向低地势的泄水区流动。受到补给条件、断裂构造以及围岩封闭性等地质条件的影响，煤储层在不同部位的地层能量就会不同，储层压力也相应地有所差异。当盆地补给区气候潮湿多雨时，煤储层具有正常的静水压力，在地下水强烈循环带对煤层气有氧化和冲蚀作用，会降低煤层甲烷含量。一般条件下，径流带煤系含水层不利于煤层气富集。若含水层孔渗性变差或发生沉积相变或遇封闭性断层阻挡时，地下水处于滞流状态，在供水区不断补给下，该带含水层呈现出较高的地层压力或超压现象。

高地层压力区在一定程度上对煤储层孔隙—裂隙系统有保护作用，有利于煤层气保存，是煤层气评价选区的最有利地区。盆地排水区是地层能量释放区，也是地层压力释放区，不利于煤层气成藏。事实上，无论是径流区还是排泄区，在含煤地层遇到开启性断层切割或大面积岩溶陷落或大规模采矿活动时，均会引起地层压力的明显下降，造成煤层气自然解吸和扩散，不利于煤层气富集。

一般情况下，煤储层压力的大小还与煤层埋深存在一定的关系，表明煤储层的埋深对煤层气的成藏必然有控制作用。一般情况下，煤层气含量和深度存在函数关系。随着煤层埋藏深度的增加，煤层上覆基岩厚度增加，煤储层中的煤层气逸出难度会增大，煤层气逸出量减少，导致其含量不断增加，煤中吸附的煤层气也趋于饱和。从理论上分析，在一定深度范围内，煤层气含量随着埋藏深度的增加而增加，有利于煤层气的成藏。但当煤层埋深超过一定范围后，煤层气含量达到最大值后不再增加。

三、水文地质条件对煤层气成藏的控制

煤层气主要以吸附状态赋存在煤的孔隙中，地下水系统通过地层压力对煤层气吸附聚集起控制作用，这种控气作用既可导致煤层气逸散，又能起到保存聚集煤层气的作用。煤储层和顶板含水层构成一个完整的地下水系统，在高储层压力、高含水层势能的地区，煤层气富集；而在地下水排泄区，储层压力和含水层势能降低会导致煤层气逸散。同时，地下水的化学特征对煤层气的富集也有重要的影响，因此，可将水文地质控气作用分为水动力场控气和水化学场控气。

（一）水动力场控气

水动力对煤层气储集的影响呈现出两面性，对煤层气的储集既有有利的作用，又有不利的影响。主要包括水力运移逸散作用、水力封闭控气作用和水力封堵控气作用。

（1）水力运移逸散作用

在导水性强的断层构造发育区，这种作用较常见，导水断层或裂隙沟通了煤层与含水层。地下水的流动促进了煤层气的解吸，使煤层气由吸附状态转化为游离状态，溶解于地下水中运移散失。

（2）水力封闭控气作用

我国很多井田断裂不甚发育，构造特征表现为宽缓向斜或单斜，而且断裂构造主要为不导水性断裂，这些井田常发生水力封闭控气作用，特别是一些发育有挤压、逆掩性质的边界断层的井田。水力封闭控气作用一般发生在深部，地下水通过压力传递作用使煤层气吸附于煤中，煤层气相对富集而不发生运移，煤层含气量较高。在华北地区这种水力封闭作用分布广泛，具有普遍意义。

（3）水力封堵控气作用

水力封堵控气特征常见于不对称向斜或单斜中，压力差的存在使得煤层气由深部向浅部渗流。压力降低使煤层气解吸，煤层露头及浅部成为煤层气逸散带。如果含水层或煤层从露头接受补给，地下水顺层由浅部向深部流动，则煤层气向上扩散被阻碍，致使煤层气聚集。

总的来说，第一种作用主要促使煤层气的运移和散失，而第二种和第三种作用促使煤层气的富集和成藏。因此，研究含煤地层的地下水动力场特征对煤层气成藏的影响十分重要。

在实践中，为了对比不同地区或不同储层的压力特征，通常根据煤储层压力与静水压力之间的相对关系确定储层压力状态，采用的参数为储层压力梯度或压力系数。储层压力梯度系指单位垂深内的储层压力增量，常用井底压力除以从地表到测试井段中点深度而得出，在煤储层研究中应用广泛。储层压力梯度若等于静水压力梯度（9.78 kPa/m，淡水），则储层压力为正常状态；若大于静水压力梯度，为高压或超压异常状态；若小于静水压力梯度，则为低压异常状态。

压力系数被定义为实测地层压力与同深度静水压力之比值，石油天然气地质界常用该参数表示储层压力的性质和大小。当压力系数等于1时，储层压力与静水压力相等，储层压力正常；在压力系数大于1的情况下，储层压力高于静水压力称为异常高压，储层压力远远大于静水压力则称异常超压；若压力系数小于1，为异常低压。在煤储层能量系统研究中，需要综合考虑上覆岩层的性质和厚度、储层与上覆岩层的水力联系、构造及其应力场分布等因素，对储层压力状态及其作用因素进行评价。

煤储层流体受到三个方面力的作用，包括上覆岩层压力、静水压力和构造应力。当煤储层渗透性较好并与地下水连通时，孔隙流体所承受的压力为连通孔道中的静水压力，即煤储层压力等于静水压力。若煤储层被不渗透地层所包围，储层流体被封闭而不能自由流动，孔隙流体压力与上覆岩层压力保持平衡，这时煤储层压力便等于上覆岩层压力。在煤层渗透性很差且与地下水连通性不好的条件下，岩性不均而形成局部半封闭状态，则上覆岩层压力由孔隙流体和煤基块共同承担，即

$$\sigma_v = p + \sigma \tag{3-9}$$

式中，σ_v 为上覆岩层压力，MPa；p 为煤储层压力，MPa；σ 为煤储层骨架应力，MPa。此时，煤储层压力将小于上覆岩层压力而大于静水压力。

在开放条件下,储层压力的大小通常根据压力水头与静水压力梯度之积来度量,地下水水头高度是表征储层压力的直接数据。一般来说,水头越高,储层压力就越大。含煤地层中各煤层与主要含水层间通常无明显的水力联系,构成不同的水动力系统,储层压力主要是由储层本身的直接充水含水层的水头高度来度量。例如,华北地区太原组煤层的直接充水含水层是其顶板灰岩含水层,山西组煤层的直接充水含水层是其下部的砂岩含水层。这两个含水层之间没有水力联系或水力联系微弱,具有相互独立的补径排系统。因此,同一口井的不同煤层可能具有完全不同的原始储层压力状态。

压力水头的埋藏深浅(水位)造成不同的水动力条件,也是影响储层压力及梯度变化的重要因素。一般情况下,压力水头埋藏越深,压力梯度就越小;埋藏越浅,则压力梯度越高。由于储层压力状态是通过与淡水静压力梯度(9.78 kPa/m)的对比来判定的,故地下水矿化度是影响储层压力状态的重要因素。矿化度越高,地下水相对密度越大,在相同压力水头高度下的水头压力就越大。因此,在封闭、滞流、地下水补排条件较差的高矿化度地下水分布区段,往往出现储层压力的异常高压状态。

(二)水化学场控气

地下水的水化学场的性质对煤层气的生成和富集均有重要影响,水化学场研究内容主要包含地下水的 pH 值、矿化度对煤层气的影响。

(1)水的 pH 值对生物气的生成影响

目前的研究已经证实,生物气在煤层气总量中占有较大比例。在生物气生成过程中,甲烷生产菌的生长繁殖需要合适的地化环境,首先要具备足够强的还原条件,其次对酸碱性要求以接近中性为宜,pH 值最佳范围为 7.2~7.6。甲烷生产菌生长繁殖适宜温度为 0~75 ℃,最佳范围为 37~42 ℃。如果没有这些适宜的条件,甲烷生产菌就不能大量繁殖,也就不能形成大量生物甲烷气,从而不利于煤层气大量富集成藏。

(2)矿化度对不同煤阶煤的影响

研究表明,高矿化度地下水有利于中—高煤阶煤层气的富集成藏。在煤层气高压富集区,地层水矿化度相对周边较高,这一点生产实践已得到证实,高矿化度有利于中—高煤阶煤层气富集。对于低煤阶煤,刘洪林等的研究显示,高矿化度造成低煤阶煤储层吸附能力减弱,游离气和溶解气随着水力流动发生运移和散失,所以低矿化度地下水利于低煤阶煤层气的富集。

第四章 煤层气地面抽采技术

第一节 煤层气直井抽采新技术与新工艺

煤层气开发工程包括钻井、完井、固井、压裂、排采等一系列流程。本章基于贵州省煤层气地质特征及施工难点，结合煤层气直井和水平井在该区的关键地质制约，重点讲述如何优化煤层气直井的钻井、压裂及排采技术。

一、地面直井钻井技术

贵州省三叠系下统飞仙关组地层大面积出露，受大气降水补给，至飞仙关组石灰岩泥灰岩段岩溶、溶蚀现象普遍发育。钻井过程中易发生溶洞或裂隙性漏失，成为钻井过程中的一大关键，而构造煤在各煤层不同程度发育，亦是制约快速钻进的难点。华北地区煤层气井普遍使用的二开井身结构（$\phi 311.1$ mm×$\phi 244.5$ mm ＋ $\phi 215.9$ mm×$\phi 139.7$ mm），难以提供良好的井眼条件以实现对复杂层位的有效封隔，使钻进与取芯相对困难。

井身结构设计的基本原则之一即是应充分考虑到出现漏、涌、塌、卡等复杂情况的处理作业需要，主要包括套管层次和每层套管的下入深度以及套管和井眼尺寸的配合。其设计主要依据是地层压力和地层破裂压力剖面，煤层气井由于井深较浅，且多数探井在设计时缺乏地层压力和地层破裂压力剖面方面的资料，因此，多采用半经验法结合地区地层剖面设计井身结构。

由于完井井眼尺寸（$\phi 215.9$ mm）（取芯需要）相对固定，所以下部套管的下深和规格可以基本确定，而其强度校核也属于常规设计范畴。因此，可供选择的井身结构方案主要在于调整上部套管结构。针对煤层赋存、煤体结构和地层结构特点，以简化施工程序为原则，基于现行钻井施工技术力量，提出以下 4 种井身结构设计和施工过程中 8 种变化形式（见表 4-1）。

（1）薄松散层单煤层或煤层组（多层原生结构煤/原生结构煤＋构造煤）条件

井身结构设计为二开结构。以 $\phi 311.1$ mm 钻头开孔，在未遇严重漏失时，由于松散层段较薄，无须单独套管隔开。钻遇基岩面和飞仙关组第二段（$T_1 f^2$）后，一开固井，防止下部钻进时飞仙关组漏失并稳定整个上部地层。二开采用 $\phi 215.9$ mm 钻头至设计井深，用 139.7 mm 套管固井完钻。如一旦发现井漏，则测量井漏速度，漏失速度小于 20 m³/h 时，可加入 1％的单向封闭剂随钻堵漏；如遇到裂缝性漏失（漏失速度在 20～50 m³/h）时，可加入 3％～5％复合型堵漏剂＋1％单向封闭剂用小排量泵入井底后静止堵漏。堵漏成功则钻至飞仙关组第二段（$T_1 f^2$）后，一开固井；堵漏失败，可强钻至飞仙关组第二段（$T_1 f^2$）后，一开固井。由于松散层较浅，也可以 $\phi 444.5/406.4$ mm 钻头较快扩眼至漏失层位，下入 $\phi 377/339.7$ mm 表套封固此漏失段。二开仍用 $\phi 311.1$ mm 钻头钻至飞仙关组第二段（$T_1 f^2$）后二开固井，三开以 $\phi 215.9$ mm 钻头/139.7 mm 套管完钻。在原生结构煤＋构造煤条件下，

表 4-1 井身结构设计与施工

煤层条件	目的煤层煤体结构	实钻井身结构变化类型			
		薄松散层地层		厚松散层地层	
		未漏失/非严重漏失	严重漏失（未知）	未漏失/非严重漏失	严重漏失（未知）
单煤层	原生结构煤/构造煤	设计井身结构（Ⅰ）		设计井身结构（Ⅲ）	
煤层群	多层原生结构煤	二开（T_1f^2/井底）	二开（T_1f^2/井底）或三开（漏失层/T_1f^2/井底）（扩眼）	三开（基岩/T_1f^2/井底）	三开（基岩/T_1f^2/井底）或（基岩/漏失层/井底）
	原生结构煤＋构造煤				
	构造煤＋原生结构煤	设计井身结构（Ⅱ）		设计井身结构（Ⅳ）	
		三开（T_1f^2/煤层底部/井底）	三开（漏失层/煤层底部/井底）或（T_1f^2/煤层底部/井底）	四开（基岩/T_1f^2/煤层底部/井底）	四开（基岩/漏失层/煤层底部/井底）

注：漏失层/T_1f^2/井底表示井身结构一级、二级、三级分界线大概位置；原生结构煤＋构造煤指示层位表示上层原生结构煤，下层煤构造煤。

由于原生结构煤赋存于上层，结构稳定，不易出现钻开下部煤层时上部煤层垮塌的现象，因此，第一种条件无须考虑煤体结构条件。

（2）薄松散层煤层组（构造煤＋原生结构煤）条件

井身结构设计为三开结构。一开 $\phi444.5$ mm 钻头开孔，如未遇漏失或漏失易堵，钻至飞仙关组第二段（T_1f^2）后，一开固井。如严重漏失难堵，可强钻至 T_1f^2 层位后固井，保证下开继续钻进。如刚钻过漏失层未钻至 T_1f^2 层位固井封堵，则 T_1f^2 层位下段如遇强漏失，井身结构将不能满足需要。这种结构具有一定风险系数，但可根据钻遇实际漏失情况调整二开下深。随后以 $\phi311.1$ mm 钻头钻至上部构造煤层后，为防止清水钻进下部煤层而上部构造煤层垮塌，在构造煤层取芯测试结束后，需将煤层顶部以上井段用 $\phi244.5$ mm 技术套管封固。

（3）厚松散层单煤层或煤层组（多层原生结构煤/原生结构煤＋构造煤）条件

井身结构设计为三开结构。此种井身结构考虑了厚松散层可能对钻井施工稳定性的影响。由于松散层较厚，可能在钻遇下部地层时上部垮塌，因此，基岩段必须封堵。采用 $\phi444.5/406$ mm 钻头开孔，钻遇基岩面下 $5\sim10$ m 一开固井，下入 $\phi377/339.7$ mm 表层套管，封固表土砾石层、流砂层。二开采用 $\phi311.1$ mm 钻头钻至飞仙关组二段（T_1f^2）底部 $5\sim10$ m 后，下入 $\phi244.5$ mm 套管用油井水泥水泵固井，水泥返至地面。三开采用 $\phi215.9$ mm 井眼完井。一开钻井过程中，如遇严重漏失且漏失层位在基岩面以上，则强钻至基岩面后固井，如未漏失，则直接钻至目的层位后二开钻进。二开钻进如遇 $1\sim2$ 层漏失层，在堵漏极为困难的条件下，可考虑在漏失层固井封堵。但未钻至 T_1f^2 层位就二开固井，则不能保证 T_1f^2 层位下段如遇强漏失层位的情况下，井身结构能满足需要，这种结构也具一定风险。

（4）厚松散层煤层组（构造煤＋原生结构煤）条件

井身结构设计为四开结构。由于存在多层煤且上部构造煤煤层对下部煤层钻进有影响，所以须合理考虑松散层段、漏失层位和构造煤层的综合影响效应。未严重漏失情况下，井身结构为：导管段下至基岩下 $5\sim10$ m，$\phi660.4/540$ mm 钻头＋$\phi508/428$ mm 套管；二开

采用 $\phi444.5/406$ mm 钻头＋$\phi377/339.7$ mm 套管,下至飞仙关组二段(T_1f^2)底部 5～10 m;三开采用 $\phi311.1$ mm 钻头＋$\phi244.5$ mm 技套,下深至构造煤以下 10～15 m(下目的煤层以上)固井;四开,$\phi215.9$ mm 钻头＋$\phi139.7$ mm 表套至预设井深完井。如遇飞仙关组严重漏失地段,也可将一开井身调整下至漏失层位以下固井,但存在多层溶洞漏失难以封堵的可能。厚松散层条件下,直接采取大口径钻头开孔,省略了厚松散层条件下钻遇漏失时可能遇到的大深度扩孔环节,如遇复杂情况有较大的处理空间,且作业费用增加有限。

二、地面直井压裂技术

压裂之前首先要对目的煤层进行射孔,射孔所用弹型必须能穿透固井水泥环,保证压裂目的层与井眼连通。射孔参数一般为:枪弹型为 102 枪、127 弹,孔密 16 孔/m,相位 60°,射孔液采用清水。如果在固井过程中因为部分井段固井质量不佳,也可选择变密度射孔。

贵州晚二叠世龙潭组煤层厚度较薄,顶底板岩层以砂岩泥地层较多,且多为相对隔水层,因此压裂规模应在控制缝高、不突破煤层上下顶底板的前提下优化压裂施工参数,加大压裂施工规模。同时,主要目的煤层往往部分层位发育构造煤或全层发育构造煤,为保证压裂改造效果,应对原生结构煤发育的主力煤层或同一煤层原生结构煤发育较好的层位射孔,而对原生结构极不完整的层位规避射孔。

三、煤层气直井排采技术

煤层气排采技术主要包括排采设备、排采工艺流程和排采控制三个方面。煤层气排采设备包括地面设备和井下设备两个部分。地面设备前期采用的搭配组合是井口装置＋螺杆泵＋气水集输管线＋气水分离器,后来借鉴排采成功经验,将螺杆泵换作抽油机更适合弱富水地层条件下的气水排采。地下设备中的管柱结构由回音标(×100 m)、$\phi73$ mm 加厚油管、$\phi44$ mm 管式泵、压力计、$\phi73$ mm 气锚、导锥等构成一个整体。抽油杆组合为:$\phi44$ mm 活塞＋3/4 抽油杆＋7/8 抽油杆＋$\phi28$ mm 光杆。

排采施工步骤按如下方式进行:安装抽油机和生产井口,然后依据管柱设计结构图下入管柱,试压合格后下活塞和抽油杆,探泵后调整防冲距,安装光杆,连接抽油机。而后以小冲次起抽,试抽期间排出的液体应返回套管环内,避免液面剧烈波动。最后按照要求的排采工作制度开始抽排。

直井排采需要遵循"连续、稳定、缓慢、长期"的原则,工作制度及生产管理需要在煤层气井不同生产阶段,依据储层和地质条件,有目的地制订和管理。前已述及,示范区煤层厚度不大且煤层含气量纵向分散,含煤地层富水性和透水性均十分微弱,若仅以单层进行煤层气地面开发,大排量排采制度势必不能满足低风险、长期稳定高产要求。但示范区煤层层数多、层间距小、含气性好、煤层埋深适中,这些都为煤层气的多层合采提供了保障。

(一)排采方式选择

贵州上二叠统龙潭组煤层富水性弱,煤层解吸后日产水量较少,且因为原生结构煤多发育不完整,因此,采用何种排采方式也必须考虑排采过程中控制煤粉过量产出。煤层气排水的主要排采设备有游梁式有杆泵、电潜泵、螺杆泵、气举泵、水力喷射泵,不同泵型的选择主要体现在最小排量、含砂限制、气液比等泵抽技术参数上。六盘水煤田盘关向斜 4 口井日产水量在 0～30.40 m³ 之间,多低于 10.0 m³,织金区块 3 口井日均产水量远小于 1.0 m³。从日产水量考虑,有杆泵和螺杆泵更为适合,但有杆泵更优,而螺杆泵易产生干磨,气举泵、电潜泵次之。

考虑细砂、煤粉影响,如排采井为首采井,易优先选择螺杆泵和气举泵;如有邻井可以借鉴,不出(少出)砂和煤粉,则可首先选择有杆泵。而诸如经济效益、制度管理、维修周期、气体对泵效的影响等其他影响因素相对次要。至于管柱结构选择,则需根据排采层浓度、选择何种排采设备具体确定。

(二)排采工作制度与管理

地面直井多层合采是以纵向上一定间距且属于同一压力系统的多个煤层为前提,采用一趟排采管柱将一次或多次压裂改造后的煤层组合,按临界解吸压力不同,逐层降压解吸,最终实现多个煤层(或含夹层)作为一个压力系统排采的目的。

根据煤层实际分布情况,实测(预测)各储层临界解吸压力并对排采层位进行合理单元划分是合层排采的首要条件。依据单元划分不同,排采方式可划分为多层单组排采和多层分组排采两种方式。

(1)多层单组排采

若排采层数较少(如1～3层),且距离较近,可将其看成一个压力单元,合层排采,形成多层单组排采方式。即采用统一的储层解吸压力,获得对应的动液面深度,以此为依据制定详细的排采工作制度。

随着液面逐渐下降,当井底流压等于煤层临界解吸压力时,煤层即开始解吸。因此,动液面深度可根据井底流压计算得到。通常认为,井底流压由套压、气柱压力和混合液柱压力组成,则动液面一般可根据以下公式简单计算:

$$H = H_c - 100 \times (P_{wf} - P_c)/\rho \tag{4-1}$$

式中,H 为动液面深度,m;H_c 为煤层中部深度,m;P_{wf} 为井底流压,MPa;P_c 为井口套压,MPa;ρ 为气水混合液相对密度,一般取1。

排采工作制度制定需要考虑两个主要因素:液面降速和井底流压。排采过程中的液面降速是排采强度和地层供水能力的综合反映,降速在一定程度上是储层压力变化的一个定性体现;而井底流压则是煤层气井排采的关键数据,是排采强度直接作用的反映。

① 排采试抽阶段

启抽时以最小工作制度启动,采用溢流方式控制降压速率,起抽时的产出液全部回流至井筒,调节节流阀控制排出液量,控制液面下降速度。排采初期日降液面应小于5 m,井底压力每日下降小于0.05 MPa。此阶段主要观察煤层产水能力,观察液面变化,计算煤层产水强度。

② 稳定降压阶段

依据掌握的地层供液能力调整冲次,提高排液量。在此期间,减少井底流压的变化幅度,控制液面的下降速度1～2 m/d,随时观察排出水水质的变化,防止大量煤粉、压裂砂产出。

③ 稳定排水阶段

此阶段实施连续稳定排水,确定出排液速度,保持液面平稳下降,使排采中的压力传递与煤储层的导压能力趋于一致,最大限度地多采出煤层水,尽量扩大煤层的降压漏斗。此阶段禁止液面波动幅度过大。

④ 临界产气阶段

随着排采进行,动液面逐渐下降,当井底流压接近煤层临界解吸压力时,煤层开始产气。

此时,套压上升,水相相对渗透率开始下降,出水量发生急剧变化,液面波动较大,应及时调整排采制度以适应地层供水能力。此时液面下降速度应减缓,控制液面下降速度<1 m/d,使井底压力保持平稳缓慢下降,并在出气后停止降低井底流压,液面略微上升或保持稳定3～5 d,以减小储层激励。

⑤ 控压排水阶段

随着生产的持续进行,煤层解吸面积增大,解吸量逐渐增加,套压逐渐上升,此阶段要避免产气量急剧上升,憋压继续排采,液面下降速度<1 m/d。此阶段应控制煤粉大量产出,同时防止因套压过高导致液面下降,致使气体窜入油管产生气锁不出液。在此期间,由于解吸气的产出可能会有少量的煤粉产出,煤层的供水量会发生较大的变化,应加强控制。

⑥ 稳压产气阶段

产气一段时间后,解吸半径不断向深部扩展,更远处的煤层甲烷开始解吸并向井口运移,煤层产气量逐渐增加,气相渗透率增加,水相渗透率下降,产液量逐渐减少。此阶段应控制好生产套压和产气量以适应产水量的变化,液面下降速度一般小于0.5 m/d,控制煤粉大量产出。

⑦ 控压稳产阶段

经过一段时间排水产气后,煤层供气、供水能力基本稳定,此时要保持稳定的排采工作制度,同时控制井底流压进行产水量、产气量测试,获得稳定生产制度下的产能,保持井底流压稳定,实现煤层气井总产量最大化。

(2) 多层分组排采

若合层排采层数较多(如3～8层)且层间跨距较大,可按照各煤层解吸压力不同,依据特性相似层间相邻原则,将煤层划分为若干个具体的排采单元,同一单元内单组排采、不同单元按压力不同依次解吸,形成多层分组排采方式。同组单元煤层具有大致相同的临界解吸压力和煤层埋深,方可合压排采。单元划分与所含煤层数、煤层埋深、压力差值、排采控制精度要求等有关。

根据煤层气各排采阶段排采目的不同,对初步划分的若干个压力合并单元进一步细分为若干个压力阶段,在各个压力阶段施行不同的降压速度,从而保证合理的排采强度,最大限度地提高排采总量。其排采阶段划分与多层单组排采基本一致,区别在于随着液面的不断降低,重复合压排采2～4阶段,多个煤层单元按解吸压力大小顺序逐级解吸,最终形成同一井筒多层合采。

设有 $n(n=1,2,3,\cdots)$ 个由上至下不同层位的煤层需要进行合层排采。由现场排采资料或煤层室内解吸数据为依据,获得各煤层的临界解吸压力 $P_{cd}(n)$。则具有以下基本关系:

$$P_{cd}(1) \approx P_{cd}(2)$$
$$P_{cd}(3) \approx P_{cd}(4) \approx P_{cd}(5)$$
$$P_{cd}(6) \approx P_{cd}(7) \tag{4-2}$$
$$P_{cd}(8)$$
$$\cdots\cdots$$

根据解吸压力的不同,按照层间物性相似层间相邻原则将临界解吸压力相近的煤层划归为一个解吸单元,由此可以划分为若干个解吸单元 $N_i(i=1,2,3,\cdots)$(见图4-1)。以各个解吸单元的平均解吸压力值或整体计算值($P(N_i)_{av}$)为预测依据,根据公式(4-2)可以估算出各个解吸单元的在排采状态下的动液面深度 $H(N_i)_{av}$,由此获得各个单元的先后解吸顺序。各个单元的解吸压力并不完全相同,解吸压力也并非随煤层埋深增加而线性增大,因此,各个解吸单元 N_i 对应的动液面深度 $H(N_i)_{av}$ 也并非随埋深增大而线性增加,各个煤层的解吸顺序可能与煤层由上至下的顺序并不完全一致。

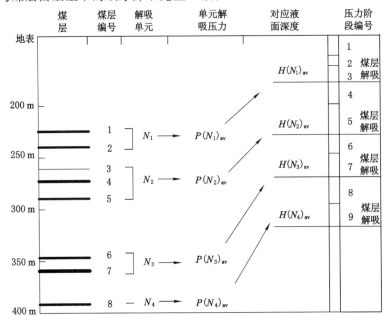

图 4-1　合层排采工艺图解

根据排采阶段的目的和要求不同,以各个解吸单元中部为基准面确定井底流压,进一步以确定的各个井底流压为基准,把已经分解的 N_i 个解吸单元划分为若干个压力阶段,在各个压力阶段采取不同的降压速度实施排采,并对液面降深、各压力单元的井底流压进行监测,保证合理的排采进度和排采强度,使各个解吸单元按照不同的动液面深度逐次解吸,获取产能。多煤层排采可以把煤层作为一个统一单元按照统一的解吸压力制定排采制度进行排采,也可将煤层进行详细的单元划分,划分详细程度根据具体条件作出选择。不同单元临界解吸压力不同,随液面降低,各煤层单元按照统一的解吸压力逐次解吸。多煤层的分组排采实质是以多层单组排采作为基础循环要素,控制井底压力使压降合理传递,煤层先后逐级解吸,顺序产气达到多煤层合采的目的。

第二节　煤层气水平井抽采技术

一、煤层气水平井的布井形式

煤层气水平井的应用主要基于以下几种形式:单分支水平井、多分支水平井、"U"形连通井。但水平井具有明显的适用地质条件,对于高煤阶、高强度、高含气量、煤层厚度大且发育稳定的煤层气藏具有较好适应性,而对薄煤层、不稳定煤层、煤层强度低且构造煤发育煤层仍然具有较大局限性。煤层气水平井形式的选定取决于具体的地形特征、地质条件和煤炭采掘规划等。

二、井身结构设计

煤层气水平井一般设计为三层套管,即表层套管、技术套管和生产套管(筛管)。表层套管下至基岩 10 m 以上,技术套管下至造斜点以上,生产套管段一般采用 ϕ152.4 mm 钻头钻进、裸眼完井或 PVC 套管完井。抽采直井可应用直井井身结构,但在复杂地质条件下,可以增加导管层应对井下复杂情况,同时,为增加水平井段稳定性,可换用 ϕ120.6 mm 钻头钻进,并适当减短水平井段长度。

(一)水平井井身结构优化技术

(1)常规井身结构优化

根据贵州省地层结构特点,井身结构优化有两种方案(见表 4-2)。方案一是以井口导管和表层套管分别封堵松散层和漏失层位,但可能在二开钻进过程中出现多处溶洞性漏失现象,如采用相关堵漏措施均无明显效果,且水源欠缺,可能在极大程度上阻碍工程进度。方案二则按套管尺寸采用"加大一级,留有余地"原则,在原有井身结构基础上,进一步选择大孔径钻头,换以 ϕ540 mm 钻头×ϕ428 mm 导管＋ϕ406 mm 钻头×ϕ339.7 mm 表套＋ϕ311.1 mm 钻头×ϕ244.5 mm 技套＋ϕ215.9 mm 钻头×ϕ177.8 mm 套管＋ϕ152.4 mm 钻头×PVC 筛管完井。ϕ339.7 mm 套管段用以封堵基岩底部至飞仙关组二段底部之间可能出现的恶性漏失层位,其余各层次套管下深与前一种井身结构相仿。

表 4-2　　　　　　　　　　　　　井身结构优化方案

套管结构	方案一			方案二		
	钻头尺寸/mm	套管尺寸/mm	井深/m	钻头尺寸/mm	套管尺寸/mm	井深/m
一开	444.5	339.7	基岩下部	540	428	基岩下部
二开	311.1	244.5	T_1f^2 底部	406	339.7	基岩～T_1f^2 底
三开	215.9	177.8	A 点	311.1	244.5	T_1f^2 底部
四开	152.4	裸眼/衬管	B 点	215.9	177.8	A 点
五开				152.4	裸眼/衬管	B 点

从前面两种常规井身结构优化方案看,第一种方案省略了一层套管结构,节省了资金,但后期存在风险因素;第二种方案采用了相对复杂的五开井身结构,虽然增加了成本,但能确保必封井段,保证造斜段和水平段施工顺利进行,如遇复杂情况,由于表套口径较大,可为后续多层套管尺寸变化留有余地。

(2)小井眼钻井技术

对于原生结构煤不完整的目的煤层,可采用小井眼钻井技术方案(见表 4-3)。小井眼钻井技术具有井眼口径小、不易垮塌、环空返速快且钻井液消耗量小等优点。其特点在于水平段换用小口径 ϕ120.6 mm 钻头施工,钻进中辅以配比安全为主的优质钻井液,能有效维持井身稳定。由于水平井钻遇摩阻大,使用小井眼钻进的困难在于钻杆较细,无法给钻头传递较大钻压,钻进过程中增斜和扭方位可能相对困难。因此,在初始井段可采用复合钻进方式,即滑动钻井和旋转钻进相结合的方式,以便控制好井眼轨迹,保持轨迹尽量光滑流畅。在后面井段钻进中,摩阻增大,定向钻进缓慢,可在钻具结构中加入减阻短节,并采用旋转钻进方式。

表 4-3　　　　　　　　　　　小井眼水平井身结构优化方案

套管层序	设计优化		
	钻头尺寸/mm	套管尺寸/mm	井深/m
一开	444.5	339.7	基岩下部
二开	311.1	244.5	T_1f^2底部
三开	215.9	177.8	A 点
四开	120.6	PVC 衬管	B 点

（3）安全钻进最优化结构设计模型

综合地层易漏、煤层段易垮塌等井下易发生的复杂因素,可将方案一和方案二两种优化方案结合,预防水平井段上部漏失和水平井段垮塌。方案如表 4-4 所列。

表 4-4　　　　　　　　　　　煤层气水平井最优化井身结构模型

套管结构	方案一			方案二		
	钻头尺寸/mm	套管尺寸/mm	井深/m	钻头尺寸/mm	套管尺寸/mm	井深/m
一开	444.5	339.7	基岩下部	540	428	基岩下部
二开	311.1	244.5	T_1f^2底部	406	339.7	基岩~T_1f^2底
三开	215.9	177.8	A 点	311.1	244.5	T_1f^2底部
四开	120.6	裸眼/衬管	B 点	215.9	177.8	A 点
五开				120.6	裸眼/衬管	B 点

（二）水平井施工井眼入靶控制技术

靶区内适宜水平井开发的勘查区煤层平均厚度在 2 m 左右,煤层非均质性强、横向变化大,且缺乏地震资料,水平井的施工很难找准 A 靶点,必然存在入靶难以控制的难题。按设计的煤层垂深进行中靶,若煤层滞后出现,而实钻至设计垂深处时井斜角已增大到中靶时的大小,接近于水平,此时,井眼垂深的增加就非常缓慢,中靶的难度显著增大。相反,若煤层提前出现,由于井斜角没有提前增大,必然会钻至煤层下部。为解决准确入靶难题,可从以下方案着手。

（1）标志层逼近地层预测控制

薄煤层受其厚度限制,在工程精准施工中往往难以准确入靶。在进入造斜点后,一般可采用"标志层逼近控制法",利用实钻揭示的目标煤层之上的所有标志层深度,兼顾厚度变化规律,预测第一靶点目的煤层顶板深度,步步进行轨迹调整,进而达到精确入靶的目的。即对目的煤层之上的标志层进行地层对比,预测目的煤层的可能出现位置,然后以此为基础,综合考虑当前井底位置和姿态、工具的造斜率和传感器滞后钻头距离等其他参数,确定下一步的轨迹控制施工方案,最后进行施工。

（2）导眼井施工

着陆点的确定是水平井施工中的一个关键难题。导眼回填工艺能在地质资料有限的情况下,确切探得煤层深度信息,是解决煤层不确定因素的有效手段,而且易行可靠。若以直导眼回填方式入靶,可在钻至造斜点后,以小口径钻头垂直钻井至设计深度以探得目的煤层,确定其准确深度,然后回填至造斜点,重新调整井眼轨迹,仍以单圆弧轨道及原有设计钻具组合造斜进入煤层(见图 4-2)。由于直导眼轨迹位移与设计靶点位移相差一定距离,适用于分布稳定、变化不大的煤层;如果地质构造较复杂、煤层平面变化较大,应用斜导眼回填方法确定煤层精确位置(见图 4-3)。

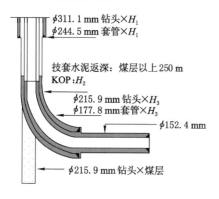

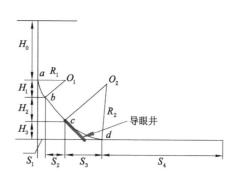

图 4-2　导眼直井施工示意图　　　　图 4-3　导眼斜井施工示意图

在水平井造斜段,先以一定大小的井斜角稳斜钻入煤层,在探明煤层顶底板深度以后,再回填井眼至一定高度,侧钻定向,以一定井斜角增斜至约 90°入窗实施水平段钻进,并保持至完钻。该种方法优点在于能直接消除地质误差,确切探明煤层顶底板的实际垂深。

(3)"应变法"施工

此方案与斜井导眼回填法相同,"应变法"也是采用稳斜井段来探知煤层顶板垂深,但不同之处在于"应变法"是在探得顶板后,以设计好的造斜率增斜着陆进靶,井段不需回填,可采用"直—增—稳—增—平"剖面。"应变法"实质是通过调整稳斜段的长度以弥补煤层实际埋深与地质上预测埋深之间的误差。这一井段稳斜角的大小取决于煤层具体厚度,一般在 80°左右。在探得煤层顶板后,还要将井斜角持续增至约 90°。所以,煤层越厚,位于煤层部分的增斜段对应的垂深越长,相对应的稳斜角就越小;反之,煤层越薄,位于煤层部分的增斜段对应的垂深就越短,相应的稳斜角就越大。如以靶区煤层平均厚度 2 m 考虑,在靠近着陆点时,钻进轨迹的倾角已经很大,可稳定角度在 86°左右,以每根钻具垂深下降约 0.65 m 的速度稳斜钻进,直到从随钻测井曲线上能确定见到煤层时,再迅速增斜至 90°。如果稳斜角小于 86°,则当煤层变浅时,需要快速增斜进入煤层水平段;如果大于 86°,如果煤层加深,就会浪费太长的目的层段。

一般情况下,优先选用直井导眼,钻井难度小、钻井周期短、成本低、资料录取难度小,对煤储层有一个整体认识,如煤层构造和储层几何特征横向变化大,则推荐斜井导眼。而"标志层逼近控制法"和"应变法"可以在施工中根据具体情况综合运用。

三、水平井的井眼轨迹设计

煤层气水平井的井眼轨迹控制是水平井钻进的关键环节。较高的控制精度和较强的应变能力能够实现对井眼轨迹的连续控制,达到快速、安全的施工水平。井眼轨迹控制包括直井段轨迹控制、造斜井段轨迹控制和水平井段轨迹控制。

直井段施工为确保井身质量,必须严格控制直井段井底位移。直井段要求井斜角 ≤1.5°,最大全角变化率 ≤1°/25 m,最大水平位移 ≤3 m,井径扩大率 ≤15%。根据直井段测斜结果,及时修正剖面并根据轨迹控制要求,采取相应措施,使实钻井眼轨迹按设计轨迹钻进。钻进至水平段后,对钻进煤层进行伽马导向跟踪,通过气测录井、钻时录井等措施确保水平井段始终在煤层中延伸。水平井井身质量要求:水平位移≤5 m,垂直位移≤0.5 m,煤层段井径平均扩大率≤25%。

四、钻井液的使用

为保护煤层段,一般水平段需要采用清水钻进,禁止加入对煤储层有伤害的添加剂,以防止对煤储层的伤害。但工程实践发现,清水钻进时携带岩屑困难,且难以维护井壁稳定。因此,也可选择低固相、具有良好的化学凝聚能力的钻井液体系,降低钻井液的动失水能力和渗透率,减少钻进过程中对煤层的伤害。

第三节　卸压煤层气地面抽采新技术与新工艺

一、卸压煤层气开发的地质设计

卸压煤层气开发的地质设计主要是指根据煤炭开采规划和瓦斯抽采利用要求,对煤层群分组并选择下保护层,为卸压煤层气的地面开发提供初步依据。煤层群的合理分组以保证正常采掘接替和减少巷道工程量为基本条件,主要考察煤层群是否具有合适的煤层间距、煤层倾角等。对于下位保护层开采和卸压煤层气地面抽采,一般要首先满足先开采煤层不影响或破坏未开采煤层的开采条件。在此基础上,进一步考虑下位保护层的位置、煤层间距、煤层稳定性、瓦斯压力和瓦斯含量、层间岩性等具体因素,进行下保护层开采的可行性论证,选择合适的开采顺序。如果存在上保护层或无下保护层,则需按照由上自下的下行开采顺序正常开采,即不具有卸压煤层气地面抽采的开采条件。如有下保护层,且满足不破坏未开采煤层的开采条件时,则首先开采下保护层。在具有下保护层开采的前提下,根据煤炭生产需要、煤层间距远近,进一步明确抽采目的。如果煤层间距较远,则以抽采中—远距离被保护层卸压煤层气为主,为以后上保护层的开采提供保障;如果煤层间距较近,以抽采邻近层卸压范围内的煤层气、本煤层卸压瓦斯为主。依照地质设计,在已选定的开采工作面,可进一步进行井位确定和井身结构设计。

二、卸压煤层气开发的井位设计

卸压煤层气开发的井位设计需要着重考虑井孔稳定性和抽采有效性两个方面。采动影响下,采场上覆岩层破坏,将产生垂向位移和水平位移,这使得地面钻井也将随之产生位移和变形。根据施工要求,卸压煤层气地面井必须在工作面开采前施工完毕,也就是说工作面开采后,地面井不可避免地受到采动覆岩的影响。保护层工作面开采前,顶板岩层为原始岩层,存在于顶板内的应力为原岩应力。保护层工作面开采后,破坏了原始应力平衡状态,围岩应力重新分布。由于工作面开采后,覆岩具有动态移动特征,地面钻井不论选择在工作面内任何位置,均会在采动过程中产生一定程度的形变甚至破坏,而只能依据岩层移动规律优化布井位置,减小破坏程度。

岩层移动规律同时表明:开采工作面推进初期,采空区上部覆岩的裂隙最为发育,形成卸压煤层气的富集区。但随开采工作的推进,覆岩向下弯曲并逐渐压实,采空区上方形成压缩区,裂隙发育程度降低。而在采空区四周,受煤柱支撑和拉伸作用,采动裂隙得以持续存在,互相贯通。因此,采动中后期采空区四周距离煤柱一定位置的覆岩层形成了游离态煤层气的富集区。因此,地面钻井的井位需综合考虑井孔稳定相对有利区和储层改造有利区这两个主要因素,合理布置井位。

三、卸压煤层气井身结构设计

卸压煤层气地面井井身结构一般包括表层套管、技术套管和生产套管三个部分。表层套管的作用主要是防止第四系地层的坍塌并保护继续钻进。第四系松散层普遍发育厚度较小,部分地区甚至基岩裸露,因此表层套管段一般相对较短。表层套管一般下至基岩以下5～10 m左右。靶区原设计采用套管直径为ϕ273 mm,也可根据实际需要采用Φ244.5 mm直径套管。技术套管的主要作用是防止基岩段井壁破裂,破碎岩石堵塞输送管道或基岩水流入井内而影响产气效果。技术套管段时井孔不稳定,套管容易产生变形、破坏的高危段,因此,应采用高强度、小半径套管。前述开发试验所采用的ϕ219 mm×6 mm套管难以适应岩移带来的破坏,因此可采用ϕ177.8 mm×12.65 mm规格的技术套管,并下至距离被保护层顶板以上20～40 m左右位置并固井。生产套管一般下至开采煤层顶板以上5～17 m处,一般采用筛管,使被保护层的卸压煤层气和保护层卸压瓦斯均能通过筛管进入钻井。冒落带和裂隙带是采动岩移的剧烈区,因此,生产套管也须选择高强度套管。

根据卸压煤层气地面开发试验给予的启示,结合壁厚、管径与套管承载能力的关系(见图4-4),笔者认为大壁厚小管径的套管具有更高的抗变形能力。将技术套管与生产套管的重点破坏段采用高强度套管(如N80钢级)替代普通无缝钢管能够初步实现钻井所受载荷与套管强度的匹配,满足抽采井稳定性的需要。

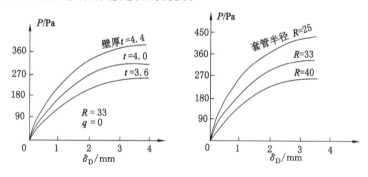

图4-4 壁厚与管径与套管承载能力的关系

借鉴铁法矿区和淮南矿区卸压瓦斯抽采实践经验,表层套管可选用ϕ244.5 mm×10 mm、ϕ244.5 mm×11.05 mm石油管;技术套管可选用ϕ177.8 mm×9.17 mm石油管;筛管可选用ϕ139.7 mm×9.17 mm、ϕ177.8 mm×12.65 mm石油管。同时,为改善套管强度,可采取一系列局部措施,如在关键地层段增加活管节、筛管内增加支撑件,采用套管接头外焊接钢筋条,即套管接头外加钢筋提高套管接头的抗拉强度等。表层套管主要是为了封堵第四系水,减少水进入井体内,影响抽采效果。基于试验区较浅的表土深度(约20 m),表层套管的选择与使用对套管的整体稳定性影响并不十分明显,采用ϕ311.1 mm×244.5 mm(壁厚6.5 mm)结构能满足生产要求。借鉴成功经验,从强度和直径两个角度优化技术套管,并在生产套管段下入高强度筛管,可为工作面回采后抽采做好技术准备。优化井身结构如图4-5所示。

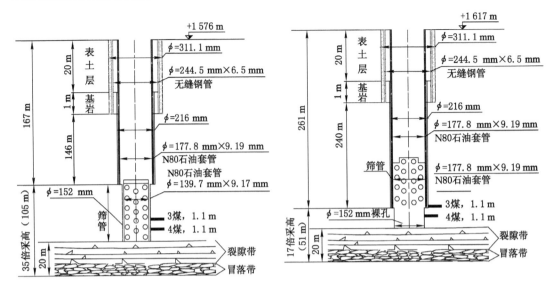

图 4-5 采空区地面直井井身结构优化设计

第五章 开发技术适应性与工程有效性评价

第一节 开发技术的地质控制因素

一、煤层群发育特征对开发工艺的影响

(一) 压裂与排采工艺的储层制约

贵州省煤层群发育的一个关键特点是煤系地层厚度大、煤层可采系数低(0~14.9%),累计厚度10~50 m 的煤层不均匀地分布在200~800 m 的煤系地层中,纵向上分布松散。这一特点使得采用煤层气压裂直井开采方式存在约束性,但也可能成为煤层气直井多层压裂排采的优势。美国黑勇士盆地主要煤层有5层,单层最大厚度约2.4 m,由于煤层间距小且多成组出现,因此采用多层压裂排采,使得厚度小于0.3 m 的煤层仍然成为煤层气的产层。在煤储层厚度较小情况下,为尽最大可能提高煤层气产能,要选择多个煤层进行压裂。但如果煤层间距过大或煤厚过小、层数过多,往往不利于压裂方式选择和合层排采。当煤层厚度小于0.6 m、隔层厚度大于10 m、煤层组合大于4层、跨度大于20 m 时即难以实施有效压裂。

(二) 煤层气井井控面积的层数与厚度制约

如前所述,贵州省煤层层数普遍较多、累计厚度大,但又存在单层厚度偏小、层间距不均的特点。可采煤层总厚平面分布不均一,单层均厚普遍介于1.0~1.8 m 之间(见图5-1),薄至中厚煤层均有发育,煤层分叉、尖灭、合并等并存,这种煤层几何特征变化的不均一性造成了资源量的极分散分布。

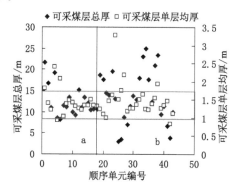

图 5-1 可采煤层总厚与单层均厚对比

煤层单层厚度偏小且分布不均使得直井试井压裂煤层难以筛选,水平井开采的优势无法得到发挥。纵向上煤层群发育特性采用现有煤层气开发技术难以全部开发,只能优选一至数个煤层单独抽采。煤层众多但区块之间目的煤层可能不同,单一气井不同煤层的测试、

压裂数据在相邻区块可能不再适用。煤层平面与地形条件的"鸡窝"状展布使部署井网也只能随煤厚的变化而呈现不连续的"鸡窝"状分布趋势。虽然煤层总厚与含气量大，但单层资源量分散，丰富的煤层气资源"可见难取"，必然造成开发过程中煤层气资源量的极大浪费。

二、煤体结构与工程稳定性

（一）煤体结构影响因素

煤体结构是影响煤层工程稳定性的重要因素之一。煤层应力乃至构造应力场同样对煤层工程稳定性具有显著影响。煤层工程稳定性地质影响因素与煤层气开发方式以及地面井类型和钻井方式之间的关系如图5-2所示。矿井开采具有大面积卸压的条件，不论煤层条件如何，都可以采用现有的矿井抽采方法进行煤层气开采。在地面井开发中，遭受严重破坏的构造煤层无法保持井眼稳定，迄今还无地面钻井成功抽采构造被破坏煤层的实例；直井和定向井分别适用于不同的煤层条件，但需要辅以不同的钻井方式，目的是既要避免煤储层伤害和污染，又要保持井眼煤壁的稳定性。

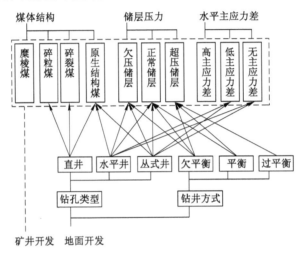

图5-2　井眼煤壁稳定性地质影响因素及其适宜的
煤层气开发方式

（二）工程稳定性影响因素

无论是钻孔还是排采过程，煤层自身的工程稳定性都是影响煤层气抽采成败的决定性因素。在煤层气抽采工程中，煤层的工程稳定性主要是井眼中煤层段的稳定或失稳。失稳具体表现为坍塌、扩径、缩径、破裂等几种形式，前者最为常见。从本质上讲，煤层所有的工程稳定性问题最终都可归结于力学问题，地质影响因素包括煤层本身的结构、煤岩（层）力学性质（强度、泊松比、弹性模量、内聚强度、内擦角、脆性、硬度等）以及局部应力分布三个方面。如果三方面动态平衡被破坏或失衡，则煤层失稳，井眼出现工程稳定性问题。反之，不同的工程措施对应不同的地质条件，采用适宜的工程措施可极大程度地控制工程失稳风险。

三、弱含水煤层赋水特征与排采控制

煤层气勘探开发的机理是排水、降压和采气，这一过程始终离不开地下水动力条件。影响煤层气排采的煤层气水动力条件主要包括与煤层气开采有关的主要含水层条件（水力联系，隔含水层状况及其补给、径流、排泄和水化学特征）和顶底板岩层的水文地质条件（顶底板的储水性、渗透性以及和煤层的连通程度）及其储层自身水文地质条件（煤层的储水性、渗透性和原始水头）。六盘水煤田与织纳煤田总体水文地质特征类似，含煤地层为富水性弱的碎屑岩地层，与上覆的中—强岩溶含水层之间有隔水能力较好的飞仙关组地层相隔，与下伏的茅口组强岩溶含水层有峨眉山玄武岩组地层相隔，且断层带一般阻水性强而不构成水力联系的通道，煤层与强含水层及地表水之间没有直接水力联系。

第二节 主流煤层气开发技术的适应性评价

一、完井方式的地质适应性评价

完井方式的地质适应性主要指裸眼完井、裸眼洞穴完井、定向井、水力喷射定向水平井等方式的地质适应性，各种完井方式的地质适应性如表 5-1 所示。

表 5-1　　　　　　　　　　　煤储层完井方式及地质适应性

增产方式	增产技术	适用地质条件
完井增产	裸眼完井	埋深浅、厚度大、渗透率高、含气量大、裂隙系统发育、顶底板岩性稳定、不易垮塌、不出水
	裸眼洞穴完井	埋深大、厚度大、渗透率高、含气量大、储层压力高、煤岩力学强度相对较低而易于破碎，煤层结构简单，煤层顶底板封闭性强而不至于漏液并有利于顶底板岩性坚硬致密，不易垮塌和出水
	定向井裸眼/衬管完井	构造简单、煤体结构强度高、煤层倾角较小具较大厚度且非均质性弱、无破碎带，煤层稳定少含夹层
	水力喷射径向水平井	超深射孔能力，渗透率较高、构造相对稳定、含气量和饱和度较高的煤层

二、典型加砂压裂工艺的地质适应性评价

（一）水力加砂压裂地质适应性

水力加砂压裂一般需要考虑煤体结构特征、产层组合方式、构造条件、煤层及其顶底板岩石物理力学性质及应力剖面等。

对于煤体结构来说，原生结构煤层优选，碎裂煤结构煤层能选，碎粒煤结构煤层可选，糜棱煤结构煤层不能选或回避。产层组合方式要求单煤层厚度大于 1.0 m，多煤层组合小于 4 层，煤层隔层厚度小于 10 m，煤层组跨度小于 20 m。构造条件一般要求煤层产状平缓，远离断层和陷落柱等构造地质体，避开富含水层。围岩条件则要求煤层顶底板岩层具有良好的隔水性，且隔水层厚度一般大于 20 m。

尽管水力压裂技术是目前改造能量最大、改造程度最高、应用范围最广的储层改造基本手段，但其并非一种万能的工艺技术，常规水力裂缝在压裂过程中压力上升缓慢，裂缝受到地层主应力约束垂直于最小主应力方向延伸，一般只能形成两翼对开的两条垂直裂缝，而离主裂缝较远的煤层难以再产生裂缝，其渗透性和连通度基本不受影响。离主裂缝较远的煤气层难以形成煤层气解吸的环境和条件，煤层气也难以解吸出来，具有"方向性"和"单一性"，所以有些井水力压裂后衰减较快，重复压裂改造也难以改变。再增加缝长和控制缝宽

往往显得"力不从心";且存在二次改造成功率低、有效期短、增产效果不理想等问题。于是催生了一系列新的压裂技术,比较典型的是连续油管压裂。

（二）连续油管压裂地质适应性分析

连续油管压裂技术适合于多、薄储层的逐层压裂作业,对贵州省的煤层多、薄发育特点尤为适合。同传统压裂相比,连续油管压裂具有下列优点:① 能使每个层位都得到合理的压裂改造,从而使整口井的压裂增产效果更好;② 一趟下管柱逐层压裂的层数多,可多达十几个小层;③ 移动封隔器总成速度快,起下压裂管柱快,大大缩短作业时间;④ 能在欠平衡条件下作业,从而减轻或避免储层伤害;⑤ 经济效益好。

连续油管压裂技术适宜于地应力比较高、煤层多而薄、纵向上较集中、平面上较分散的煤储层,其作业效率高、范围广、适应性强,还可配合水平井、丛式井作业。国外已有大量工程实例表明,连续油管压裂技术能够极好地用来开发在纵向上连续分布的薄煤层的煤层气。2002 年,加拿大应用该项技术对马蹄谷组的 Drumheller 煤层实施压裂,建立了加拿大第一个商业性煤层气项目,收到了良好的效果。贵州省与其有类似的煤田地质条件,如引入连续油管压裂技术开发多、薄储层煤层气,其优势将十分明显。

三、气体注入/置换地质适应性评价

广义上,煤层气井排水降压就是促使煤层气解吸产出的一种基本方式。然而,仅仅依靠排水降压方式往往无法使煤层气产生有效或高效解吸,需要辅以一定的方法来提高解吸率和解吸效率,常用方法就是所谓的注气开采,如注二氧化碳增产法（CO_2-ECBM）、注氮气增产法（N_2-ECBM）等。此外,二氧化碳或氮气泡沫压裂也能在一定程度上达到注气增产的目的,对水敏性强的煤储层尤为适用。

具体看,影响煤储层气体可注入/置换性的地质因素包括四个方面。一是煤吸附外来气体后的膨胀能力,取决于煤阶、煤的物质组成和外来气体成分,吸附膨胀性随煤阶增高而降低和随镜质组含量增高而增大,吸附 CO_2 的膨胀性大于吸附 N_2 的膨胀性。二是煤储层温度,温度过低不利于 CO_2 在煤储层中气化进而影响到其充分扩散和置换,形成注入障碍。三是煤储层压力、孔隙性、渗透性和含气性,过高的煤储层压力和过低的孔隙率和渗透率均会降低气体的可注入性,高甲烷分压的煤储层有利于 CO_2 或 N_2 的置换驱替。四是煤层水的离子组成和矿化度,高矿化度和高阳离子含量的煤层流体会与被注入 CO_2 之间产生更多的碳酸盐岩沉淀或结垢,严重损伤煤层渗透性。

第三节　煤层气勘探开发工程有效性模拟与评价

一、地面井原位开采技术的工程有效性评价

煤层气资源能否采用现有工艺技术进行地面井原位工业性开采,取决于利用地面井原位工程技术能否有效改造煤储层。杨陆武提出了煤层气资源类型四分法,分析了每类资源抽采技术的地质约束条件以及适用性（见表 5-2）。

无论是六盘水煤田还是织纳煤田,上二叠统煤层含气量和煤层气资源丰度极高,与国内目前煤层气商业性开发成功的任何地区相比均毫不逊色,不存在煤层含气性条件的地质约束。六盘水煤田上二叠统构造煤区域性发育,局部有原生结构相对完好的煤层。织纳煤田不同勘探区构造煤分层厚度比例在 24%～72% 之间,平均为 50%,煤体结构约束条件显著。

而煤层渗透率在相当大的程度上约束着煤层气资源的地面开发。六盘水煤田煤储层处于高应力—高压力状态,煤层气资源属于应力型—应力主导性压力型。织纳煤田煤储层具有较高应力和正常压力,表现为压力主导性应力气的特征。存在约束煤层气地面井开发的高地应力条件。

表 5-2　　　　　　　　　　　煤层气资源类型四分法及其抽采工程技术适用性

资源分类	储层条件				工程控制条件	工程技术有效手段	典型实例
	含气性	煤体结构	渗透性	压力应力			
应力气	高	区域性的构造 C-P	极差 <0.001 mD	高压且高应力	严重的吸附应变,典型的应力封闭,原始条件下没有压降传导的可能性	严重依赖应力释放 a. 煤矿开采保护层 b. 顶板沉降裂隙带 c. 离开煤矿采煤活动的帮助不能开发	松藻、中梁山、南桐、鹤壁、阳泉等
应力主导型压力气	较高—高	局部构造煤 C-P	差 <0.1~1 mD	低—高压、较高应力	应力封闭为主,局部地区可实现较好的压降传递	以释放应力为主,辅助压传递工程,采区采前直井部署,常规技术在部分地区可能有效	两淮、平顶山、六盘水、太行山东麓
压力主导型应力气	较高—高	原生结构为主,较少破坏 C-P、J	较差—较好 <1~5 mD	低—高压力、低—高应力	大部分地区压力可以自由传递,应力控制只在非常有限的局部地区有所体现	以压障传递为主,地面垂直井加储层改造技术和水平井技术可以有非常好的效果	沁南、河东、辽中
压力气	低—较高	原生结构 J-K	好 >5~10 mD	高压力、低应力	区域性的自由压力传递	简单的工程工艺技术、低成本开采	新疆、内蒙古、东北

二、地面井排水降压技术的工程有效性评价

根据煤层富水性及与上覆下伏含水层之间水力联系的强弱,煤层地下水动力系统分为三种基本情况:A 型,煤层与上覆下伏含水层没有直接的水力联系;B 型,煤层与上覆下伏含水层水力联系密切,且含水层富水性强,补给充足;C 型,介于 A 型与 B 型之间,煤层与上覆下伏含水层存在水力联系,但含水层富水性不强,补给弱或无补给(见图 5-3)。总体而言:C型对煤层气井排采最为有利,如沁水盆地南部的山西组煤层;A 型较为有利,在适用增产技术和合理排采制度下能获得较高的单井产量,如韩城地区的山西组煤层;B 型需要长期排水,难以获得高产,不利于煤层气井排采,如沁水盆地南部的太原组煤层。

贵州省晚二叠世含煤地层地下水依靠大气降水补给,但境内地形切割严重,坡度和相对高差大,有利于雨水在地表排泄和径流,但不利于对含煤地层的补给;上二叠统主要含水层为碎屑岩孔隙—裂隙含水层,富水性弱。含煤地层上覆的下三叠统飞仙关组下段以及下伏的峨眉山玄武岩具有良好隔水作用,含煤地层与上覆下伏含水层之间一般没有直接水力联系。织纳煤田含煤地层的钻孔单位涌水量总体上较低,但渗透系数和影响半径条件却相对

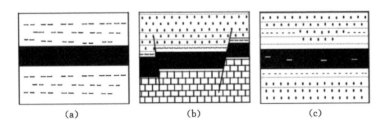

图 5-3　煤层地下水动力系统基本类型示意图
(a) A 型;(b) B 型;(c) C 型

优越。

例如,织纳煤田水公河向斜含煤地层地下水与区外几乎没有水力联系,无侧向补给;发育于向斜轴部地表的水公河河床标高 1 350~1 600 m,含煤地层最低侵蚀基准面标高约 1 551 m,3 号煤层最低侵蚀基准面标高约 1 610 m,大气降水汇入水公河而排出区外。向斜内断层带发育角砾岩,断层附近节理裂隙多被方解石或其他充填物充填,绝大多数钻孔遇断层破碎带时水位变化和消耗量没有异常;断层切割沟谷的含煤地层带无大的泉水出露,未发现河流或冲沟水发生明显的流量增大或漏失现象。断层带的抽水试验表明:钻孔出水量 $Q=0.211\ 2\ \text{m}^3/\text{d}$,钻孔单位涌水量 $q=0.006\ 7\ \text{m}^3/(\text{d}\cdot\text{m})$,渗透系数 $K=0.000\ 140\ 7\ \text{m/d}$。由此表明,碎屑岩地层断层带富水性弱,透水性差;加之上覆飞仙关组和下伏峨眉山玄武岩组的隔水作用,含煤地层富水性和透水性也十分微弱(见表 5-3、表 5-4)。

表 5-3　　　　织纳煤田水公河向斜上二叠统及其上覆下伏地层水文地质特征

地层代号	水质特征及水温	涌、漏水水位深度和标高/m	富水性
Q	HCO₃—Ca 型。pH=6.78~7.1,固溶物 65.0~190.0 mg/L,总硬度 2.75~7.64,可溶 SiO₂ 8~9 mg/L,游离 CO₂ 1.32~3.30 mg/L,水温 11~18 ℃	水位:0~43.82	富水性弱
T₁f²	HCO₃・SO₄—Ca、HCO₃—Ca 型。pH=7.0~7.91,固溶物 91.50~141.00 mg/L,总硬度 4.11~9.55,可溶 SiO₂ 6~11.0 mg/L,游离 CO₂ 0.88~2.86 mg/L,无 Cu、Pb、Zn、As,细菌总数 840 个/mL,大肠菌指数 7 230 个/L。水温 3~18 ℃	涌漏水水位+24.74~ 271. 25,标高 1 427.93~1 985.42	富水性强
T₁f¹	HCO₃—Ca、HCO₃・SO₄—K+Na、HCO₃・CO₃—K+Na 型。pH=7.1~9.4,固溶物 93.00~169.00 mg/L,总硬度 0.44~4.60,可溶 SiO₂ 9.00~11.00 mg/L,游离 CO₂ 0~4.62 mg/L,无 Cu、Pb、Zn、As。水温 1~8 ℃	涌漏水水位+13.50~ 268. 10,标高 1 406.62~1 983.73	相对隔水层
P₃l+P₃c+d	HCO₃・SO₄—Ca、SO₄・HCO₃—Ca・Mg、SO₄—Ca・Mg、HCO₃—K+Na、HCO₃・SO₄—Co₃—K+Na、CO₃・SO₄・HCO₃—K+Na、HCO₃・SO₄—Ca・K+Na、SO₄・HCO₃—Ca 型。pH=4.7~9.6,固溶物 123.00~305.00 mg/L,总硬度 0.24~117.36,游离 CO₂ 1.54~13.86 mg/L,可溶 SiO₂ 4.00~20.00 mg/L,Mn 20.00 mg/L,水温 9~18 ℃	涌、漏水水位+83.59~ 90. 05,标高 1 983.74~1 433.02	富水性弱

地层代号	水质特征及水温	涌、漏水水位深度和标高/m	富水性
$P_3\beta$	HCO_3—$Ca \cdot K + Na$ 型。$pH = 6.7$,固溶物 78.00 mg/L,总硬度 1.6,可溶 SiO_2 13.00 mg/L,游离 CO_2 1.54 mg/L,水温 12.8~16 ℃		相对隔水
P_2m	HCO_3—Ca、$HCO_3 \cdot SO_4$—Ca、$SO_4 \cdot HCO_3$—Ca 型。$pH = 6.8$~7.74,固溶物 117.50~283.50 mg/L,可溶 SiO_2 2.00~9.00 mg/L,游离 CO_2 0.44~4.62 mg/L,细菌总数 153 个/mL,大肠菌指数 5 个/L,水温 13~16 ℃	漏水水位静止后 132.77~137.65,标高1 585.53~1 590.41	富水性强

表 5-4　　　　　六盘水煤田青山向斜上二叠统及其上覆下伏地层水文地质特征

地层代号	水质特征及水温	涌、漏水水位深度和标高/m	富水性
Q	HCO_3—Ca、$HCO_3 \cdot Cl$—$K + Na \cdot Ca$ 型。$pH6.65$~7.08,固溶物 70.0~165.0 mg/L,总硬度 2.67~7.68,可溶 SiO_2 7~8 mg/L,游离 CO_2 1.56~312 mg/L,水温 10~17 ℃	水位:0~35.69	富水性弱
T_1f^2	HCO_3—Ca 型 $pH = 7.0$~7.74,固溶物 92.60~136.00 mg/L,总硬度 3.968.76,可溶 SiO_2 5~10.0 mg/L,游离 CO_2 0.79~3.08 mg/L,无 Cu、Pb、Zn、As,水温 5~16 ℃	涌漏水水位+35.65~236.87,标高1 356.48~1 858.64	富水性强
T_1f^1	HCO_3—Ca 型。$pH = 7.1$~8.4,固溶物 90.00~192.00 mg/L,总硬度 0.68~5.01,可溶 SiO_2 8.50~10.20 mg/L,游离 CO_2 0~4.29 mg/L,无 Cu、Pb、Zn、As,水温 6~17 ℃	涌漏水水位+10.20~368.90,标高1 253.52~1 934.25	相对隔水层
P_3l	SO_4—$Na + K \cdot Ca$ 型。$pH = 3.06$~3.43,固溶物 112.00~285.00 mg/L,总硬度 0.36~120.52,游离 CO_2 1.56~13.08 mg/L,可溶 SiO_2 4.00~15.00 mg/L,Mn 19.00 mg/L,水温 9~18 ℃	涌、漏水水位+56.78~102.57,标高1 283.74~1 445.73	富水性弱
$P_3\beta$	HCO_3—$Ca \cdot K + Na$ 型。$pH = 6.7$,固溶物 78.00 mg/L,总硬度 1.6,可溶 SiO_2 13.00 mg/L,游离 CO_2 1.54 mg/L,水温 12.8~16 ℃		相对隔水层
P_2m	$HCO_3 \cdot CL$—$Ca \cdot K + Na$ 型。pH 值 6.78~7.56,固溶物 120.50~265.50 mg/L,可溶 SiO_2 1.9~7.00 mg/L,游离 CO_2 0.36~3.98 mg/L,细菌总数 156 个/ml,大肠菌指数 6 个/L,水温 11~17 ℃	漏水水位静止后 101.23~131.12,标高1 413.58~1 548.98	富水性强

再如,六盘水煤田青山向斜地下水的水文地质条件与织纳煤田水公河向斜类似(见表 5-4)。地下水与区外水力联系微弱,地表水和地下水主要靠大气降雨补给,几乎没有侧向补给。向斜轴部楼下河河床标高 1 050~1 350 m,含煤地层最低侵蚀基准面标高约 1 063 m,3 号煤层最低侵蚀基准面标高约 1 380 m,大气降水多汇集于猪场河向区外排泄;断层带发育角砾岩,断层附近节理裂隙多矿物和角砾充填,绝大多数钻孔遇断层带时水位变化和消耗量没有异常变化。在断层周围的抽水试验结果表明:$Q = 0.273$ m^3/d,$q = 0.011\ 7$ $m^3/(d \cdot m)$,$K = 0.000\ 302\ 15$ m/d。总的说来,断层带富水性弱,透水性差。同时,含煤地层总体上为富水性弱的碎屑岩地层,与上覆、下伏富水性强的含水层之间赋存有一定厚度的相对隔水层,且断

层带阻水性强而不构成水力联系的通道。煤层与强含水层及地表水之间没有直接水力联系，仅在浅部与含煤地层风化裂隙水、小煤矿和老窑积水及覆盖其上的第四系孔隙水有直接水力联系。织纳煤田红梅井田、肥田、五轮山、中岭四个井田与潘庄区块相似，其余井田的地下水动力条件都要优于潘庄区块（见图5-4）。其中：开田冲井田地下水动力条件具有低—中渗透系数、短影响半径和低单位涌水量的特征，文家坝井田显示出中—高渗透系数、中—长影响半径和低—高单位涌水量的特征。总体上来看，织纳煤田煤层气资源通过地面井原位排水降压有可能得到有效降压抽采。

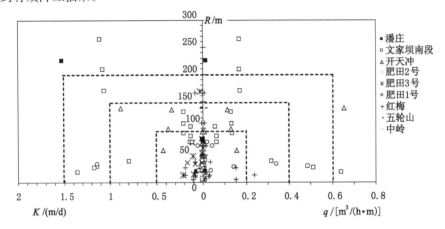

图 5-4　织纳煤田含煤地层地下水动力条件 K-R-q 图解

　　六盘水煤田含煤地层富水性弱，渗透性较差，并且随着埋藏深度的加大，地层渗透性及富水性逐渐变得更差，导致压裂改造后裂缝系统无法与浅部地下水构成水力联系，无法进行排水降压。利用地面井排水降压方式均未抽采出工业性气流，需要考虑其他的增产措施，如注气开采、矿井卸压抽采等。

三、地面井煤储层增渗的工程有效性模拟与评价

（一）煤储层增渗技术工程有效性总体评价

　　基于煤储层可改造性的地质约束以及贵州省煤储层具体地质条件，结合国内前期煤层气地面井开发经验和省内煤层气井完井及试采实践，就国内外现行增渗技术对黔西地区上二叠统煤储层的适应性进行了总体评价（见表5-5）。

表 5-5　　　　　　　　　　　　增渗技术对黔西地区上二叠统煤储层的适用性

地　区	直　井						定向井		
	裸眼完井	裸眼洞穴完井	水力加砂压裂	泡沫加砂压裂	复合压裂完井	连续油管压裂	丛式井压裂	U 形井	水平分支井
盘州矿区	╳	╳	╳	—	╳	√	╳	╳	╳
水城矿区	╳	╳	╳	—	╳	√	╳	╳	╳
六枝矿区	╳	╳	╳	—	╳	√	╳	╳	╳
织纳西南	╳	╳	√	√	╳	√	╳	╳	╳
织纳西北	╳	╳	√√	√	╳	√√	√	╳	╳
织纳中南	╳	╳	√√	√	╳	√√	√	╳	╳

　　黔西地区上二叠统单层煤层厚度一般不超过 2 m,试井渗透率极少超过 0.5 mD。六盘水煤田构造煤普遍发育,煤层力学强度极低,目前盘江矿区目前开采的 3、5、12、17、18 号煤层均为低透气性煤层。织纳煤田煤层原生结构一般保存完好,但某些层位(如 6 号煤层)构造煤较为发育,且构造煤发育程度有向煤田西南部方向增大的趋势。

　　为此,黔西地区上二叠统煤储层单层厚度小、煤体过于松软或过于坚硬且渗透率较低,采用裸眼和裸眼洞穴完井技术不能达到增渗的目的;六盘水煤田以及织纳煤田西南部地区构造煤发育,单煤层厚度较小,井眼煤壁稳定性差,与定向井有关的增渗技术总体上也不适用,包括丛式井、U 形井、水平分支井等。但是,根据现有资料,织纳煤田西北部水公河向斜—加嘎背斜一带以及中南部珠藏向斜一带,煤层原生结构保存完好(除 6 号煤层以外)且地貌复杂,地形切割严重,高差较大,具有丛式井成井的有利地质条件和地形需求。

　　针对高应力控制下的低渗透煤层,室内三维应力下的控制压裂模拟实验揭示,尽管采用了增加裂缝数量的控制压裂方式,但岩体中产生的裂缝数量仍然很少,数值模拟结果如图 5-5 所示。由图可见,添加支撑剂的水力压裂方式会在煤层压裂裂缝周围形成一高应力区,它的存在较大幅度地降低了裂缝周围煤体的渗透性。尽管通过裂缝形成了一条较好的流通通道,但在裂缝周围反而形成一个屏障区,这正是水力压裂技术改造构造煤发育矿区低渗透煤层效果不佳的真正原因。同时,实验结果也表明,水力压裂技术对原生结构煤相对发育、渗透性较好的织纳煤田更为适用,而对于如六盘水煤田构造煤发育、煤质较软的储层,水力压裂作用十分有限,甚至在大多数情况下可能无效。

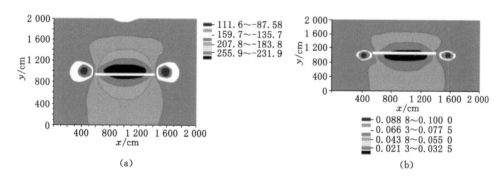

图 5-5　埋深 500 m、压裂压力为 125 MPa＋2.5σ_t 时裂缝周围的体积应力
分布和渗透率系数分布
(a) 体积应力分布;(b) 渗透率系数分布

(二)煤储层常规加砂压裂技术工程有效性评价

　　加砂压裂技术是最为常规的地面井煤储层增渗措施,还有如活性水、凝胶等水力压裂技术以及氮气、二氧化碳等泡沫压裂技术。前述分析表明,产层组合方式仅一定程度上决定了采用何种压裂方式,煤体结构显著影响压裂施工效果。上二叠统含煤段上下有飞仙关组和峨眉山玄武岩组组成良好隔水层且区内以缓倾角(<25°)和中等倾角(25°～45°)为主,构造条件亦无较大限制。而煤岩力学特点与应力剖面对缝高影响明显,在裂缝起裂扩展中起关键作用。

遮挡层与产层的应力剖面需基于现场资料的实际分析,但缺少实际资料,由于产层与遮挡层应力差值与岩石弹性模量有关,一般呈正相关关系,因而可以从岩性角度展开定性分析。而岩性与弹性模量的关系表明,煤岩的弹性模量<泥岩及粉砂质泥岩的弹性模量,碳质泥岩的弹性模量<泥质粉砂岩的弹性模量,粉砂岩的弹性模量<砂岩和石灰岩的弹性模量。就煤阶而言,同煤岩类型弹性模量一般以中煤化烟煤最低,低煤化烟煤中等,无烟煤最大。因此,一般顶底板为砂岩类或泥质砂岩时,顶底板具有与煤层较大的应力差值,当煤层顶底板为泥岩类时,应力差值较小(特别是煤类为无烟煤时),甚至某些情况下可能出现顶底板与煤层的负应力差值。

(三)多煤层选择性压裂模拟与评价

以下方案基于织纳矿区某煤层气井实钻资料,通过大规模水力加砂压裂实验模拟,对低渗透性煤层气储层进行改造,使原始煤层产生人工支撑裂缝,并尽可能沟通储层内生裂隙,形成煤层气涌出通道,扩大储层渗流有效范围,进而卸压排水采气,最大限度挖潜产能,深化对储层的认识,对多煤层的压裂方案与压裂效果进行了评价。压裂共采用了 4 种方案,模拟方案与模拟结果如下。

方案一:16 号、20 号、23 号煤层合压,常规射孔,模拟结果如图 5-6 和图 5-7 所示。

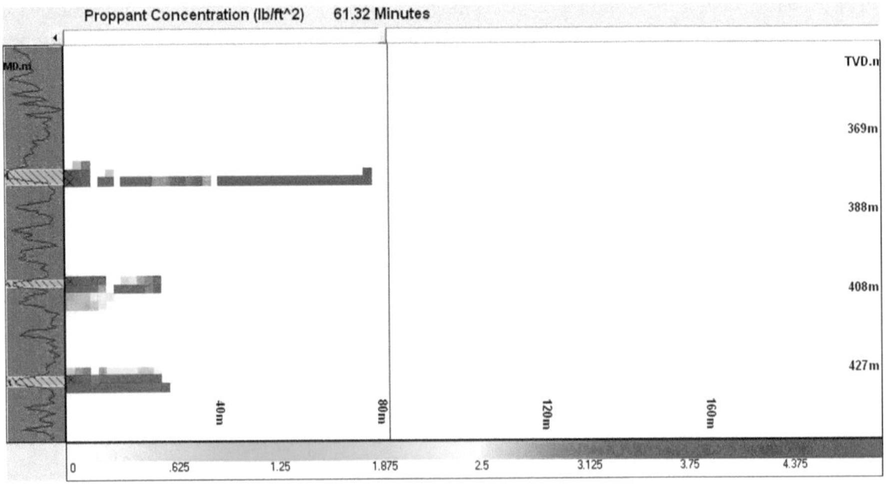

图 5-6　7 m³/min 排量(常规射孔)模拟结果

方案二:16 号、20 号、23 号煤层合压,变密度射孔(方案见表 5-6),模拟结果如图 5-8 和图 5-9 所示。

表 5-6　　　　　　　　织金地区某井变密度射孔布孔方案

井段/m	379.7~380.5	407.0~408.0	430.45~432.30
射孔数量/个	12	12	30(已射)

方案三:避射 16 号煤层、20 号煤层变密度射孔(方案见表 5-7),模拟结果如图 5-10 至图 5-12 所示。

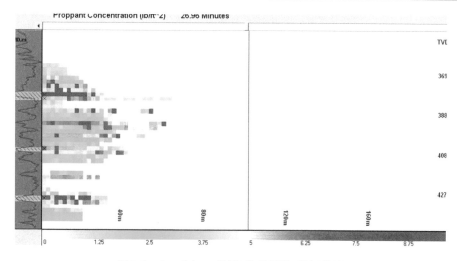

图 5-7 10 m³/min 排量(常规射孔)模拟结果

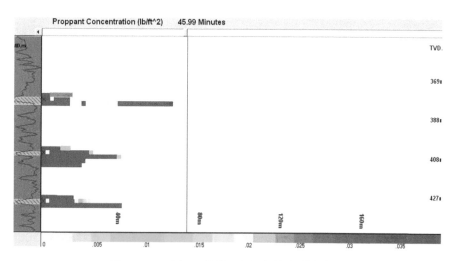

图 5-8 7 m³/min 排量(变密度射孔)模拟结果

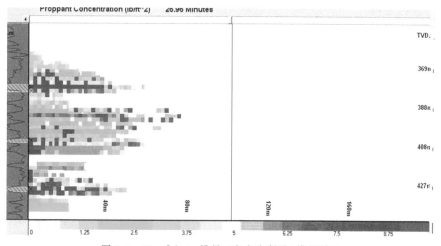

图 5-9 10 m³/min 排量(变密度射孔)模拟结果

表 5-7   织金地区某井避射 16 号煤层的变密度射孔布孔方案

井段/m	379.7～380.5	407.0～408.0	430.45～432.30
射孔数量/个	0	5	30(已射)

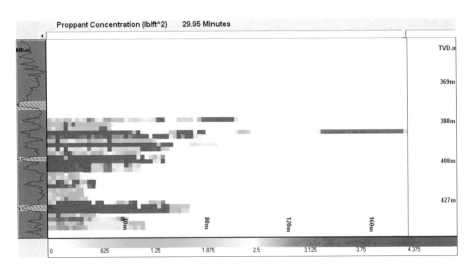

图 5-10   9 m³/min 排量（20 号煤层射孔孔眼数 10)模拟结果

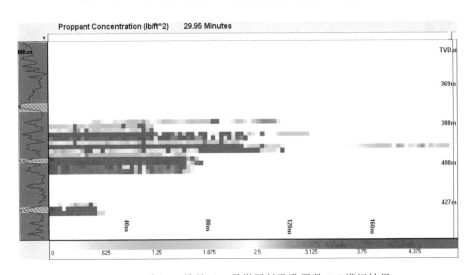

图 5-11   7 m³/min 排量（20 号煤层射孔孔眼数 10)模拟结果

方案四:分段压裂(20、23 号煤层合压,16、20 号煤层分层压裂),模拟结果如图 5-13 至图 5-15 所示。

通过不同方案模拟结果对比认为(见表 5-8):在多煤层条件下,采用煤层合压、常规射孔,煤层合压、变密度射孔,避射局部煤层、变密度射孔,分段压裂等有其各自优点,在模拟方案中,不同方案模拟得到的缝长、缝高、缝宽与铺砂浓度均不一致。考虑固井质量对机械分层压裂的影响及煤层力学数据等,为避免裂缝延伸到上下隔层形成水平扩展缝,采用变密度射孔压裂方式。参考该井煤层割理比较发育的特点,压裂采用前置段塞工艺降低滤失,提高压裂液造缝效率,有利于形成主裂缝,提高工艺成功率。由此表明,多煤层常规加砂压裂有

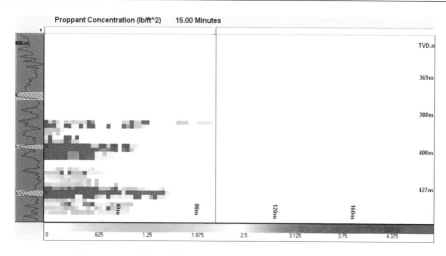

图 5-12　9 m³/min 排量（20 号煤层射孔孔眼数 5）模拟结果

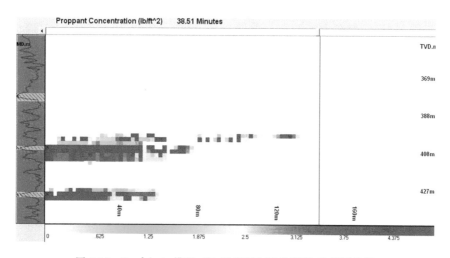

图 5-13　7 m³/min 排量（20 号煤层射孔孔眼数 5）模拟结果

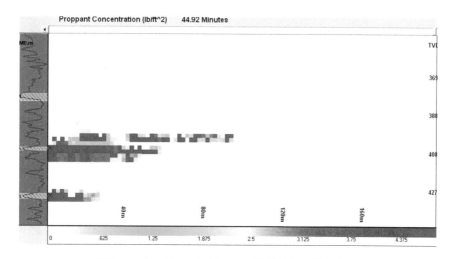

图 5-14　7 m³/min 排量 20、23 号煤层合压模拟结果

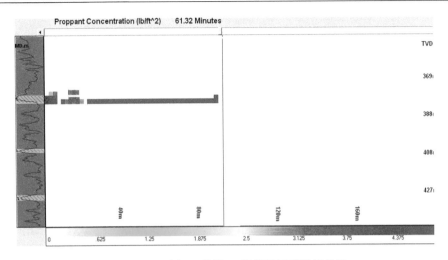

图 5-15　7 m³/min 排量 16 号煤层压裂模拟结果

多种射孔与压裂方式，但在不同的地质条件下，要根据具体的实际地质情况与施工工程情况，选用最为合适的射孔与压裂施工方式，才能达到应用的工程效果。

表 5-8　　　　　　　　　　　　　　不同方案模拟结果对比

方案	煤层	缝长/m	缝高/m	缝宽/mm	铺砂浓度/(kg/m²)
方案一 （常规射孔）	16	76	12	11.0	14.8
	20	32	13	12.4	16.8
	23	36	20	10.6	14.3
方案二 （变密度射孔）	16	79	13	9.8	13.2
	20	46	15	8.3	11.2
	23	42	22	9.3	12.5
方案三 （变密度射孔、避射）	20	80.3	13	6.3	9.5
	23	58	6	27	40.5
方案四 （分段压裂）	16	85	3.1	37.5	51.2
	20	65	2.1	38	51.4
	23	33	2.6	88	120

（四）连续油管压裂技术的工程有效性评价

黔西地区上二叠统富水性极弱且含煤地层与上覆下伏含水层之间一般没有直接的水力联系，这一特征在一定程度上约束了以排水降压为基本原理的煤层气地面井的抽采效果。然而，上二叠统煤层层数多、煤层厚度大，柱状剖面上构成了若干煤层相对集中的煤层群，具有连续油管压裂实施的优势条件。例如，织纳煤田上二叠统含煤 3～54 层，含可采煤层 1～12 层，可采总厚度 1.33～12.9 m，可采厚度最大区位于多拱、坪山一带，富煤带有 3 处：一是马中岭一带；二是珠藏向斜北翼；三是八步向斜。上述三处可采厚度均在 10 m 以上，可采煤层均在 7 层以上。在柱状剖面上，1～12 号煤层、14～23 号煤层、27～31 号煤层构成了间距相对较小的三个煤组（图 5-16、表 5-9）。

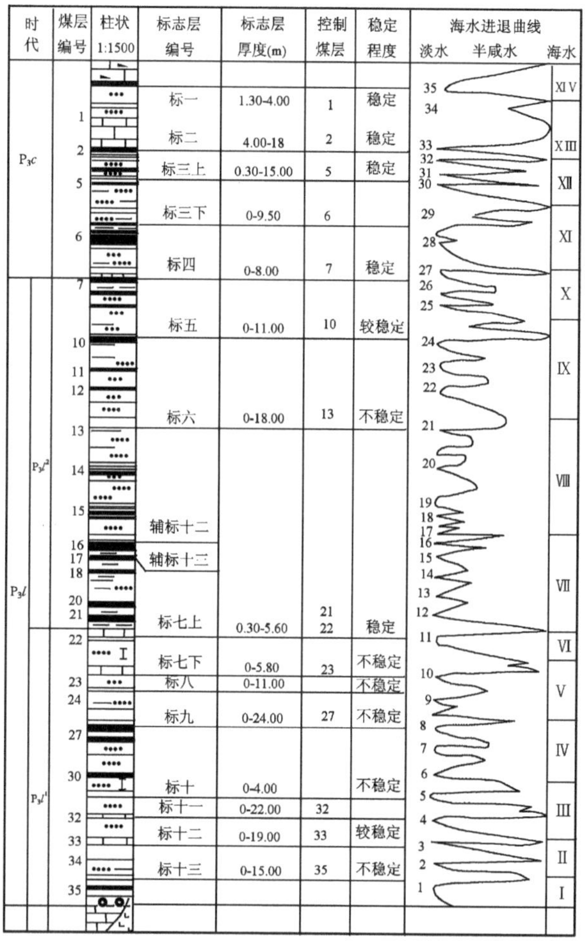

图 5-16 织纳煤田上二叠统柱状剖面上的煤层发育特征

表 5-9 织纳煤田各煤层间距

层位	下三叠统底界	长兴组 P₃c			龙潭组							峨眉山玄武岩或茅口灰岩 P₃β(P₂m)
					上段 P₃l²				下段 P₃l¹			
		2号	5号	6号	7号	14号	16号	17号	21号	23号	27号	30号	
间距/m	38±	28±	25±	14±	72±	29±	8±	22±	15±	22±	16±	51±

同时,织纳煤田 3～6 号煤层、8～16 号煤层、32～33 号煤层含气量梯度具有各自的独立性,构成上、中、下三个多层叠置含气系统,且这些系统分别被限定在对应的二级层序地层格架内。六盘水煤田盘关向斜北段、土城、照子河向斜东段、格目底向斜东段、小河边向斜,可采煤层均在 8 层以上,可采煤层总厚在 15.0 m 以上,最厚达 22.7 m(羊场)。这些煤层气地质特征为进一步选择适应多煤层弱富水性特点的煤层气地面井开采技术提供了得天独厚的先决条件。

与常规压裂技术相比,连续油管压裂作业时间不及常规作业时间的一半,尤其是在多层压裂和漏掉产层的压裂中,这方面的表现最为明显。这种作业方式节约大量的作业时间,减少事故发生的概率,大幅度降低了成本。2007 年中石油华北分公司与美国 BJ 公司合作,采用连续油管进行环空加砂压裂并伴注液氮技术,成功地施工了 2 口天然气井。目前,连续油管压裂技术还在推广之中,配套连续油管井下工具、压裂液体系、压裂施工设计以及选井选层是确保工艺成功的关键。连续油管装备及可靠性依然是降低井下作业风险,减少作业失败的焦点。连续油管压裂技术潜力巨大,在织纳煤田煤层气地面井开发中具有可观的应用前景。

四、卸压抽采技术的工程有效性模拟与评价

(一)井位部署有效性模拟与评价

保护层开采后,上覆煤岩发生向采空区的移动,引起应力重新分布,采空区上方形成自然冒落拱,压力向采空区以外空间传递,也即对围岩及煤层产生采动影响。被保护层的应力变形状态和瓦斯动力参数将发生重大变化。煤炭开采地质条件尽管在不同地区有极大差异,但被保护层应力变形状态与瓦斯动力参数的空间变化规律基本一致。

由于自重应力和弹性变形能的降低,采空区顶板一定范围内的岩层内出现应力降低区,而工作面四周一定范围内的煤柱内出现应力集中区。在工作面推进方向上,在采空区上方的横向上产生"四带":应力集中带、初始卸压带、充分卸压带和应力恢复带。煤层开采上覆卸压煤层中形成的应力分带模型如图 5-17 所示。

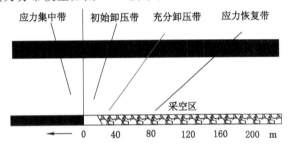

图 5-17　卸压煤层应力分带模型

① 应力集中带

应力集中带通常位于保护层工作面前方 5～50 m。此带范围内煤层承受的应力高于原始状态,最大应力点位于保护层工作面前方 5～20 m。在应力集中的情况下,该区域煤体裂隙和孔隙具有收缩、闭合趋势,煤层渗透性降低。但在最大支撑压力点后,应力开始减小,煤层渗透性开始回升。

② 初始卸压带

从保护层工作在开始往采空区方向均存在保护卸压作用,但由于保护层的卸压传递到被保护层时要滞后一段距离,因此,保护层卸压带的起点(对卸压层而言)通常位于保护层工作面后方 0.25～0.8 倍层间距位置。从卸压煤层气流动观点来看,在此带范围内,初始卸压带内煤层纵向破断裂隙发育,透气性大大增加,为初始卸压增透带。

③ 充分卸压带

充分卸压带位于保护层工作面后方 50～150 m,通常为层间垂距的 0.8～2.75 倍,然后应力开始恢复。在此带范围内,煤层承受的应力减小,被保护层变形增大,卸压煤层裂隙十分发育,尤其是横向裂隙发育丰富,透气性增加,充分卸压带内为卸压充分高透高流带。

④ 应力恢复带

应力恢复带位于保护层工作面后方 150～500 m 以远,此带范围由于采空区冒落岩石逐渐被压实,应力逐渐恢复,但仍然小于原始应力状态,只能经过足够时间恢复,才逐步向原始应力状态靠近。在此带范围内,由于上覆岩层向下移动压实作用使应力恢复带内的采动裂隙趋于密合,但被保护层横向离层变形要维持较长时间,为卸压瓦斯抽采提供足够的时间。

为便于分析煤体卸压程度的变化规律,定义卸压系数 r,即:

$$r = 1 - \frac{\sigma_z}{\sigma_{z0}} \tag{5-1}$$

式中,σ_z 为煤岩某点采动后的竖向压力;σ_{z0} 为该点的原始压力。

倾向上,采场中部卸压系数较低,靠近进风巷和回风巷两侧卸压系数增大,但靠近煤壁,卸压系数由于煤壁支撑作用又变小;走向上,中部压实区边缘、始采线、停采线附近卸压系数较小,中部压实区与始采线和停采线的中间部位卸压系数最大;纵向上,越靠近工作面位置卸压系数越高,远离工作面位置卸压系数降低(见图 5-18)。

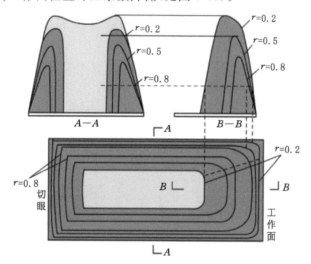

图 5-18　采动区卸压系数分布

上覆岩层的应力分带随工作面的回采而不断前移,采动区中部应力随工作面推过的增加而逐渐恢复,即重新进入原始应力状态。但在工作面倾向上,采空区中心在保护层推进初期,采动裂隙最为发育,但工作面推移,采动裂隙趋于压实。而采空区四周由于机风巷两侧煤体的支撑,发育的采动裂隙能较长时间保持。纵向上,下部的冒落带岩石垮落极不规则,裂隙相互沟通(见图 5-19)。冒落带之上的裂隙带主要发育两种裂隙:垂直和斜交于岩层层面的开口向上和向下的裂隙和平行于岩层层面之间的离层裂隙。由于裂隙带发育高度较大,在裂隙带的下部岩层内的纵向裂隙和横向裂隙是相互沟通的。在裂隙带的上部尽管有纵向细微裂隙和横向细微裂隙的存在,但相互没有完全沟通。弯曲下沉带位于裂隙带之上,此带内的岩层移动基本上是成层、整体性移动,位于弯曲下沉带内的卸压煤层,一般以纵向膨胀变形为主,采动裂隙主要为横向离层裂隙,与下部的采空区没有沟通,且纵向裂隙不发育。尤其在离层发育第二阶段,位于采空区中下部的离层裂隙基本被压实,而在采空区上部走向方向上存在一连通的离层裂隙发育区,这一裂隙区的存在为被保护层中解吸出来的煤层气提供了储集空间。因此,从地面施工钻井到此区域,煤层的煤层气可抽性好,能够获得抽采高浓度大流量煤层气的理想效果。

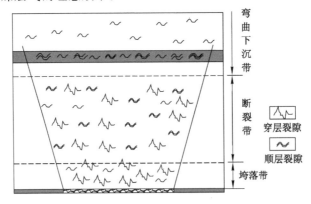

图 5-19 覆岩裂隙分布及分带图

采动应力与裂隙发育变化特征与被保护层的渗透性存在着相互对应的关系。随着采动应力的增大和减小,采动裂隙表现为相应的张开与闭合,煤层渗透性也随之增加或减弱。模拟实验结果(见图 5-20)表明:工作面采动后,渗透性明显增加的区域主要分布在工作面充分卸压区域内;平面上看,采动区周边渗透率高于采动区中部,呈现"环形"分布特征,说明采空区中部采动裂隙趋于压实;工作面倾向上,渗透率具有明显的马鞍形特征,中部覆岩渗透率随工作面推进出现增加、降低和稳定的变化过程,但侧部一定范围内保持较高的渗透率;纵向上,距离保护层越远,渗透率越低。卸压后煤岩渗透率有大小和方向之分,依据渗透率

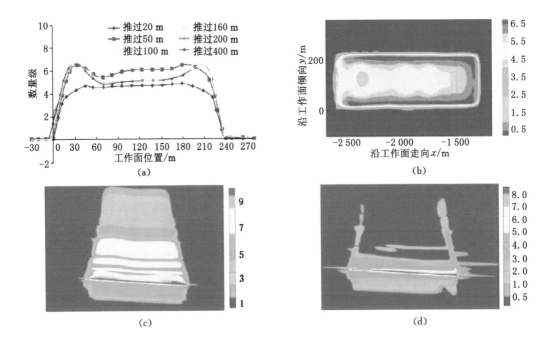

图 5-20 覆岩渗透率分布的模拟结果

变化特征,覆岩裂隙发育范围内具有贯通渗透和水平渗透两个区域特征。贯通渗透区内垂向穿层裂隙与离层裂隙并存,垂向和水平渗透率均较高,主要发育于冒落带和断裂带下部,气体在水平和垂直两个方向上可自由流通;水平渗透区主要发育横向离层裂隙,垂向穿层裂隙较弱,竖向渗透率远远高于水平渗透率,主要发育于断裂带中上部和弯曲下沉带下部,气体主要在水平方向上流通,垂直方向上难以流动;低渗透率主要发育于弯曲下沉带中上部,横向离层裂隙和垂向穿层裂隙均发育较弱,但前者发育相对较好,气体在水平和垂直两个方向上均难以流动,接近煤层原位赋存状态。

采动煤层中煤层气有利解吸与富集区的寻找实质是研究下位保护层开采过程中的围岩应力场、采动裂隙场、煤层气运移场之间的动态变化规律。卸压煤层气的有利富集区域实质是受控于二次应力分布下,卸压作用导致的裂隙场重建与渗透性二次分布,在空间上表现为在采动工作面之上一定距离的立体范围,袁亮院士称之为"高位环形裂隙体"。根据以上对采动应力分布、裂隙发育分布和渗透性高低的区域划分,"高位环形裂隙体"表现为如下特征:走向上,平面展展布特征为停采线附近宽度大于开切眼附近宽度,采动区中部两侧分别与停采线、开切眼侧连通,形成卸压瓦斯流动的环形通道;倾向剖面上,"高位环形裂隙体"沿一定角度往上延展,外边界延展角与内边界延展角不同;走向剖面上,"高位环形裂隙体"赋存在采空区一定高度之上,沿一定角度向上延伸,且停采线一侧范围较开切眼侧大。

（二）抽采井工程稳定及其有效性评价

保护层工作面开采后,上覆岩层发生剧烈调整,覆岩应力进行二次分布,岩层产生拉压变形、层间滑移和离层位移等现象,特别是当回采工作面接近地表抽放钻孔时,钻孔周围岩体就会发生水平位移,垂直压应变也将沿钻孔的轴向发展。当回采工作面通过地表抽放钻孔后,水平位移减小,垂直应变也由受压变成拉压状态,这导致煤层气井的不稳定,使煤层气井在横向上易被错断,在垂向上会易位拉断,使井孔被堵实,或由于岩层水的进入使静水压力大于瓦斯的突破压力,进而使瓦斯不能被抽出。为使卸压煤层气抽采井能顺利产气,必须对采动覆岩移动规律进行考察,选择工作面内覆岩移动相对稳定区作为井位部署的关键条件。

岩层变形一般开始于工作面前方,此时水平移动较为剧烈,由于受到未采煤体的支撑影响,垂直移动其微。当采空区进一步扩大,水平位移的总体趋势表现为切眼前方和工作面后方一定距离岩体向采空区方向移动,由于两区域岩层水平移动的不对称及同一岩层不同位置处的水平位移不同,应力降低区受水平拉伸和挤压作用使岩体拉裂,形成竖向破断裂隙。同时,煤体支撑作用消失使岩层发生急剧弯曲下沉,但各层位移速度不同,其特点是越往上越缓慢,这种速度上的差异必然导致在此区域内形成层间离层。

工作面采动稳定区的主要量化因素体现在应力变化下的岩层水平位移和垂直位移耦合的极小值区。水平方向的应力位移变化是剪切破坏的量化指标,而垂直方向的应力位移变化是轴向拉压破坏的主要量化指标。因而,采动工作面内的相对稳定区需要从这两个关键因素寻找。对于岩层水平位移,不同位置处的水平位移量不同,但整体趋势是开切眼处和停采线处的水平位移量最大,这导致此处裂隙较其他位置发育,而采空区中部的水平位移量相对较小(见图5-21),距离下保护层越远,水平位移量越小,其方向具有反复错动性(见图5-22)。而对于垂直位移(见图5-23),随着工作面推进,在开切眼处受煤体支撑影响,垂直移动量较小,工作面推过此区域后,岩层发生急剧下沉,但各层位移速度不同,其特点是越往上越缓慢。

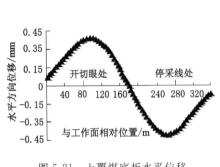

图 5-21　上覆煤底板水平位移

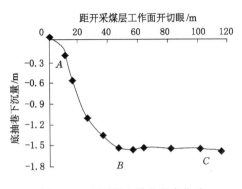

图 5-22　上覆煤底抽巷垂直位移

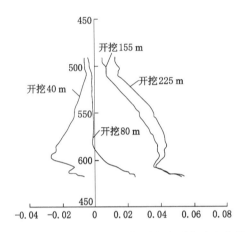

图 5-23　距开采层不同距离覆岩水平位移变化图

（三）井孔失稳的作用机制

地下煤层采出之后，上覆岩层在重力作用下，由下至上形成"竖三带"，即冒落带、断裂带和弯曲下沉带。覆岩内应力重新分配，显现由上至下渐增的下沉位移、垮落及反复性的水平错动。这种形成过程随开采前进具有动态平衡的特点，不同部位具有不同的应力大小，在其作用下，覆岩不同层位将产生不同的位移。结果表明，保护层工作面开采后，围岩应力重新分布，覆岩重量分别由前后方及两侧煤柱、采空区冒落矸石支撑，采空区顶板一定范围岩层内出现应力降低区，而工作面四周一定范围内的煤柱出现应力集中区，在这一范围的岩层将分别承受拉伸和压缩变形。在不同高度不同位置，覆岩内部各点所受的垂直应力和水平应力存在差别，同时由于覆岩内各岩层的岩石力学性质、抵抗变形的能力、存在的弱面以及各岩层到开采工作面距离的不同，这些因素使得不同深度岩层的移动及破坏方式、位移量与方向均存在区别。在上述前提下，抽采井孔由于其本身材质刚度限制，一旦在某一点覆岩移动产生的应力集中超过其刚度，则满足套管破坏条件。

覆岩移动主要表现在垂直方向上的垂直位移和水平方向上的水平位移，使套管破坏的受力来源于垂直和水平这两个方向。根据开采覆岩的移动机理，笔者认为井孔主要存在水平剪切破坏和垂向拉伸破坏两种形式，在不同岩性段和受采动影响不同强弱的区域，其作用机制不同，主要分为以下几个方面。

（1）地层结构与岩性诱发的水平剪切

　　煤炭开采中的岩层移动发生在何处首先取决于岩体本身的力学性能,即当岩体内承受水平应力超过岩体抗剪强度时,岩体的水平移动将会首先发生。在基岩段的整个地层结构中,岩体内部结构紧密,强度较高,而在岩性交界面或构造结构面处具有弱的力学性质,当采空区形成,覆岩经受水平拉应力时,岩层错动将会首先在力学弱面处发生,而不会首先在岩层内部产生,即岩体移动将会首先发生在岩性交界面、层理面或构造结构面。在地层倾角较大时,弱面下方的岩体更易失去或减小对弱面上方岩体的支撑能力,在岩体自重荷载产生压应力 σ_z 的作用下,上部岩体沿弱面产生的剪应力 τ 增大,遭遇井筒时,势必给套管施加横向的剪切力,形成套管的破坏条件(见图 5-24)。因此,结构面的分布、特征及组合关系,即岩体结构为岩体稳定的内在因素决定岩体的稳定程度、可能变形和破坏的边界条件、方式、规模及特性等,抗剪强度小于水平拉应力的岩性交界面会更易于发生变形。岩体在哪个交界面上的滑移取决于交界面的抗滑阻力,抗滑阻力的大小取决于交界面两侧的岩体特征、结构面内充填物质和厚度、结构面的起伏形态等,一般用凝聚力(C)和内摩擦角(φ)即可综合反映这种特性。根据 Coulomb 提出的计算公式,设采动前处于稳定状态时的交界面的抗滑阻力为 τ_0,则有:

$$\tau_0 = C + \sigma \tan \varphi > \tau \tag{5-2}$$

式中,σ 为剪切面上的法向压力,MPa;φ 为岩(土)的内摩擦角,(°);C 为岩(土)的内聚力,MPa。

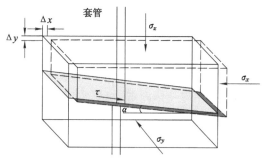

图 5-24　岩层滑移与套管剪切(Δx,Δy 为位移量)

　　覆岩受采动后,内聚力 C 减小为 C',内摩擦角 φ 减小为 φ',使接触面上的极限抗剪力减小为 τ'。当

$$\tau' = C' + \sigma \tan \varphi' \leqslant \tau \tag{5-3}$$

时,接触面上方岩体在剪应力作用下产生沿层面方向的滑移,形成层间剪切带,剪切套管。

　　此外,黏土具有相对较弱的力学性质,黏土主要由黏土粒和粉粒组成,其力学效应主要与其厚度、含水量、具体类型有关。

　　黏土层厚度的变化对其力学性质的影响可由摩擦系数和内聚力表示。其规律是随着厚度增加,黏土的摩擦系数 f 逐渐降低,内聚力 C 则是先增大后减小(见图 5-25)。即表明,在其他条件相同的情况下,厚黏土层比薄黏土层具有更低的力学强度。根据不同厚度黏土夹层 $\tau\varepsilon$ 的关系(见图 5-26),黏土层较薄时,破坏位移量较小,具有脆性破坏特征;夹层变厚,曲线平缓,临近破坏时位移量急剧增大,具有塑性破坏特征。由此可知,当黏土层薄时,抗剪强度主要受强度较弱的岩性交界面控制,在采动过程中易产生剪切破坏和张裂,形成较大剪切范围,甚至可突破上下层间界面,因此具有较高的摩擦系数和强度,即抗剪强度高,套管在较薄层位不易发生位移破坏。当厚度超过一定值后,黏土层本身起控制作用,夹层产生的张裂隙少,剪切面平整光滑,因此其抗剪强度低。这表明,当刚性套管穿过厚软弱层时,更易在其内部受剪切力而很少在交界面发生剪切变形。

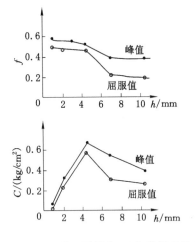

图 5-25　黏土层厚度(h)与摩擦系数(f)与内聚力(C)的关系

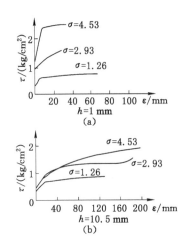

图 5-26　不同厚度黏土层 $\tau \varepsilon$ 的关系

随着黏土中含水量的增加,其凝聚力 C 和强度会随时间降低,同时也会引起膨胀变形。煤层开采后黏土层上覆的含水层可能会形成一定的自由通道,水是否会由通道进入黏土层,从而降低黏土层抗剪强度或破坏膨胀套管呢?地层水沿一定的通道进入黏土层是可能的,但由于黏土的渗透系数小,当其所受应力状态变化时,孔隙率含水量变化相当缓慢,因此黏土层强度改变水的作用不明显。作为外在因素,地层水的进入对弱化黏土层强度只可能起附加作用。

根据 Adony 的研究,在层状岩体中破坏首先发生在交界弱面处还是发生在岩体内部,取决于以下条件:

$$\sigma_1 - \sigma_3 = \frac{2(C_\omega + \mu_\omega \sigma_3)}{(1 - \mu_\omega c \tan \beta) \sin 2\beta} \tag{5-4}$$

式中,σ_1 和 σ_3 为最大、最小主应力;μ_ω 为弱面的内摩擦系数;$\mu_\omega = \tan \varphi_\omega$;$\beta$ 为弱面的法向与 σ_1 的夹角。

当 $\varphi_\omega < \beta < \pi/2$,且 $\sigma_1 - \sigma_3$ 的大小满足上式的关系时,弱面有可能发生破坏滑移。否则,岩石破裂为本体破坏,其关系有:

$$\sigma_1 - \sigma_3 = 2(C_0 + \mu_0 \sigma_3)\left[(\mu_0^2 + 1)^{\frac{1}{2}} + \mu_0\right] \tag{5-5}$$

式中,C_0 为岩石本体内聚力;μ_0 为岩石本体内摩擦系数。

(2)基岩段覆岩弯曲下沉或断裂引发的水平剪切

在垮落带和裂隙带内,顶板初次来压前,相邻岩层的下部岩层以板的形式支撑着上覆岩体的应力作用,维持覆岩内部应力平衡。随着工作面的推进,顶板岩层悬露跨度不断增大,各岩层具有分层性且具有结构和岩性上的差异使其具有不同的力学性质,即各岩层均有各自的抗变刚度,当上、下位岩层弯曲下沉时,则会在层组间产生不同步弯曲。根据简支梁组理论,此时上层梁的重力载荷将从侧向传到支座上,当工作面达到某个跨度时,下层梁在垂直方向发生拉伸断裂,形成以支座为支撑点的水平分量,导致发生沿层面的错动(其位移方向朝向层面跨度中央,形成对套管的剪切(见图 5-27)。

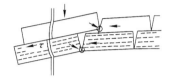

图 5-27　覆岩断裂引起的套管剪切

而弯曲下沉带内的水平位移与在裂隙带内的水平位移不同,相邻两岩层并不会产生垂直方向的拉伸断裂,而只是保持在挠曲过程中的接触。岩层弯曲受厚度的影响,下部岩层的曲率要大于上部岩层,从而在它们之间发生错动(见图 5-28)。其水平移动量为:

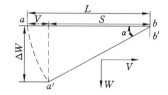

图 5-28　覆岩弯曲引起的层间错动

$$V_X = L - S = L - \sqrt{L^2 - \Delta W^2} \approx 0.5\Delta W^2/L \qquad (5\text{-}6)$$

其中,L 为采前岩层 ab 的水平长度;S 为采后岩层端点 a、b 位置弯曲移动到 a'、b' 位置后的水平投影长度;α 为采动影响下岩层 ab 的弯曲下沉角;ΔW 为岩层下沉量;V_X 为岩层端点的水平移动量。

(3) 垂向拉伸破坏机制

垂向拉伸破坏源于套管变形剪切和离层趋势产生的垂向拉力。前一种拉应力由变形过程中套管被垂直拉长并承受移动的弯矩产生,加上套管本身自重产生的轴向拉力,在剪切域形成"S"形,一定程度上加剧了套管的剪切破坏。

采空区顶板岩层的不均匀沉降使套管在轴向线上有伸长或缩短的趋势,并产生轴向的拉应力或压应力,当拉、压应力超出套管钢材的强度时,就可能导致套管的破坏。由于采动地层的沉降为下大上小,且下部离层在开采过程具有先张开后闭合趋势,因此,这种垂向拉压破坏主要集中在下部生产层段,在工程施工中应重点防护。

抽采井井孔破坏是在采动应力动态平衡发展过程中发生的,关键层影响下的顶板覆岩周期性断裂,使上覆岩层产生垂向和水平移动,破坏井孔套管。抽采井变形破坏实质上是保护煤层开采形成采空区间,顶板覆岩移动形成的多重破坏载荷由套管承担,形成应力集中,使其产生破坏。井孔变形与破坏的原因有两类:一类是松散层特殊岩性段和基岩段沿层面的水平剪切破坏机制;二类是垂向拉压破坏机制。地面井在某一点的变形破坏是两种机制综合作用的结果,但以前一种为主后一种为辅,而不是单一拉断或剪断模式。尽管造成抽采井破坏的原因除采动力学效应和地质条件外,还可能存在井位布置、井身材质与结构设计、施工质量等其他因素,但从地质与力学耦合的破坏本质来看,上述两种机制是主要的。

(四) 提高卸压抽采工程有效性的井位部署方法

井位设计需要着重考虑井孔稳定性和抽采有效性两个方面,即要使抽采井位于煤层气相对富集区,为避免在抽采中破坏抽采井,更要将其部署于采面内的相对稳定区域。采动影响下,采场上覆岩层破坏,将产生垂向位移和水平位移,这使得地面钻井也将随之产生位移和变形。根据施工要求,卸压煤层气地面井必须在工作面开采前施工完毕,也就是说工作面开采后,地面井不可避免地会受到采动覆岩的影响。保护层工作面开采前,顶板岩层为原始岩层,存在于顶板内的应力为原岩应力。根据应力的变化趋势与岩层移动特征,在充分采动区内,岩层成层状向下弯曲,承受的重力将转移到工作面前后方和机风巷两侧的煤体上,从而在采空区上方形成卸压区。岩石压缩区内,存在沿层面法线方向的拉伸变形和压缩变形,形成应力集中区。最大弯曲区内,岩层具有最大的向下弯曲程度,在层内产生沿层面方向的拉伸和压缩变形。由于工作面开采后,覆岩具有动态移动特征,地面钻井无论选择在工作面内任何位置,均会在采动过程中产生一定程度的形变甚至破坏,因此,只能依据岩层移动规律优化布井位置,减小破坏程度。

岩层移动规律同时表明:开采工作面推进初期,采空区上部覆岩的裂隙最为发育,形成卸压煤层气的富集区。但随开采工作的推进,覆岩向下弯曲并逐渐压实,采空区上方形成压缩区,裂隙发育程度降低。而在采空区四周,受煤柱支撑和拉伸作用,采动裂隙得以持续存在,互相贯通。因此,采动中后期采空区四周距离煤柱一定位置的覆岩层形成了游离态煤层气的富集区。因此,地面钻井的井位须综合考虑井孔稳定相对有利区和储层改造有利区这两个主要因素,合理布置井位。

一些苏联研究者认为,工作面第一个钻孔离开切眼 30～40 m,后面的钻孔间距应等于 2～3 倍基本顶的冒落步距(80～100 m)。孔底距回风巷的距离采用以下数值:当上卸压层距开采层距离为 20 倍开采层的层厚时,取 10～25 m;为 20～40 倍层厚时,取 15～10 m;大于 40 倍层厚时,取 30～70 m;垂向上,钻孔底应进入开采层底板 3～5 m。而国内铁法矿与之不同的是,钻孔一般距回风巷 30～80 m,各孔之间间距不小于 100～150 m,向上靠近回风巷(1/3～1/2)L 范围内布孔。在淮南矿区,早期各钻孔均沿工作面中心线布置,后期陆续试验了距进风巷或回风巷一定距离布置钻孔。综合前人研究成果和前述理论分析认为,贵州卸压煤层气抽采井的井位可按照以下井孔位置部署并开展工业性试验:首口钻井布置在工作面中线位置,其他钻孔布置在靠近回风巷侧 30 m 范围内,更有利于提高钻孔的稳定性(见图 5-29)。从不同位置钻孔随工作面推进而变形的动态过程看,首口地面井由于离切眼处较近,虽然岩层水平位移量较大,但距支撑煤壁较近,破坏概率相对较小,且离层裂隙发育,为煤层气相对富集区;后面的钻孔靠近回风巷侧一定距离布置,水平位移量和垂直位移量相对采场中部较小,且压实程度比中部低,具有相对较高的渗透性,更有利于长时间抽采。

(五)提高卸压抽采工程有效性的预防方法

卸压煤层气地面井井孔失稳的地质机制分析表明,井筒破坏主要发生在以下几个位置:① 岩性交界面处。由于基岩段所处位置受采动影响较大,工作面采过后覆岩下沉会引起其水平移动,移动趋势首先会从强度弱面开始发生,而由于基岩段岩性强度较大,岩层内无明显强度弱面。相对而言,岩性交界面由于岩性差异较大导致其力学性质存在明显不同。因此,其可能成为岩层水平移动的首发面,因而,套管在基岩段的错断集中发生在岩性交界面(包括基岩与松散层交界面)。② 松散层段的厚黏土层内部。厚黏土层本体与界面或较薄岩层相比,具有更弱的力学强度,岩体破坏首先在内部产生,岩体变形严重时,套管表现为错断,岩体变形较弱时套管表现为变形。③ 断裂带和冒落带内。断裂带与冒落带与开采工作面的距离较近,受采空区上部覆岩向中部的滑移影响较大,具有相对较大的水平位移和垂直位移,易于成为井筒破坏的严重区域。由此可以认为,提高卸压抽采工程有效性可以从以下两个方面入手。

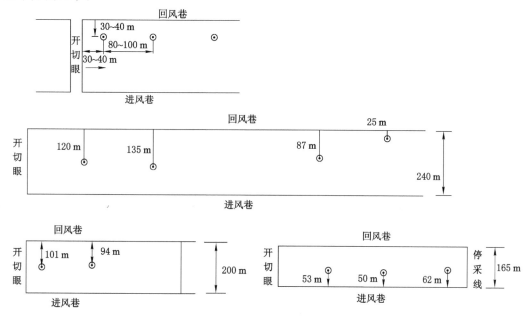

图 5-29　几种典型卸压煤层气井井位部署形式

（1）改善井身结构,增大抗剪强度

老屋基矿某综采工作面卸压煤层气地面抽采失利的原因揭示:套管强度是制约试验成功的关键影响因素。老屋基矿地面井施工采用的表层套管和技术套管壁仅为 6.5 mm 和 6.0 mm,在覆岩剧烈移动之下,极难保持完整性。此外,套管直径过大也极大程度上降低了其抗挤强度。在载荷、壁厚均相同的情况下,壁厚增加、管径减小,套管的承载能力增强,表明大壁厚小管径的套管具有更高的抗变形能力。因此,套管强度的设计要考虑到其受采动的影响,适当加大安全系数值进行设计。可以考虑选用强度更高的钢材,增加套管的壁厚,选用更合理的套管接头,这样相同外径的套管将比普通套管具有更高的强度。

（2）强化固井措施

由于采动作用对覆岩影响强烈,即使轻微岩移也能使直径较小的套管发生破坏。这种情况下优先选用塑性水泥代替高强度的水泥,且在固井时,选用软木等放在易发生错段变形处,利用它们的应力吸收效应减缓套管的损坏时间。当抽采井受采动影响发生变形时,套管周围水泥环(软木)强度较小,套管和水泥(软木)发生耦合作用,套管对水泥(软木)的反作用力使水泥(软木)发生较大的变形,从而将本来要发生在套管上的变形转移到水泥(软木)上,减小了套管破坏的可能性。

第六章 复杂山区丛式井部署与成井技术

第一节 煤层气开发井型优选

区域地形、地质条件相适宜的开发方式不仅影响煤层气井的产能及气体采收率,同时也对煤层气开发的经济效益产生较大的影响。本章基于不同煤层气开发井井型的特点,结合贵州省煤层气勘探开发现状,分析不同煤层气开发井井型的适应条件,如表6-1所示。

表 6-1　　　　　　　　不同煤层气开发井井型的适应条件

煤层气开发条件		垂直井	对接井	羽状水平井	水平井	丛式井
地形条件		地形平坦	要求低	要求低	要求低	要求低
占地面积		大	较小	小	小	较小
地质构造	构造条件	较复杂—简单	较简单—简单	简单	较简单—简单	较复杂—简单
	目标煤层数	1~3	1~2	1~2	1	1~3
	目标煤层间距	小—大	—	小	—	小—中等
	煤阶	低—高煤阶	中高煤阶	中高煤阶	中高煤阶	低—高煤阶
	煤硬度	软—硬	硬	硬	硬	软硬
	煤体结构	原生—碎粒结构	原生结构	原生结构	原生结构	原生—碎粒结构
	气含量	较高—高	较高—高	高	较高—高	较高—高
	渗透性	较高—高	较高—高	低—高	较高—高	较高—高
	目标煤层厚度	较大—大	大	大	大	较大
	发育状况（产状及展布）	较稳定—稳定	稳定	稳定	稳定	较稳定—稳定
	埋藏深度/m	300~1 200	400~800	400~800	400~800	400~1 200
	水文地质条件	简单—较复杂	简单	简单	简单	简单—较复杂
控制面积		小	较大	大	较大	较小
技术成熟度		成熟	较成熟	较成熟	较成熟	成熟
钻井工艺		简单	复杂	复杂	复杂	较复杂
集输复杂性		复杂	较简单	简单	较简单	较简单
钻井投资成本		低	高	高	高	较高
资金回收期		长	较短	短	较短	较长

从地形条件方面来看,煤层气对接井、水平井、羽状水平井及丛式井在同等控制面积的

条件下对地面井场的要求较低,地面垂直井则需要更多地形平坦的井场。贵州省地形条件异常复杂,这就对井型的选择限制较大。对于大规模的煤层气开发,该类山地地形条件不适宜采用地面垂直井方式。由于水平井、羽状水平井、对接井等对构造、煤厚及煤体结构的要求高,采用以上方式进行煤层气开发,钻井过程中对水平段井眼轨迹的控制难度大。由于贵州省含煤地层发育区地质构造复杂且煤体结构较完整的煤层厚度较小,因此亦不适宜采用水平井、对接井及羽状水平井进行煤层气地面开发。

从气体集输及煤层气井管理方面来看,地面垂直井由于井场分散,集输系统非常复杂,同时后期排采存在管理难度大以及工作强度大的缺点。对接井、羽状水平井及水平井由于极大地增加了煤层气产出的有效供气范围,煤层气抽采控制面积大,相应的地面集输设施少。丛式井抽采技术相对于单井抽采技术,可以简化输电线路及集输系统的铺设,特别是对于贵州省这样的地形复杂区,由于一个井场可以同时部署多口定向井(可包含 1 口直井)组成丛式井组,因此便于集输工程施工,减少集输管道数量及成本投入,同时也便于后期生产管理。

从煤层气开发的经济性来看,将多口井集中在一个井场进行煤层气开发,可大幅度减少井场占用面积,节省井场资金投入。开发工程实践表明,含 2 口井的丛式井比一般直井节约占地约 30%,含 3 口井的丛式井则节约占地 53%左右。丛式井的井数越多,节约占地越多,也就节约了大量的征地费用,对植被保护,地貌保持,生态平衡维持起到重要作用。丛式井在钻前费用及搬迁费用方面明显优于直井,同时能够提高泥浆和钻井废水的重复利用率,节约钻井废水的处理费用及泥浆无害化处理投资。另外,丛式井可以减少劳动用工,从而长期节约工资性支出。尽管丛式井定向钻进成本较直井略有增高,但综合计算采用丛式井方式开发煤层气仍具有较大的成本优势。

基于贵州省主要含气区复杂地形、地质条件,从不同煤层气开发井井型控制面积、集输复杂性及经济效益分析,笔者认为不宜采用地面垂直井方式进行煤层气规模化开发。从区域构造复杂程度、钻井及储层改造工艺发展水平等方面分析,也不宜采用对接井、水平井及羽状水平井进行煤层气开发。丛式井开发方式对地形要求较低,占地面积较小,钻井工艺较为成熟,工程施工成本可有效控制,因此可作为贵州省煤层气地面开发的首选井型。目前盘州和织金地区均试验了丛式井开发模式进行煤层气地面抽采。

第二节　丛式井靶区优选方法

一、靶区优选原则

丛式井开发模式下,靶区的合理部署不仅能够降低煤层气开发成本与风险,而且能够取得更好的开发效果。丛式井靶区优选主要遵循以下原则:

① 充分利用现有的煤田地质勘查成果及浅部矿井生产资料,降低煤层气开发工程风险。

在以往煤田地质勘探及煤层气资源勘查资料收集、整理的基础上,了解区域地层及煤层发育、构造及演化史、岩浆活动及水文地质条件等煤与煤层气地质资料,完成靶区地层展布、构造发育、目的煤层参数、煤层含气性的各类地质图件。丛式井靶区应尽量布置在地质勘查工程控制程度较高的区域,且使丛式井靶点靠近区内已有的煤田勘探钻孔、煤层气参数井或布置在煤田勘探线附近,以便充分利用邻近的煤田勘探钻孔和煤层气勘查井所揭露的地质信息,提高丛式井靶区部署与工程设计的合理性,降低施工风险。

② 合理选择开采目的煤层的埋藏深度,平衡煤层气开采难度、经济性与控制资源量的关系。

目的煤层的埋藏深度直接影响了煤层气资源的可采性与开发的经济性,因此需要结合煤层气开发技术水平考虑丛式井靶区目的煤层的埋藏深度。一般来讲,目的煤层埋深(有效埋深)太浅不利于煤层气的保存,目的煤层 300~800 m 为理想埋深,800~1 000 m 埋深亦可进行煤层气开采,大于 1 000 m 则煤层气资源开采的难度增大。此外,随着目的煤层埋深的增加,煤层含气量逐渐升高,煤层气探明及控制资源量增多、资源丰度增大,因此在确定靶区时需要平衡煤层气资源量、开采经济性及开采难度之间的关系,结合靶区地质条件合理选择煤层气试采深度。

③ 煤层含气量超过煤层气资源开发下限标准。

煤层含气量为靶区优选的一项重要指标,尤其是在煤储层压力、含气饱和度、储层渗透性等储层参数未能具体确定的情况下。靶区优选时要求周围煤田勘探钻孔、煤层气勘查井目的煤层气显示较好,煤层含气量较高。根据中华人民共和国国家标准《煤层气资源勘查技术规范》(GB/T 29119—2012)的有关规定,在进行煤层气资源勘查开发过程中,煤层含气量应超过规定的下限标准。

④ 优选丛式井靶区周围地质构造相对简单,一般为单斜,远离已知断层、褶曲,有利于煤层气的保存。

丛式井靶区周边含煤地层沿走向、倾向的产状变化不大或有一定的变化,断层稀少或较发育,区域很少或局部受到岩浆岩影响。丛式井靶区周围地质构造简单,一方面有利于预测目的煤层的各项储层特征参数,在煤层气钻井及后续工程施工中及时采取必要的相关技术措施;另一方面,简单的地层构造也有利于煤层气的保存,使煤储层测试、评价结果更具有代表性。

⑤ 目的煤层稳定程度高,单层及累计厚度大,煤体结构较完整。

丛式井靶区及周围要求目的煤层厚度变化小,变化规律明显,结构简单至较简单,煤类单一,煤质变化小。目的煤层在全区可采或大部可采,一般要求主要目的煤层单层厚度大于2.0 m,目的煤层累计总厚度大于 8.0 m。煤体结构一般要求为原生结构煤或碎裂煤。

⑥ 煤层气井要避开并远离煤矿地下采掘工作面和巷道。

丛式井原位煤层气开发过程中,井下采煤易造成上覆岩层移动及井筒失稳,这会显著缩短煤层气井的服务年限。为了使煤层气开发取得更好的经济效益,丛式井靶区优选时要求避开并远离煤矿地下采掘工作面和巷道,以保证煤层气井在服务年限内不受煤矿开采的影响。

⑦ 井场周围经济地理条件好,满足地面施工要求。

考虑地形条件对煤层气井地面施工的制约,在进行丛式井靶区优选时,应兼顾到靶区垂直投影地面及下倾方位的地形、交通条件,使地面井场条件满足设备搬迁、丛式井施工的要求,为煤层气井施工及抽采工程的顺利实施做好充分准备。

二、靶区优选流程

丛式井开发模式下,靶区优选应遵循以下工作流程开展:

① 在以往煤田地质勘探、煤层气勘查及浅部矿井生产资料收集、整理的基础上,了解区内地层及煤层发育、构造及演化史、岩浆活动及水文地质条件等煤层气基础地质资料,初步完成区内地层展布、构造发育、目标煤层参数的地质图件。

② 基于上述丛式井靶区优选原则,根据各类地质图件所反映的信息确定靶区优选"单因素有利区",然后采用"叠合法"确定煤层气丛式井靶区部署的"多因素综合靶区"。

③ 结合靶区地形地质图、卫星遥感影像资料,确定煤层气抽采"多因素综合靶区"垂直投影地面及下倾方位的地形起伏及道路、建筑、河流、湖泊等地物的分布情况,并初步确定丛式井井场位置。

④ 通过实地调研、井场现场考察,核实井场地面情况资料的准确性与实效性,最终确定靶区及井场位置。

第三节　丛式井井网部署技术

在确定靶区及井场位置的基础上,充分考虑钻井过程中出现复杂情况(主要为防止井眼间的碰撞)的处理作业要求及后续压裂排采施工的要求,优化井场内煤层气井数量、井口排列方式及位置,利用半经验法结合靶区地层剖面进行井身结构设计并结合靶区煤储层渗透率平面变化规律及地面井场条件,选择合适的井网类型。

一、布井数量优化

井场内煤层气抽采井的数量受两个因素的控制:一是井场的形状及面积;二是靶区目的煤层的埋藏深度。井场面积越大,形状趋于规则,则可部署的煤层气井数量越多。但从煤层气开发经济性考虑,应基于靶区面积及目的煤层埋深情况对丛式井场内煤层气井数量进行优化。合理优化井场内煤层气井数量,一方面可使丛式井组中各井最大井斜控制在 45° 范围内,以减小钻井、测井施工难度;另一方面,也可避免临井目的煤层靶间距过小导致压裂过程中液蹿。

根据贵州省煤储层渗透性、可改造性等特征,结合丛式井组工程实践及认识(丛式井开发目的煤层深度应介于 $300\sim800$ m,其中 $500\sim600$ m 为最优),并根据埋深条件划分开发的主要含气层段。对于目的煤层平均埋藏深度在 $300\sim600$ m 的煤层气井,丛式井组中井的数量一般为 $5\sim6$ 口,靶点采用由浅至深 3+2 或 3+2+1 方式部署[见图 6-1(a)];对于目的煤层平均埋藏深度在 $600\sim800$ m 的煤层气井,丛式井组中井的数量应控制在 $6\sim7$ 口,靶点采用由浅至深 3+2+1 或 3+2+2 的方式部署[见图 6-1(b)]。

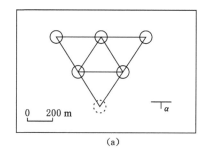 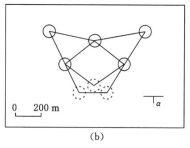

图 6-1　丛式井布井数量优化及靶点平面分布图

(a) 3+2 或 3+2+1 布井方式;(b) 3+2+1 或 3+2+2 布井方式

二、井口优化部署

丛式井场中,井口部署受井场形状、井场与靶区(点)的空间位置关系、煤系展布及煤层倾角、目的煤层埋深等多种因素的共同控制。

(1)井场形状的影响

当井场呈条带状时,各井井口平面上呈现带状排列,长边与井口排列方向一致,且井口靠近一条长边[见图6-2(a)];当井场呈边长近于相等的矩形、正方形、圆形时,平面上呈双排式排列[见图6-2(b)]。

(2)井场延伸与煤层产状的关系

当井场位于靶区目的煤层下倾方向时,井场呈条带状,且条带延伸方向与煤层走向一致,此时亦采用直线单排排列法布井[见图6-3(a)];当长条带与倾向一致时,采用双排排列法进行2+3+1或3+2+1布井[见图6-3(b)]。在条带状井场中采用双排排列法布井时,应确保井场周边道路畅通,且至少有2个入口设置于井场短边,以满足钻井及压裂施工中对设备摆放的要求。

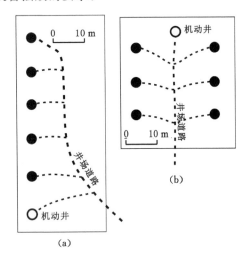 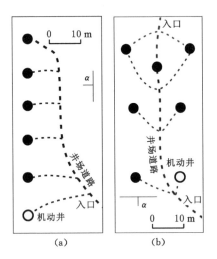

图6-2　井场形状对丛式井井口优化部署的影响　　图6-3　井场延伸与煤层产状关系对丛式井井口优化部署的影响

三、井网部署方法

(1)布井方式

目前,国内最常见的丛式井布井方式为"五点法",即在钻井平台的中心布一口直井,然后朝4个方向各布1口定向井,如图6-4所示。丛式井直线形布井法在我国北方平原地区应用较少,通常是沿一条或相邻平行的两条直线布置井网,分为单排排列法和双排排列法。贵州主要赋煤区沟谷纵横,适合五点法布井的宽阔平地少,适合直线形布井的狭长地带较多。因此,丛式井直线形布井,尤其是直线形单排排列法布井方式在贵州省具有更广阔的应用前景。

贵州省煤层气开发有利区内,在岭谷之间较为平坦的地区适宜采用直线形单排排列法进行丛式井布井。结合沟谷延伸的方向设计大门方位,沿大门方位每隔8~15 m布1口定向井,整个井组大体沿直线排开,各定向井的靶点因煤层产状及埋藏深度的不同可能处于直线同一侧或两侧,如图 6-5 所示。

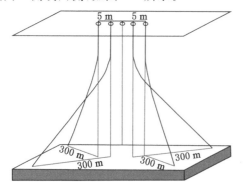

图 6-4 丛式井五点法布井

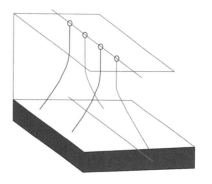

图 6-5 丛式井直线形单排排列法布井

(2) 靶间距优化

丛式井开发目的煤层靶间距的设计既要考虑实现丛式井组内井间干扰,实现靶区范围内煤储层整体降压,也要保证钻井、固井及压裂施工的效果,因此合理确定丛式井各井靶间距离显得异常重要。示范工程实施过程中,由于采用丛式井多煤层合采方式,煤系上部目的煤层靶间距小(见表 6-2),因此在进行上部煤层段压裂时监测到明显的井间干扰,主要表现在临近套压液面快速大幅波动(见表 6-3),导致部分井上部煤层段压裂施工被迫中止。

表 6-2　　　　　　　　　　　　　　某丛式井组各压裂段靶间距统计表

压裂煤组	计算煤层	底板垂深/m		靶间距/m	
		区间	平均	区间	平均
1+3 号~5 号煤组	1+3 号	434.42~635.24	511	79~239	149
6~10 号煤组	10 号	467.26~753.02	604	126~287	185
13~16 号煤组	15 号	485.09~753.02	605	140~316	206
22~27 号煤组	26 号	545.56~928.44	725	179~407	277
29_1~29_3号煤组	29_3 号	845.40~943.76	891	220~478	295

表 6-3　　　　　　　某丛井组各井 1+3 号~5 号煤组靶间距(m)及井间干扰表现

施工井 / 影响井	XX-1	XX-2	XX-3	XX-4	XX-5	XX-6
XX-1						
XX-2	154.35					XX-2 套压上升
XX-3	276.33	124.71				
XX-4	164.68	78.28	133.64	XX-4 井溢流		XX-4 套压升高 0~1.5 MPa
XX-5	109.92	172.05	261.68	162.88		
XX-6	194.88	137.88	218.75	214.44	273.03	
XX-7	129.37	237.12	360.15	277.48	236.68	209.88

基于贵州省适宜地面抽采煤储层特征,结合示范工程压裂施工及裂缝监测结果研究认为:采用丛式井进行煤层气合层开发,临井最小靶间距在最大主应力方向应控制在 250～300 m,最小主应力方向应控制在 200～250 m,以保证压裂施工过程中压裂液不直接蹿至临井。

丛式井开发模式下,施工的多口定向井同煤层组靶点组成三角形及梯形井网(见图 6-6)。多井同时排采过程中,压降漏斗不断扩展并统一,可显著提高丛式井组煤层气产能。

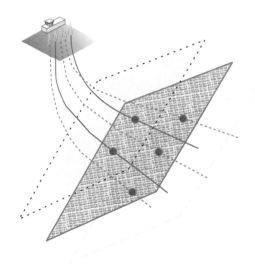

图 6-6　示范工程丛式井组靶点位置图

第四节　井眼轨迹优化

井眼轨迹优化需要考虑的主要参数有定向井剖面形式、造斜点和造斜率,此外还应选择匹配的定向仪器与设备。

(1)剖面形式

定向井剖面形式采用"三段式",包括:直井段、增斜段(造斜段)、稳斜段。

(2)造斜点

依据丛式井场内多口定向井的钻井次序,并考虑钻进轨迹防碰等因素,参照常规定向造斜点选择原则,确定定向井造斜点一般为 60～100 m。对于设计井斜较大的定向井,为尽快稳斜段,造斜点位置可上移动至 30～40 m。

(3)造斜率

根据定向造斜工具的造斜能力,考虑造斜点的深度及后续套管完井施工的要求,造斜率确定为 5°/30 m 左右。

(4)定向仪器和设备

丛式井施工优选的定向仪器及设备如表 6-4 所示。

表 6-4　　　　　　　　　　　　　　　　定向仪器及设备

序号	名称	规格型号	单位	数量	备注
1	无线随钻测斜仪	YST-48R	套	1	双配
3	定向接头		只	1	
4	无磁钻铤	165	根	2	
5	单弯螺杆	172,1.25°,七八头,213扶正器	根	2	
6	扶正器	213公母	根	1	
7	扶正器	213双母	根	1	
8	短钻铤	165	根	1	
9	单点电子测斜仪	BZM-ER	套	1	
10	绞车		台	3	
11	定向工作房	6 m×2.2 m	幢	1	

第五节　井身结构设计

一、设计依据

井身结构设计主要包括套管层次、套管下入深度及套管与井眼尺寸的配合。由于煤层气抽采井井深较浅,且多数井在设计时缺乏地层压力和地层破裂压力剖面方面的资料,因此多采用半经验法结合地区地层剖面设计井身结构。结合贵州省上二叠统含煤地层及煤系上覆地层特征,结合示范工程所获取的地质与工程资料,归纳丛式井井身结构的设计原则为:

① 井身结构设计应充分满足丛式井钻井、完井、储层改造及排采所需,并获取必要的储层特征参数的需要;

② 钻井过程中能够有效保护煤储层,使煤储层免受钻井液的伤害;

③ 钻井过程中避免漏、喷、塌、卡等井下复杂情况的发生,以实现安全、优质、快速、低成本钻井;

④ 在保证安全的前提下,尽可能地简化井身结构,降低钻、完井成本。

二、设计方法

丛式井井身结构设计应充分考虑工程目的、地质要求、地层结构及其特征、地层孔隙压力、水文地质条件、地层破裂压力、完井方法、增产措施、生产方式及生产工具的影响。在钻进轨迹设计计算之前,已知孔口坐标、靶点坐标、造斜点或分支点垂深及曲线段弯强。由地质技术人员确定孔口坐标、靶点坐标,由钻探技术人员确定具体的造斜点垂深及造斜率。

丛式井主要为"直线-曲线型"孔身轨迹,其设计计算主要通过回归分析法。具体计算方法为:已知开孔点 O、靶点垂深 H、水平位移 S、造斜点深度 L_1、开孔顶角 θ_0、地层倾角 η,计算曲线段弯曲角 γ、弯强 i_θ、靶点(入煤点)顶角 θ_t、钻孔遇层角 δ、井深 L,从而确定井身结构设计的初步结果;然后,结合具体的地质和工程条件对初步结果进行修正和改良,从而确定井身结构设计的最终方案。

三、实例说明

以示范工程煤层气井 XX-1、XX-3 井为例,说明丛式井井身结构设计的方法与结果。

（1）井身结构

由于示范工程井场开孔点周围地质构造相对简单，预测钻遇地层裂隙不发育，且钻遇地层富水性较弱，因此采用常规的煤层气井"二开"结构：一开钻径 $\phi311.1$ mm，套管外径 $\phi244.5$ mm；二开钻径 $\phi215.9$ mm，套管外径 $\phi139.7$ mm。XX-3 井靶点位于 XX-1 井靶点之上，最大井斜角较大，因此设计采用"三开"结构：一开钻径 $\phi444.5$ mm，套管外径 $\phi375.0$ mm；二开钻径 $\phi311.1$ mm，套管外径 $\phi244.5$ mm；三开钻径 $\phi215.9$ mm，套管外径 $\phi139.7$ mm。

（2）各开特征

XX-1 井设计一开深度为 50.0 m，一开下套管至井底，固井时水泥返至地面。二开钻至 29_3 煤以下 60.0 m（落井口袋）完钻，下套管预留 2.0 m。二开固井时，水泥返至 1+3 号煤层之上 200.0 m。XX-1 井井身结构如图 6-7 所示。

XX-3 井设计一开深度为 12.0 m，一开下套管至井底，一开固井时水泥返至地面。二开钻至 380 m，下套管至井底固井，固井水泥返至地面。三开钻至 29_3 号煤层以下 60.0 m（落井口袋）完钻，下套管预留 2.0 m。三开固井时，水泥返至地面。XX-3 井井身结构如图 6-8 所示。

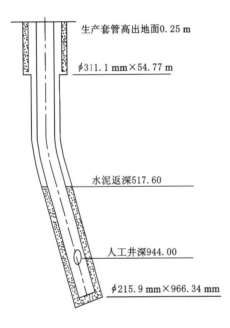

图 6-7　XX-1 井井身结构图

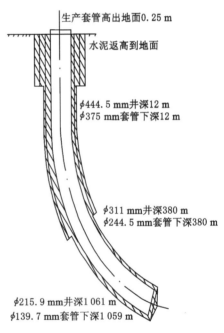

图 6-8　XX-3 井井身结构图

（3）钻进轨迹

XX-1、XX-3 井均为定向斜井，目的层位为上二叠统龙潭组 1+3 号煤层～29_3 号煤层。井身剖面类型为三段式，包括直井段、增斜段、稳斜段，增斜段造斜率约为 5°/30 m。

（4）其他特征

表层套管、技术套管与生产套管间通过环形钢板焊接相连，环形钢板在地面下 0.15 m，生产套管顶部高出地面 0.25 m。

第六节 丛式井钻井关键技术

一、钻井设备与材料优选

（1）钻头选型

根据煤层气开发井设计井身结构及预测钻遇地层情况，一开采用 $\phi444.5$ mm×311.1 mm 三牙轮/PDC 钻头，低钻压、适中转速钻进。由于二、三开钻遇地层岩性变化频繁，地层软硬变化快，因此在二、三开钻进过程中选择 $\phi311.1$ mm×215.9 mm PDC 钻头，尽可能提高钻进效率，缩短钻井周期，降低地层垮塌的可能性。

（2）钻具组合

丛式井钻井施工优选钻具组合如表 6-5 所示。

表 6-5   丛式井钻井优选钻具组合表

井别		钻具组合	备注
参数井（直井）		$\phi215.9$ mmPDC 取芯钻头＋$\phi165$ mm 绳索取芯筒＋$\phi127$ mm 钻杆＋$\phi113$ mm 方钻杆	煤层及顶底板取芯
开发井（井斜＜45°）	二开结构	$\phi311.1$ mm 钻头＋$\phi159$ mm 无磁钻铤 1 根＋$\phi159$ mm 钻铤×3 根＋$\phi113$ mm 方钻杆	一开钻进
		$\phi215.9$ mm 钻头＋$\phi172$ mm 单弯螺杆＋$\phi159$ mm 无磁钻铤 1 根＋$\phi165$ mm 定向接头＋$\phi159$ mm 无磁钻铤 1 根＋$\phi159$ mm 钻铤×6 根＋$\phi127$ mm 钻杆＋$\phi113$ mm 方钻杆	造斜钻进稳斜钻进
开发井（井斜＞45°）	三开结构	$\phi444.5$ mm 牙轮钻头＋$\phi159$ mm 钻铤＋$\phi127$ mm 钻杆＋$\phi108$ mm 方钻杆	一开钻进
		$\phi311$ mmPDC 钻头＋$\phi197$ mm 单弯螺杆＋$\phi165$ mm 定向接头＋$\phi159$ mm 无磁钻铤 1 根（MWD 随钻仪器）＋$\phi159$ mm 钻铤×6 根＋$\phi127$ mm 钻杆＋$\phi113$ mm 方钻杆	二开造斜二开稳斜
		$\phi215.9$ mmPDC 钻头＋$\phi172$ mm 单弯螺杆＋$\phi165$ mm 定向接头＋$\phi159$ mm 无磁钻铤 1 根（MWD 随钻仪器）＋$\phi159$ mm 钻铤×6 根＋$\phi127$ mm 钻杆＋$\phi113$ mm 方钻杆	三开稳斜

（3）钻井循环介质

根据贵州省上二叠统含煤地层及上覆三叠系地层条件及地层稳定性特点，煤系上覆地层采用普通优质钻井液钻进，煤系地层采用清水或无黏土钻井液钻进。地质与工程条件允许的情况下，力争采用空气/雾化循环介质或空气泡沫循环介质钻进。

二、各开钻进参数优化

在煤系上覆地层采用高钻速、中钻压钻进，有效地提高了钻进效率。钻遇煤层后，为了保持井壁的稳定性，采用低钻压、低转速、小排量钻进。以 XX-1、XX-3 井为例，各开钻进钻头选择及钻进参数优化结果如表 6-6 所示。

表 6-6　　　　　　　　　　　部分井钻头选择及钻井参数优化结果

井号	钻头尺寸 /mm	钻头 类型	井段 /m	进尺 /m	纯钻 h∶min	机械 钻速 /(m/h)	钻井参数			
							钻压 /kN	转速 /(r/min)	排量 /(L/s)	泵压 /MPa
XX-1	311.1(一开)	PDC	2.60～54.77	52.17	6∶50	7.96	10～20	64	25	2～3
	215.9(二开)	PDC	54.77～966.34	911.57	129∶05	7.06	20～40	40～64	22～25	3～4
XX-3	444.5(一开)	三牙轮	0～13.24	13.24	2∶00	6.67	10～20	64	28	2
	311.1(二开)	PDC	13.24～370.51	357.27	60∶50	5.86	20～40	64	28	3
	215.9(三开)	PDC	370.51～1101.33	730.82	72∶10	7.06	40～50	64	28	3～5

三、钻井程序与控制要求

（1）设备安装及开钻前准备

钻井设备安装要做到平、稳、正、牢、灵、通；天车、转盘、井口三点成一线,偏差不大于 7 mm。钻井技术员对待入井钻具逐根检查、丈量、编号、记录；入井特殊工具绘制草图。开钻前,泥浆泵和高压管汇做 10 MPa、20 min 的流动试运转,要做到不刺不漏,要求钻井指重表、泵压表灵活准确。配置膨润土钻井液水化 24 h 以上,达到一开设计性能要求。泥浆池、沉砂坑采取防渗漏措施,铺设防渗布。

（2）第一次开钻（φ311.1 mm、φ444.5 mm 井眼）

一开钻进钻具组合与钻进参数严格按设计要求执行。一开每钻进一根钻铤,增加一吨钻压；保证一开打直,井斜要符合设计要求。一开用泥浆钻进,确保黄土层不漏失,应准备足够的清水、土粉和有关的泥浆材料。一开黄土层是易塌地层,排量要适当,一般控制在 15 L/s 以下,泥浆钻进。一开必须钻穿黄土层并留口袋,套管必须坐在井底。根据实际钻进情况调整钻进参数,控制严重跳钻,同时要防止钻具脱扣、粘扣。一开完钻后施工队配合好测井作业。φ244.5 mm 或 φ375.0 mm 表层套管固井候凝 24 h 后进行后期作业,总候凝 48 h 后方可钻水泥塞。

（3）第二次开钻（φ215.9 mm、φ311.1 mm 井眼）

全套设备试运转正常,高压管汇按设计最高压力试压合格,方可二开开钻。非煤系采用"膨润土 4%～5%＋纯碱 0.5%"的普通水基膨润土钻井液,煤系采用清水或低固相聚合物优质泥浆。准备液体润滑剂与固体润滑剂,以防粘卡、降摩阻。在各井段要适当增加钻具活动、划眼和短起作业的次数,以防细岩屑携带不出造成起钻困难、遇卡或发生卡钻。

（4）第三次开钻（φ215.9 mm 井眼）

全套设备试运转正常,高压管汇按设计最高压力试压合格,方可三开开钻。煤系采用清水或低固相聚合物优质泥浆钻进。准备液体润滑剂与固体润滑剂,以防粘卡、降摩阻。在各井段要适当增加钻具活动、划眼和短起作业的次数,以防细岩屑携带不出造成起钻困难、遇卡或发生卡钻。

（5）定向钻进施工技术要求

动力钻具入井前必须试运转,并记录泵压,检查间隙小于 6 mm。钻具入井后,严禁转盘活动钻具,接单根、起下钻必须旋绳卸扣,动力钻具严禁带负荷启动。要求加压准确,送钻均匀,发现不正常要及时起钻检查。要注意保护井壁,严禁用动力钻具大段划眼。定向或扭方位时,每打完一个单根划眼一次,确保工具面稳定。注意做好井下安全工作,钻具在井内静止不超过 3 min。泥浆性能能满足井下要求,确保井下安全。动力钻具造斜,井斜达到设计要求,方位对靶后起钻下入稳斜钻具,钻压 120～150 kN,及时跟踪测斜。根据井斜、方位情况调整钻井参数和钻具结构,以保证设计与实钻轨迹高度吻合,精确中靶(见图 6-9)。

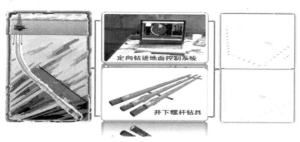

图 6-9　丛式井定向钻进设备与控制系统

(6)煤系钻井储层保护技术要求

进入含煤岩系最上部目的煤层前 40 m 落实坐岗观察制度,及时发现溢流或漏失并采取果断措施。确认龙潭组最上部目的煤层顶板后,更换清水钻进。煤层采用低钻压、低转速、低排量、低射流冲击力参数组合钻进,减小煤层段井径扩大率,防止垮塌、卡钻。根据实际情况加强钻井液净化工作,严格控制固相含量,钻井液密度控制在 1.03 g/cm³ 以下,减少钻井液对煤层井段的污染。应储备足够的堵漏材料,特别是低压漏失堵漏剂,为减少对煤层污染和恢复正常作业提供保证,同时要严格遵守操作规程,不溜钻、不顿钻。应优选施工措施,以加快工程进度,缩短建井周期,缩短钻井液对煤层的浸泡时间。在钻进中注意泵压变化,如发现泵压下降则立即停钻检查,若地面查不出原因,应立即起钻检查钻具。

(7)防卡、放漏、防塌技术措施

①防卡钻措施

施工过程中,钻具在裸眼井段中静止时间不超过 3 min,钻井液含砂量不超过 0.3%。井下不正常、准备工作没做好、设备存在隐患等情况存在时不接单根。采取有效措施调整泥浆性能,降低钻井液中固相含量,保证钻井施工顺利进行;新钻井眼起钻时严格控制速度,起、下钻遇阻遇卡上提不超过 100 kN,阻、卡严重时只能采取划眼、循环钻井液、倒划眼等方法处理,严禁猛提猛放。

②防井漏措施

一开钻进时,采用高黏度钻井液,避免浅部地层的渗透性漏失。下钻到井底开泵时,为防止憋漏地层,先用转盘活动钻具以破坏钻井液结构力后再开泵,开泵后排量逐渐由小到大。控制起下钻速度,防止因激动压力过大产生井漏。

③防井塌措施

控制起、下钻速度,防止因抽吸造成井塌。起钻时连续灌满钻井液,同时注意观察钻井液总量的变化。严格控制钻井液的滤失量,防止浸泡地层,造成膨胀坍塌。在岩石硬度变化较快的复杂地层段,应处理好钻井液,适当将钻井液黏度提高,防止井壁垮塌。

四、丛式井井身质量控制

基于贵州省上二叠统煤系及上覆三叠系地层岩性及岩石力学特征,结合丛式井钻井施工总结,认为丛式井钻井对井身质量控制的关键在于以下几点。

(1) 全角变化率控制

钻井井眼全角变化率过大不仅增加了后期下套管难度,影响到固井质量,而且造成煤层气井后期排采中抽油杆偏磨严重,对煤层气井施工及生产带来了诸多不利影响。因此,在丛式井钻井过程中,应全井段定向并随钻测量,以控制全井段全角变化率满足设计及施工、生产要求。

(2) 井径扩大率控制

煤层气开发井射孔段井径扩大率大,固井水泥环厚度大,射孔后难以形成井筒与煤层段的有效沟通。在进行分段压裂时,部分煤层由于水泥环破裂压力大而难以得到有效改造,导致水力压裂储层改造效果差。为了将煤层段井径扩大率控制在 15% 以内,丛式井钻井施工过程中,一方面进一步优化钻井体系,减少水基钻井液的滤失量;另一方面,加快煤系段钻进速度,缩短钻井液对煤层的浸泡时间,缩短固、完井周期。

(3) 采用近平衡钻井工艺

采用欠平衡钻井工艺可减少煤储层的钻井液侵入量,降低钻井施工对煤储层的伤害,但同时也容易导致井径扩大率增大。煤层气丛式井钻井施工过程中,应根据龙潭煤系剖面方向上储层压力的变化及时调整钻井液密度,采取近平衡钻井方式,既减少钻井液对煤储层的伤害,又较好地控制煤层段的井径扩大率。

(4) 缩短钻进停等时间

丛式井钻井过程中,停等时间过长不仅影响到工程进度,造成煤储层伤害及煤层段扩径、垮塌,还极易发生井下复杂事故。因此,在丛式井施工过程中,应保证施工设备运转良好,尽可能缩短设备故障引起的钻井停等时间。示范工程一期 XX-1 井钻井施工完井周期较长,为 29.33 d。其中,钻井周期为 24.75 d,电测、下套管及固井周期为 4.58 d。XX-2 井钻井施工前更换了柴油机,显著提高了钻井设备运行的稳定性及钻进效率,完井周期缩短为 19.25 d。其中,钻井周期为 13.04 d,电测、下套管及固井周期为 6.20 d。示范工程二期施工过程中,XX-3、XX-4、XX-5 井完钻周期也有显著缩短。示范工程一期、二期各井钻完井周期对比统计结果如图 6-10 所示(注:一开钻进时间包含下表层套管、一开固井及候凝时间)。

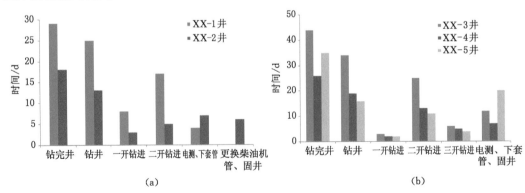

图 6-10 示范工程各井钻完井周期对比
(a) 示范工程一期;(b) 示范工程二期

第七节　超压—高饱和储层丛式井完井技术

一、固井难点与技术指标

（1）固井施工难点

贵州省上二叠统煤系厚度大，煤系发育煤层层数多，多数煤层为常压—超压储层，煤储层含气量、含气饱和度高，且煤层间粉砂岩、泥岩含有游离气，钻井施工过程中易造成井径扩大率大、井径不规则，影响固井水泥浆顶替效率。此外，钻井施工对高压—高饱和煤储层扰动引起气体部分解吸，在固井水泥浆凝固过程中易产生气侵，导致煤层气井固井质量变差。

（2）固井施工技术要求

① 表层、技术套管固井

表层、技术套管固井要求水泥返出地面，水泥浆密度控制在 1.88 ± 0.03 g/cm³，替浆时要求计量准确，严防替空。固井施工过程中若发生漏失或者其他原因导致水泥浆未能返出地面，则应采取必要的补救措施，在井口挤注水泥，确保井口封固好。

② 生产套管固井

生产套管固井要求水泥返至最上部目的煤层或含气显示层之上 200 m。综合考虑煤储层保护、后期压裂需要及保证固井质量，原则上采用双密度-双凝水泥浆体系进行固井施工。井底至最上部目的煤层以上 50 m 用 1.85 g/cm³ 的常规密度体系，上部封固段用 $1.45\sim1.50$ g/cm³ 的低密度体系，以降低全井段的液柱压力，减少地层漏失及对煤储层的伤害。水泥浆体系要求为：低失水、高早强、微膨胀、浆体稳定性好、过渡时间短。

二、套管特征及作业要求

（1）套管特征

表层、技术套管选用可焊接的螺纹套管或 J55、N80 钢级套管，生产套管要求选用 N80 钢级以上（P110 钢级）石油套管。生产套管接箍顶部必须保持水平，且高出自然地面 0.25 m。完井表层套管、技术套管与生产套管之间焊环形铁板连接，并拧好套管护丝。

（2）下套管作业要求

① 下套管前，钻井队应认真执行通井作业，认真修整井壁，调整泥浆性能，对起、下钻遇阻井段重复划眼，为套管顺利下到位和固井施工创造良好的井眼条件。认真丈量并记录套管长度，合理排列套管组合方式，使射孔段避开接箍位置。套管附件质量必须合格，浮箍、胶塞必须满足注浆、碰压和敞压候凝的要求。拉上钻台的套管应戴帽、戴护丝、涂丝扣油，套管按编号顺序下井。认真检查母接箍。

② 下套管过程中，指派专人负责观察泥浆返出情况和记录余扣数据，套管下到井底，接入联顶节的实际下深符合要求，并正确控制好井口。下套管过程中加装扶正器，保证造斜段套管居中，提高造斜段固井质量。扶正器数量及安放位置必须按定向井现场数据进行设计和执行，以确保下套管作业顺利开展。

③ 下套管时控制下放速度，观察井口及罐内液面情况，并进行中途循环。下井套管大钳紧扣，满足 API 标准的上扣扭矩，未留余扣。下套管控制下放速度为 40 s/根～50 s/根，防止压力激动。

三、固井工艺与质量控制

（1）固井设备及工艺

丛式井固井施工设备包括：400-Ⅱ型水泥撬、20 m³下灰罐、地罐、混合器、40 m³配浆槽、高压软管、水泥头、供水泵、供气管线、供水管线等。现场条件允许的情况下，优选油田固井车开展固井作业。固井设备组合如图 6-11 所示。

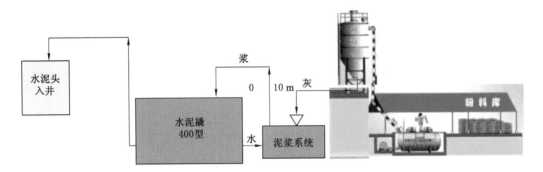

图 6-11　固井设备组合方式

丛式井固井施工流程如下：首先，高压管线试压 10 MPa，稳压 15 min，压力不降后放压；其次，注入隔离液清水及水泥浆；然后，压胶塞并用清水顶替，碰压后停止注入；最后，稳压 15 min，放压并检查井口，若无溢流现象，则开井候凝。

（2）固井质量控制措施

煤层气井套管固井质量对煤层气开发起着重要的作用。若固井质量存在问题，将严重制约煤层气井后续的压裂及排采工作。进行固井质量控制，一方面应依托贵州省主要赋煤区的煤层气富集特征，查明煤层气藏储层压力及含气饱和条件，合理预测煤层气地质条件对固井质量的影响；另一方面，应科学评价煤层气开发模式及钻井工程质量对固井效果的影响，查明煤层气井固井质量控制的工程因素，提出煤层气井固井质量控制的工程技术措施。基于贵州省上二叠统煤层发育、煤储层压力及含气性特征，结合工程固井质量地质与工程影响因素分析，煤层气丛式井固井质量控制的关键措施为：

① 开展煤层气丛式井地质设计、钻井工艺与固井工艺的协同优化。地质设计应立足于靶区地质条件、储层发育及煤层气富集特征；钻进过程中，要根据地质条件控制钻压、转速、冲洗液量以及控制钻井液性能，以保证井位与井身结构合理，井身质量优良、井斜与井径扩大率合理控制，为高质量固井提供工程基础条件。

② 在进行丛式井煤层气开发地质设计时，应控制一个丛式井组的煤层气井数量及各井的靶间距，避免各井在钻进及固井、压裂过程中产生相互干扰，影响固井效果。靶间距较近的煤层气井完钻后应同时固井，避免个别煤层气井先期压裂对同一井场内后期施工煤层气井固井质量的影响。

③ 对于地应力高、煤储层压力高（超压储层）、含气饱和度高的煤储层，固井过程中存在气侵的风险极大，因此可采用平衡压力固井工艺。同时，优选水泥浆性能，采用双凝、防窜型的水泥浆体系，使得下部水泥浆较早的凝固，产生高于地层压力的有效应力，以提高固井质量。

④ 放置扶正器过程中，应更多地根据实际井眼条件与地层状况选择下放位置，设计时

可以根据地层实际情况选择在砂岩段放置,尽量避免将扶正器放在泥岩段或者易发生大肚子井眼处。对井斜较大的定向井,增加刚性扶正器的数量并优化安放位置,尽量避免套管靠壁现象。

⑤ 钻井施工结束后,应尽快开展测井、下套管及固井作业,减少井壁的暴露时间,防止井壁坍塌。固井施工过程中,撬装泵、固井车操作平稳,施工过程连续,排量匀速增减,减小施工压力激动对井下造成的漏失。

⑥ 加强固井施工人员培训,必须做到每一个工种操作熟练,配合默契,避免因配合不利造成的施工停怠,从而影响固井质量。应加强固井设备的检查和维护管理,做到设备不达标不入场,管线试压不合格不施工。

第七章 煤层群含气层识别与开发层段优选技术

第一节 煤系含气层识别技术

一、气测录井技术

（一）基本原理

气测录井技术是煤系气共探共采中及时、直观、准确发现含气层的重要手段。气测录井的基本原理是利用脱气器将气体从钻井液中分离出来，然后通过气相色谱进行烃类及非烃气体成分分析，并结合钻井工程参数判断含气层位置及性质，为含气层识别与评价提供直接依据。对于钻井取芯难度大，煤岩芯采取率低的丛式井，采用随钻气测录井的方法可第一时间判断钻遇地层的含气性，并结合气测录井资料分析来优选煤系气开发层段。

利用综合录井仪进行随钻气测录井获取的数据主要包括两类：第一类为钻井施工参数，如钻进距离、垂直井深、大钩高度、钻头位置、迟到井深、钻时、大钩负荷、入口流量、马达转速、总转速、泵冲、总泵冲等；第二类为气体成分分析数据，如全烃、甲烷、乙烷、丙烷、正丁烷、异丁烷、正戊烷、异戊烷、H_2S、CO_2 等气体的含量指标。基于气测录井曲线，可初步查明钻遇地层的含气性、含气层厚度及气体组成特征，辅助划分钻遇地层中煤层及砂岩、粉砂岩及泥页岩含气层。

（二）数据分析

气测录井成果可为煤系非气开发层段优选、煤层气与煤层之间致密砂岩气、页岩气兼探共采方案制定，煤层气井排采方案设计及产层贡献率研究提供科学依据，对贵州省上二叠统煤系气共探共采具有重要的指导意义。以示范工程为例，XX-2 井上二叠统龙潭组煤系气测录井过程中共发现 44 个气测异常段，表现为全烃及甲烷含量明显升高。结合钻时及后期地球物理测井资料分析，确定上述 44 个气测异常段由 24 个有编号煤层、11 个无编号煤层、9个粉砂岩—细砂岩含气层组成。XX-2 井典型含气层段气测曲线特征如图 7-1 所示。

（1）气体组成特征

根据 XX-2 井不同深度气测录井全烃及烃类气体异常点的数据分析（见图 7-2），煤层及非煤含气层气体中重烃含量普遍偏高，气体干度指标偏低。尤其是中部 13~16 号煤层段，气体干度低至 75.2%，为特别湿的气体。此外，粉砂岩、细砂岩等非煤含气层中烃组分及干度指标与临近煤层相应指标具有较好的一致性，表明粉砂岩、细砂岩等非煤含气层中气体可能为邻近煤层产生气体运移、赋存的结果。

煤层气的气体组成与煤的变质程度有关。长焰煤至焦煤阶段，煤中有机质热解所产生烃类气体中重烃比重快速增加，至肥、焦煤时重烃可达 10%~20%。某井田内煤的变质程度自上而下逐渐升高，主要为焦煤及少量肥煤、瘦煤。由于肥煤、焦煤等中变质烟煤处于主

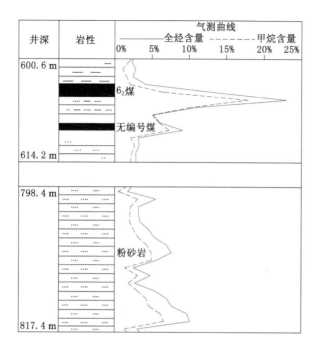

图 7-1　XX-2 井典型含气层段气测录井曲线

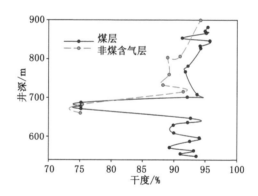

图 7-2　XX-2 井不同深度煤层及非煤含气层气体干度指标变化

要的生油阶段,且靶区各煤层中壳质组含量普遍偏高,因此所产生、保存及逸散的煤层气中重烃含量较高,以致靶区煤层及非煤含气层气体干度低的现象。此外,与煤层中赋存气体相比,粉砂岩、细砂岩等非煤含气层气体中重烃含量更高,明显表现为烃类气体运移过程中的气体组分分馏、分异效应。即分子量小、密度低的甲烷气体要比分子量大、密度高的重烃运移得更快,因此更多的甲烷气体进入非煤含气层中,导致非煤含气层中气体的干度比煤层中气体高。

（2）含气层性质与评价

气测录井资料的三角形图解法是油气层评价的重要方法之一。何宏等研究了三角形图解法的数学关系式,并通过计算 Q 值及 M 点坐标来判断含气层内流体性质及开发价值。根据该方法计算 XX-2 井各含气层 Q 值（见图 7-3）,结果表明:含气层 Q 值主要分布于 $0.40\sim$

0.85,构成"中正三角形"或"大正三角形",含气性质解释为气层,与实际情况相符。12～16号煤层含气层气体中乙烷为主的重烃含量明显升高,导致 Q 值为负,解释为油层。分析认为:由于 13～16 号煤层正处于产油高峰,导致煤层及临近细砂岩、粉砂岩含气层中重烃含量过高,因此并不采用 13～16 号煤层之间存在油层的解释结果,这也反映出三角图解法在解释处于产油高峰期中变质烟煤及其临近含气层性质上的局限性。

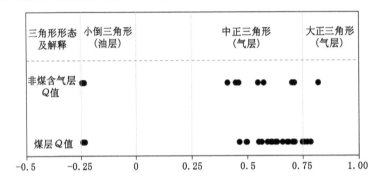

图 7-3　XX-2 井含气层三角形图解法 Q 值分布

以下采用三角形图解法对 XX-2 井含气层生产价值进行了评价(见图 7-4)。由图 7-4 可见:4 号煤层 M 点由于气测丙烷含量偏高位于 S 价值区外,其他煤层及非煤含气层 M 点都在价值区内,说明 XX-2 井绝大多数含气层气体组分符合正常的地球化学指标,从烃组分上判断含气层具有一定的生产价值。由于煤层气开发的经济性、可行性亦受资源丰度、可采性等因素的共同影响,因此含气层厚度、含气性特征、储层物性等就成为影响靶区煤层气开发的控制性因素。

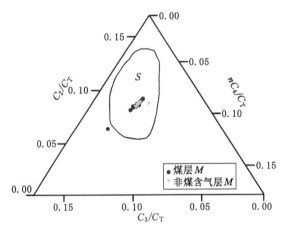

图 7-4　XX-2 井含气层生产价值评价

二、含气量测试

由于当前技术条件下气测录井仪能定性评价煤系地层的含气性,因此还需要结合气测录井资料针对性地开展取样测试工作。即对于气测显示异常的层位,进行采样、现场解吸及室内测试,准确获取含气量。

（一）测试方法

（1）现场解吸

① 解吸步骤：将装有样品并密封好的解吸罐迅速置于已达储层温度的恒温装置中，用软管将解吸罐与计量器连接，调整计量器页面，使罐中的解吸气进入量筒，持锥形瓶使之水面与量筒水面对齐读数，记录观测的气体体积，同时记录当时的环境温度、大气压力，并分别填写在记录表格中。下次测定时，记下该点量筒读数，减去上次量筒读数得到体积数。以后重复测定，并按照上述内容记录测定数据。

② 测定时间间隔：样品装罐第一次 5 min 内测定，然后以 10 min 间隔测满 1 h，以 30 min 间隔测满 1 h，以 60 min 间隔测满 2 h，以 120 min 间隔测定 2 次，累计测满 8 h。连续解吸 8 h 后，可视解吸罐的压力表确定解吸时间间隔，最长不超过 24 h。

③ 解吸终止时间：自然持续解吸连续 7 天，平均煤炭解吸量不大于 10 cm³，结束解吸测定。

（2）解吸气采集与成分分析

解吸气测定过程中，分别在解吸的第 1、3、5 天采用排水集气法进行气样采集。采集的气样及时送实验室，按 GB/T 13610 标准进行气体组分分析。

（3）残余气测定

自然解吸结束后开罐，将样品捣碎至 2～3 cm 大小，取 300～500 g，装入球磨罐，破碎 2～4 h，放入恒温装置，待恢复储层温度后观测气体量。读出的气体体积连同环境温度、大气压力、解吸时间等一并记录在相应表格中。

（4）损失气量计算

利用根号法、负指数函数法等方法进行损失气量的计算。

（二）数据分析

（1）含气量特征

黔西某小井眼参数井主要煤层含气量情况如图 7-5 所示。

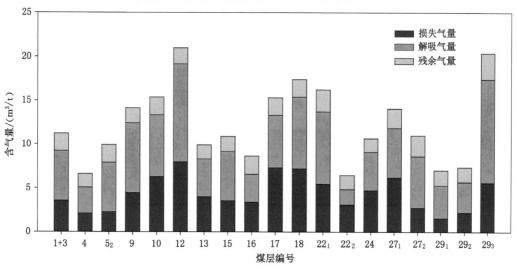

图 7-5　某参数井各主要煤层含气量测试结果

参数井各煤层含气量差别较大,在 $6.46\sim20.99$ m³/t 之间。其中 1+3 号、9 号、10 号、12 号、15 号、17 号、18 号、22₁ 号、24 号、27₁ 号、27₂ 号、29₃ 号煤层含气量较高,均超过 10 m³/t;其余煤层含气量较低。靶区上煤组含气量较高的层段为 9~12 号煤层,中煤组含气量较高层段为 17~22₁ 号煤层,下煤组含气量较高层段为 24~27₂ 号煤层。从气体的组成来看,各煤层中损失气及解吸气量较大,而残余气量比例较小,总体上有利于煤层气资源的开发。

（2）气体组分特征

参数井各煤层赋存气体以 CH_4、C_2H_6 为主,两者之和占气体总体积的 $78.4\%\sim99.3\%$（见图 7-6）。所含气体中,CH_4 与 C_2H_6 含量呈互为消长的关系,即 CH_4 含量低,则 C_2H_6 含量则相应升高。龙潭煤系上部煤层中含有 C_2H_4 气体,但含量均较低,在 $0.02\%\sim0.66\%$。

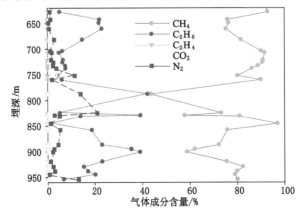

图 7-6　某参数井主要煤层气体成分测试结果

参数井各煤层所含气体中 CO_2 含量均较低,在 $0\sim4.05\%$,表明煤层当前热降解产物主要为烃类气体,CO_2 气体产生比例较低。同时,由于 CO_2 易溶于水且易被地下水带走或积聚,各煤层的 CO_2 含量较低,也同时说明靶区龙潭煤系含水性弱、水动力条件弱,因此有利于煤中气体的保存。各煤层赋存气体中 N_2 含量变化较大,在 $0.42\%\sim21.16\%$。垂向上,构造煤较发育的中煤组煤层 N_2 含量明显偏高,这可能与构造煤顶底板产生滑移并部分被揉碎以及顶底板岩性封盖条件变差导致体积小、运移速度快的 N_2 分子由空气中进入并赋存于构造煤储层有关,如 22₁ 号煤层。

第二节　含气层综合评价技术

一、评价方法及流程

（一）方法概述

贵州省上二叠统煤系地层表现为发育煤层数多、间距小、单煤层较薄、沉积环境差异大等特点,因此含气层综合评价就成为服务于区域煤系气共探共采层段优选的一项重要基础性工作。结合含气层发育、赋存、含气性、储层物性等特征,优选评价指标进行含气层综合评价,对提高煤层群发育区煤系气开发效果具有重要的意义。

通过系统总结前期地质录井、测试化验、裸眼综合测井及试井所积累的数据资料,绘制综合录井图及含气层对比评价图（见图 7-7）,系统归纳具开发潜力的含气层段特征参数,然

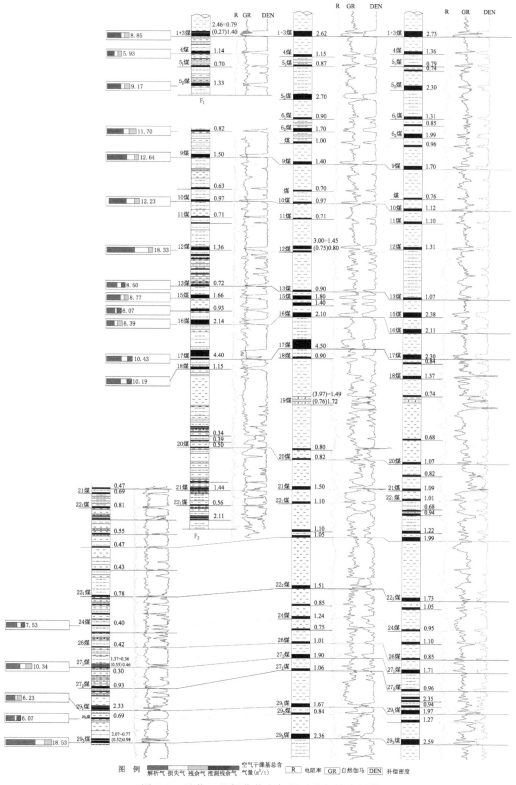

图 7-7　示范工程部分井含气层对比与综合评价

后采用专家打分评价法、人工神经网络评价法、系统聚类法或模糊综合评价法等进行含气层综合评价。基于含气层分类、分级结果,结合含气层垂向分布特征及储层改造工艺特点,对压裂层段进行优选,科学指导后续压裂方案设计及煤系气试采工作。

（二）参数类型

含气层综合评价参数可划分为以下 4 种类型:

（1）示范区煤层发育及赋存特征参数

包括示范区各主要目的煤层厚度、煤体结构、稳定性、埋深、宏观煤岩成分、显微煤岩组分、煤类、工艺分析指标等。

（2）煤层气资源富集特征参数

包括示范区各主要目的煤层含气量、含气组成、气体成分以及煤系地层中砂岩及粉砂岩含气层位置、厚度、含气性、含气组成、气体成分等。

（3）煤层气资源开发特征参数

包括示范区各主要目的煤层孔裂隙发育情况、渗透性、储层温度、储层压力、吸附特征、含气饱和度、煤岩岩石力学特征,主要目的煤层顶底板岩性、厚度及岩石力学特征等。

（4）煤层气开发工程效果参数

包括煤层气参数井及开发试验井地球物理测井所获得的井斜、井径及固井质量评价资料,试井所获得的表皮系数,压裂监测所获得的裂缝方位、裂缝长度、裂缝高度及宽度等数据,排采所获得的产气量、产水量及返排液水质全分析数据。

（三）获取方式

示范工程实施过程中,通过前期资料收集整理、工程现场跟踪测试、煤岩及气液样品采集分析、计算机数值模拟等方式获取了大量的地质与工程数据,为示范区煤层气开发潜力评价与适配性开发技术工艺研究奠定了基础。煤系含气层综合评价所需的地质与工程参数的获取方式主要包括:

（1）以往资料收集分析

① 煤田地质勘探资料

收集并整理示范区煤田地质勘探成果资料,分析井田地质背景、煤层发育、含气性、物质组成及赋存特征的相关地质资料,为煤层气资源潜力初步评价及工程设计实施提供依据。

② 煤矿生产资料

系统收集煤矿建设及生产过程中整理的地质资料,分析煤层含气性、储层温度、储层压力、煤岩岩石力学特征等参数,为工程设计及施工提供地质依据。

③ 矿井瓦斯地质资料

在煤矿瓦斯地质资料及瓦斯抽放数据分析的基础上,评价示范区内主要煤层含气性、吸附解吸特征,为开发层位优选提供借鉴。

（2）钻录井工程

① 煤岩屑录井

煤层气开发试验井钻井过程中,现场技术人员连续收集、观察、描述钻井液携出井口的煤岩屑,并采集一定量的煤岩屑样品保存。通过煤岩屑录井作业,初步掌握钻遇地层层序、岩性,为综合录井图的编制提供基础数据。

② 煤岩芯录井

煤层气参数井全井开展煤岩芯录井工作。工作内容包括对取芯钻进中取得的岩、煤芯进行分层、鉴定、描述,建立岩性剖面图。煤芯描述的内容为:宏观煤岩类型、宏观煤岩成分、物理性质、结构、构造、内外生裂隙发育及夹矸情况等。岩芯描述的内容为:岩性、颜色、成分、结构、构造、胶结情况、裂隙发育情况及含有的生物化石等。基于煤岩芯录井工作,为煤层气开发目的层段优选提供依据。

③ 钻井液录井

煤层气参数井及开发试验井钻井过程中,开展钻井液录井工作,定期记录钻井循环介质性质。如:钻井循环介质类型、密度、黏度、失水量、泥饼切力、pH 值、含砂量、氯离子含量等。

④ 钻时录井

煤层气参数井及开发试验井钻井过程中,开展钻时录井工作,记录单位进尺的花费时间,能较好地反映钻遇地层岩性、胶结程度及孔隙、裂隙发育程度影响下的岩石强度变化特征。

⑤ 气测录井

煤层气开发试验井全井段及煤层气参数井煤系井段开展气测录井工作,获取钻遇地层破碎气成分分析数据。如:全烃、甲烷、乙烷、丙烷、正丁烷、异丁烷、正戊烷、异戊烷、H_2S、CO_2 等气体的含量指标,为含气层段识别及评价提供依据。

(3)测井工程

① 裸眼综合测井

煤层气开发试验井全井段开展裸眼综合测井工作,确定钻遇煤层的深度、厚度、结构、密度、工业分析指标、含气量等。其中包括解释煤层直接顶底板的岩性、厚度,含水性及渗透性等以及划分钻遇地层岩性、深度、厚度等,也包括了井温、井斜、井径等测井成果资料。

② 裸眼标准测井

煤层气参数井对煤系井段开展裸眼标准测井工作,确定钻遇煤层的深度、厚度、结构,包括划分钻孔岩性剖面,确定标志层及各岩层的岩性、深度、厚度,提供井温、井斜、井径等测井成果资料。

③ 固井质量检查测井

煤层气开发试验井全井段开展生产套管固井质量检查测井,包括确定生产套管接箍位置,判断第一界面、第二界面的水泥胶结情况,为固井质量评价提供直接依据。

(4)试井工程

① 注入压降测试

煤层气参数井开展注入压降测试,获取主要目的煤层段井筒储集系数、地层系数、渗透率、表皮系数、储层压力、储层压力系数、探测半径,并获得试井煤层的温度。

② 原地应力测试

煤层气参数井开展原地应力测试,获取主要目的煤层破裂压力、闭合压力、重张压力、破裂压力梯度、闭合压力梯度、重张压力梯度等。

(5)射孔压裂工程

① 射孔施工

煤层气开发试验井开展多个开发层段的射孔作业,获取各射孔段所包含的射孔层位置、长度、射孔密度、射孔数、相位角及射孔弹发射率等数据。

② 压裂施工

煤层气开发试验井开展多个开发层段的压裂施工,通过压裂曲线分析获得排量、套管、砂比、破裂压力、停泵压力等数据,评价储层的可改造性及储层改造效果。

③ 裂缝监测

压裂施工过程中,开展地面微地震监测工作,获得压裂裂缝方位、裂缝两翼长度、裂缝全长、裂缝高度、裂缝水平延伸宽度等数据,为压裂效果评价提供依据。此外,为了较为直观地评价裂缝发育高度,亦采用井温测井方式评价压裂裂缝高度,为压裂效果评价提供依据。

(6) 排采作业

煤层气开发试验井排采过程中,开展溢流液量、日产气量、日产水量、产层流压、套压、液柱高度及抽油机冲程、冲次、运转时间等参数的监测、记录,为分析煤层气资源开发潜力及评价煤层气开发效果提供基础资料。

(7) 取样测试

① 煤样

煤层气参数井钻井施工过程中,采集了主要目的煤层样品,开展现场解吸、含气量测试、解吸气成分分析、工业分析、压汞分析、等温吸附实验等测试,获取含气量、孔隙率、兰氏体积、兰氏压力等参数。

② 顶底板岩样

采集了主要目的煤层顶底板岩石样品,开展岩石力学特征、孔渗性测试,获得主要目的煤层顶底板自然岩样及饱和水岩样的抗压强度、弹性模量、泊松比、孔隙率、渗透率等参数。

③ 气、水样

煤层气开发试验井排采过程中,需定期进行水样、气样的采集分析,获取排出液 pH 值、离子成分、含量及气体成分数据。

(8) 数值模式及产能预测

基于开发层段储层特征,采用 COMET 3.0 软件对煤层气开发试验井排采曲线进行历史拟合,并预测排采控制下煤层气井气、水产量变化,反演开发层段渗透率等煤储层参数及其动态变化特征,为产能模拟、资源采收率分析及开采效果评价提供基础数据。

(四) 工作流程

含气层综合评价工作应在对贵州省煤系气赋存及开发特征充分研究的基础上进行,参与评价及优选的参数包括四类。一是资源条件参数,包括含气层厚度、含气量、资源丰度等;二是开发条件参数,包括孔隙率、渗透率、压裂改造难度、含气饱和度、岩石力学特征等;三是温压条件参数,包括储层温度、压力等;四是储层敏感性参数,包括压敏、速敏、酸敏等。此外,由于成藏及开发机理存在显著差异,应在优选评价指标的基础上对煤系中煤储层及非煤含气层分类开展综合评价工作。煤系含气层综合评价工作流程如图7-8所示。

二、参数获取及分析

(一) 录井技术方法

(1) 钻时录井

钻井过程中,采用综合录井仪开展钻时录井工作。通过连续测试大钩高度、井深自动计算并记录钻时数据。钻进过程中,绞车记数准确,录井前进行标定,单根误差<0.2 m,每根

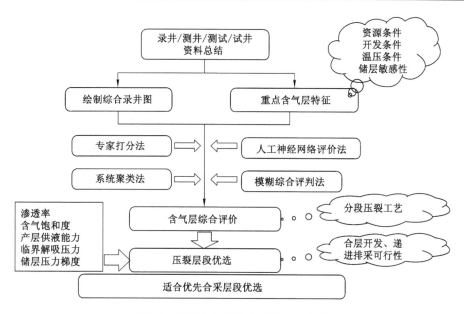

图 7-8　煤系含气层综合评价工作流程

单根钻完进行校正,钻时记录 1 点/m,数据须真实可靠。最终所获得的钻时录井曲线能够较好地反映钻遇地层岩性、胶结程度及孔隙、裂缝发育程度影响下的岩石强度变化特征。

（2）煤岩屑录井

煤层气开发试验井全井段开展煤岩屑录井工作。在煤岩屑录井期间,钻井队伍与录井队伍密切配合,以取全、取准各项地质资料为目的,钻井过程中未加入影响地质录井的药品,所取的煤岩屑能够真实地反映地层岩性,为录井工作的顺利开展提供保障。

（3）煤岩芯录井

煤层气参数井钻井过程中,进行全井段绳索取芯,并开展全井段煤岩芯录井工作。通过煤岩芯录井方法,评价含气层岩性、组成、裂隙发育情况等（见表 7-1）。

表 7-1　　　　　　　　　　　　　XC-1 井主要煤层煤芯录井成果

煤层编号	光学特征	力学特征	宏观煤岩成分及类型	裂隙发育情况	煤体结构	煤芯照片
1+3 号	黑色,玻璃光泽	参差状断口,质脆,手掰易断	以亮煤为主,属半亮型煤	较发育,呈不规则网状,多数被方解石、黄铁矿充填	块状、碎块状	
4 号	黑色,玻璃光泽	参差状断口,质脆,手掰易断	以亮煤为主,属半亮型煤	密集发育,呈不规则网状,多数被方解石充填	块状、碎块状及少量粉末状	

煤层编号	光学特征	力学特征	宏观煤岩成分及类型	裂隙发育情况	煤体结构	煤芯照片
5₁号	黑色，玻璃光泽	参差状、阶梯状断口，质脆，手掰易断	以暗煤为主，属半暗型煤	不发育	块状、碎块状	
5₂号	黑色，玻璃光泽	参差状、阶梯状断口，质脆，手掰易断	以暗煤为主，属半暗型煤	较发育，呈矩形网状，多数被方解石充填	块状、碎块状，	
9号	黑色，弱玻璃光泽	参差状断口，条痕色为黑灰色，质硬，手掰不易断	以暗煤为主，属半暗型煤	发育稀疏，两组相互垂直，裂隙闭合，未充填	块状	
10号	黑色，玻璃光泽，条痕灰黑色	参差状断口，质硬，手掰不易断	以亮煤为主，属半亮型煤	较发育，呈平行状，多数被方解石充填	块状	
11号	黑色，玻璃光泽，条痕灰黑色	参差状断口，质硬，手掰不易断	以亮煤为主，属半亮型煤	较发育	碎块状、块状	
12号	黑色，强玻璃光泽，条痕灰黑色	阶梯状断口，质脆，手掰不易断	以亮煤为主，属半亮型煤	较发育，见黄铁矿条带	碎块状、块状	
13号	黑色，玻璃光泽，条痕色黑灰色	参差状断口	以暗煤为主，属半暗型煤	较发育，多数被方解石充填	碎块状、块状	
15号	黑色，玻璃光泽，条痕灰黑色	参差状断口，质硬，手掰不易断	以亮煤为主，属半亮型煤	密集发育，呈矩形网状，多数被方解石充填	块状	
16号	黑色	—	以暗煤为主，属半暗型煤	不发育	粉末状、碎块状	

煤层编号	光学特征	力学特征	宏观煤岩成分及类型	裂隙发育情况	煤体结构	煤芯照片
17 号	黑色，玻璃光泽	—	以暗煤为主，属半暗型煤	不发育	粉末状、碎块状	
18 号	黑色	—	以暗煤为主，属半暗型煤	不发育	粉末状	
21 号	黑色，弱玻璃光泽	参差状断口	以暗煤为主，属半暗型煤	不发育	块状	
22₁号	黑色，玻璃光泽	参差状断口	以亮煤为主，属半亮型煤	密集发育，呈矩形网状，多数被方解石充填	块状	
22₂号	黑色，强玻璃光泽，条痕灰黑色	棱角状断口	以亮煤为主，属半亮型煤	内生裂隙较发育	碎块状、块状	
24 号	黑色	—	以暗煤为主，属半暗型煤	不发育	碎块状、粉末状	
27₁号	黑色块状，油脂光泽，条痕黑灰色	参差状断口	煤整体质劣，以暗煤为主，属半暗型煤	不发育	碎块状、块状	

煤层编号	光学特征	力学特征	宏观煤岩成分及类型	裂隙发育情况	煤体结构	煤芯照片
27₂号	黑色，玻璃光泽	参差状断口	整体质劣，以暗煤为主，属半暗型煤	较发育，呈平行状，部分被方解石充填	块状	
29₁号	黑色，玻璃光泽，条痕黑灰色	参差状断口	以亮煤为主，属半亮型煤	内生裂隙较发育	碎块状、块状	
29₂号	黑色，玻璃光泽，条痕黑灰色	参差状断口	以亮煤为主，属半亮型煤	较发育，裂隙闭合，未充填	块状	
29₃号	黑色，玻璃光泽，条痕灰黑色	参差状断口	以亮煤为主，属半亮型煤	内生裂隙较发育	块状	

从 XC-1 井各煤层裂隙发育情况来看，以亮煤为主的 1＋3 号、4 号、5_2 号、10 号、11 号、12 号、15 号、22_1 号、22_2 号、29_1 号、29_2 号、29_3 号煤层内生密集发育—较发育，而以暗煤为主的 5_1 号、9 号、13 号、16 号、17 号、18 号、21 号、24 号、27_1 号、27_2 号煤层内生裂隙发育稀疏—不发育。各煤层发育的裂隙主要呈不规则网状、矩形网状、平行状，且多数被方解石、黄铁矿充填，仅少数煤层裂隙闭合，裂隙内未见脉体充填。

（二）测井技术方法

裸眼综合测井方法是经济、快速、全面认识含气层的重要手段。特别是在不取芯的开发试验井中，通过开展煤系井段双侧向、微球形聚焦、补偿密度、补偿声波、补偿中子、自然电位、自然伽马、多极子阵列声波、微电阻率扫描成像、双井径、井斜、井温等测井（见图 7-9），并基于所建立的测井曲线解释模型，可判断含气层岩性、结构、裂缝发育情况，确定工业分析指标、含气量、含水率、孔隙率、渗透率、岩石力学性质及最大主应力方向等。基于裸眼综合测井对煤系含气层的深入分析，有助于查明区域煤系气资源条件、赋存特征及开采条件，为

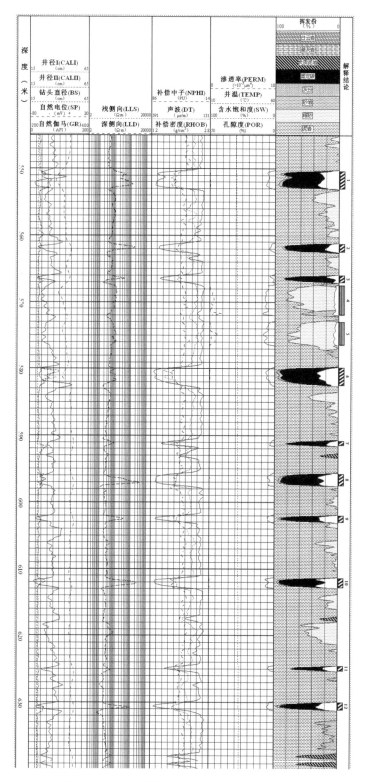

图 7-9 示范工程裸眼综合测井现场与测井成果

后续含气层评价、产层优选及适配性开发工艺研究奠定基础。

（1）裸眼综合测井曲线

示范工程煤层气井裸眼综合测井曲线包括：双侧向（深侧向、浅侧向）、补偿密度、补偿声波、补偿中子、自然电位、自然伽马、双井径、井温、井斜及方位。

（2）钻遇煤层解释

基于 XC-1 井密度测井及自然伽马测井曲线所解释的钻遇煤层深度、厚度特征如表 7-2 所示。

表 7-2   XC-1 井钻遇煤层解释成果

确定值		GRI0		GGFR	
深度/m	厚度/m	深度/m	厚度/m	深度/m	厚度/m
620.49	2.46＝0.79(0.27)1.40	620.46	0.78(0.28)1.37	620.52	0.80(0.26)1.43
628.68	1.14	628.64	1.05	628.72	1.23
634.85	0.70	634.85	0.70	634.85	0.70
643.83	1.33	643.83	1.33	643.83	1.33
649.86	0.82	649.84	0.78	649.88	0.86
661.98	1.50	661.98	1.50	661.98	1.50
682.50	0.97	682.52	0.99	682.47	0.94
690.06	0.71	690.06	0.71	690.06	0.71
705.35	1.36	705.37	1.39	705.33	1.33
707.93	0.74	707.91	0.70	707.95	0.78
722.09	0.72	722.09	0.72	722.09	0.72
727.87	1.66	727.89	1.69	727.85	1.63
733.81	0.93	733.81	0.90	733.81	0.96
739.97	2.14	739.90	2.13	740.04	2.15
756.38	4.40＝3.03(0.72)0.65	756.42	3.02(0.71)0.68	756.34	3.04(0.73)0.62
761.06	1.15	761.06	1.15	761.06	1.15
817.70	1.44＝0.62(0.28)0.54	817.70	0.59(0.25)0.57	817.70	0.65(0.31)0.51
831.54	2.11＝0.36(0.40)0.54(0.39)0.42	831.55	0.37(0.36)0.57(0.43)0.39	831.53	0.35(0.44)0.51(0.35)0.45
846.25	0.81	846.27	0.83	846.23	0.79
887.75	0.78	887.75	0.81	887.75	0.75
930.42	0.93	930.40	0.90	930.44	0.96

确定值		GRI0		GGFR	
深度/m	厚度/m	深度/m	厚度/m	深度/m	厚度/m
940.90	2.33＝0.49 (0.32)0.80 (0.27)0.45	940.90	0.47(0.30)0.84 (0.24)0.43	940.90	0.51(0.34)0.76 (0.30)0.47
955.97	2.07＝0.77 (0.32)0.98	955.99	0.81(0.26)1.00	955.95	0.73(0.38)0.96

（3）储层温度特征

根据示范工程 XX-1、XX-2 井温测井结果，分析地层温度、地温梯度与垂深的关系，结果如图 7-10 所示。

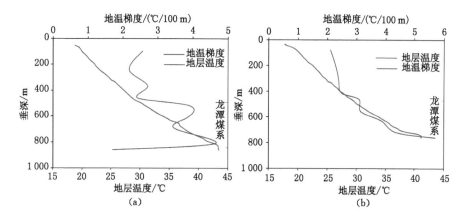

图 7-10　示范井地层温度、地温梯度与垂深的关系

(a) XX-1 井；(b) XX-2 井

从图 7-10 可以看出：示范区地温梯度变化范围在 2.1～5.5 ℃/100 m，整体变化较大。上部飞仙关组地温梯度相对较小，在 2.1～3.0 ℃/100 m 范围，表现为轻度的地温梯度负异常。下部龙潭煤系地温梯度远高于正常地温梯度，在 3.0～5.5 ℃/100 m 范围，表现为明显的地温梯度正异常；煤层埋深 750 m 处，地层温度超过 40 ℃，已进入地温梯度异常背景下的高温区。

（三）采样测试方法

（1）采样层段

示范工程煤层气参数井 XC-1 井钻井过程中，采用绳索取芯工具采集了煤岩芯样品，并开展了室内测试工作。具体取芯层位为：钻遇煤系地层主要目的煤层、次要目的煤层及其顶底板岩层，对于气测显示异常的非煤层段也需取芯。

（2）测试项目

所采集的煤样及其顶底板样品的测试分析项目主要包括：

① 煤芯样：包括煤层含气量测定、气体成分分析、平衡水分测定、平衡水等温吸附实验、煤的工业分析、显微煤岩组分定量分析、镜质组反射率测定、煤的真密度—视密度分析、煤的

元素分析、煤的岩石力学性质测试、敏感性(贾敏、压敏、速敏等)。

② 顶底板岩样:包括煤层顶板孔隙率、煤层顶板渗透率、煤层顶板岩石力学性质、煤层底板孔隙率、煤层底板渗透率、煤层底板岩石力学性质、其他。

③ 非煤含气层段:包括岩石力学性质、孔隙率、渗透率、突破压力等。

(3) 煤岩煤质特征

XC-1 井主要煤层 $R_{o,max}$、工业分析指标、有机组分、无机组分特征测定结果如图 7-11 所示。

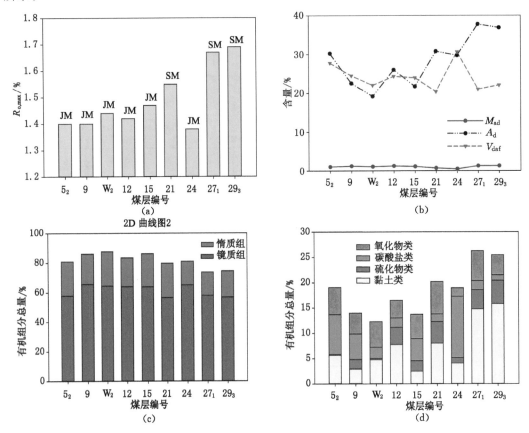

图 7-11 XC-1 井主要煤层煤岩煤质特征
(a) $R_{o,max}$;(b) 工业分析指标;(c) 有机组分含量及组成;(d) 无机组分含量及组成

(4) 等温吸附特征

煤储层的吸附能力不仅影响到煤层的含气性,还影响到煤层气资源开发的难度。由于在恒定的温度下,随着压力的变化,煤储层对甲烷气体的吸附符合朗缪尔模型,因此煤储层含气能力常用兰氏体积、兰氏压力参数来衡量。

对 XC-1 井各煤层样品进行了等温吸附实验(30 ℃),测得的兰氏体积 V_L、兰氏压力 P_L 结果如图 7-12 所示。

由图 7-12 可以看出:煤层的储气能力在 11.23～20.98 m³/t(空气干燥基),且空气干燥基兰氏体积与干燥无灰基兰氏体积差别较大。结合施工过程中实测的煤层含气量数据,计算各煤层的含气饱和度普遍较高[见图 7-13(a)],且部分煤层含气过饱和在工程实施中有明

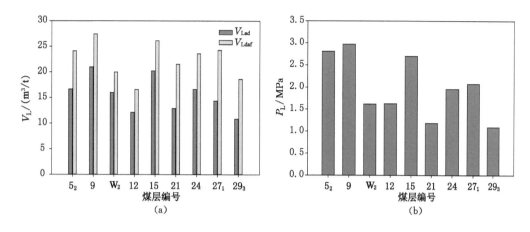

图 7-12 XC-1 井主要煤层等温吸附参数

（a）兰氏体积；（b）兰氏压力

显的表现[见图 7-13(b)]。各煤层兰氏压力在 1.27～2.97 MPa；5_2 号、9 号、15 号煤层兰氏压力值较高，W_2、12 号、21 号、24 号、27_1 号、29_3 号煤层兰氏压力较低，因此后者在煤储层压力下降过程中能够解吸出更多的气体。

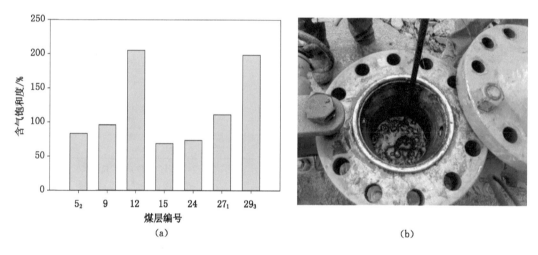

图 7-13 示范工程井主要煤层含气饱和特征

（a）主要煤层含气饱和度；（b）29 号煤层组射孔后套管中游离气

（5）孔隙发育特征

煤中孔隙是指煤中未被固体物质充填的空间，是煤的空间结构要素之一。煤的孔径结构是研究煤层气赋存、解吸、扩散及渗流的基础。利用美国 Micromeritics 公司生产的 AutoPore Ⅳ 9500 型压汞仪采用压汞法来测定示范区煤样的孔隙率、比表面积、平均孔径、累计侵入量等孔隙发育特征参数，结果如图 7-14 所示。

压汞法测得的示范区各煤层孔隙率、比表面积、总孔容普遍较低，与我国蒲城、澄合、韩城等地 $R_{o,max}$ 相近煤的孔隙特征相近（见表 7-3）。

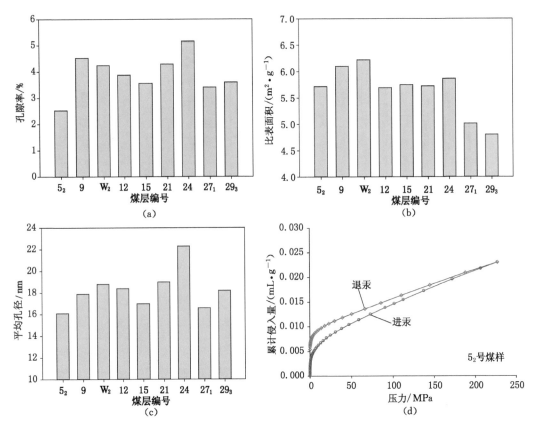

图 7-14　XC-1 井主要煤层孔隙发育特征

(a) 孔隙率；(b) 比表面积；(c) 平均孔径；(d) 5_2 号煤层进退汞曲线

表 7-3　　　　　　　　　　示范区主要煤层孔隙发育特征统计表

煤层编号	孔隙率 /%	比表面积 /(m²/g)	总孔容 /(mL/g)	平均孔喉半径/nm	饱和度中值孔喉半径/nm	最大进汞饱和度/%	退汞效率/%
5_2 号	2.52	5.717	0.023 0	16.1	6.0	71.03	76.5
9 号	4.52	6.097	0.027 3	17.9	13.1	93.30	75.1
W_2	4.24	6.220	0.029 3	18.8	18.9	98.35	69.6
12 号	3.88	5.691	0.026 1	18.4	13.2	91.72	76.6
15 号	3.56	5.749	0.024 4	17.0	9.4	86.61	75.4
21 号	4.29	5.723	0.027 2	19.0	8.6	77.18	62.5
24 号	5.16	5.866	0.032 7	22.3	24.3	88.90	54.1
27_1 号	3.41	5.012	0.020 8	16.6	5.0	64.35	68.2
29_3 号	3.60	4.802	0.021 9	18.2	7.1	73.64	61.2

　　对示范区各煤层孔隙进行分类统计，所计算的微孔、过渡孔、中孔、大孔组成特征如图 7-15 所示。

　　示范区各煤层主要发育 0～10 nm 的微孔，占到总孔容的 43.15%～67.23%；过渡孔、中孔、大孔所占的比例较低，均低于 22.0%。从各煤层的对比分析，5_2 号、27_1 号、29_3 号主要

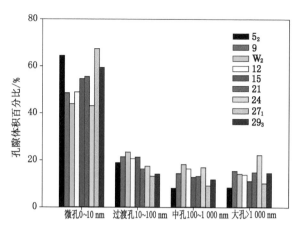

图 7-15 XC-1 井各煤层孔径分布特征

发育微孔、过渡孔,中孔及大孔比例低,对煤层气的扩散、运移不利;24 号煤层孔隙发育以微孔为主,大孔比例相对较高,平均孔径较大,有利于煤层气的扩散、运移。

(6) 顶底板岩石力学特征

示范区主要煤层顶底板主要为泥质粉砂岩,其次为粉砂质泥岩、细砂岩。顶底板岩石块体密度为 2.42~3.06 g/cm³;自然岩样抗压强度差别较大,在 11.5~50.3 MPa,饱和岩样抗压强度较低,在 4.2~26.7 MPa;岩石弹性模量测试时部分样品太软或断裂,自然岩样测得结果在 $19.8 \times 10^3 \sim 26.2 \times 10^3$ MPa,饱和岩样测得结果相对较低,在 $17.9 \times 10^3 \sim 20.4 \times 10^3$ MPa;自然岩样泊松比在 0.18~0.26,饱和岩样泊松比相对升高,在 0.24~0.27;自然岩样抗拉强度在 1.28~9.65 MPa,饱和岩样抗拉强度降低,为 0.22~3.99 MPa(见表 7-4)。

表 7-4　　　　　　　　　XC-1 井主要煤层顶底板岩性及岩石力学特征表

层位	岩性	块体密度 /(g/cm³)	抗压强度 /MPa		弹性模量/ (10³ MPa)		泊松比		抗拉强度 /MPa	
			自然	饱和	自然	饱和	自然	饱和	自然	饱和
1+3 号 煤层顶板	粉砂质泥岩	2.69	34.3	10.6	22.2	断裂	0.26	断裂	2.44 4.24 1.60	1.08 0.81 0.68
5₁号煤层底板	泥质粉砂岩	2.74	37.8	24.1	23.7	17.9	0.24	0.27	2.46 3.00 3.93	0.80 1.45 1.02
5₂号煤层底板	泥质粉砂岩	3.03	29.0	8.9	23.1	断裂	0.26	断裂	1.42	0.22
W₂煤层底板 (9~10 号)	泥质粉砂岩	2.85	22.5	6.1	19.8	太软	0.25	太软	1.57 2.22 3.06	1.27 0.90 0.68
10 号煤层底板	泥质粉砂岩	2.61	30.3	17.7	23.1	19.0	0.24	0.25	8.11	3.99
11 号煤层顶板	细砂岩	2.77	50.3	26.7	27.1	20.4	0.18	0.26	9.65 6.59 7.49	2.68 2.88 3.54
11 号煤层底板	泥质粉砂岩	2.79	33.9	12.3	试件断裂		2.49 3.43		1.79	

续表 7-4

层位	岩性	块体密度/(g/cm³)	抗压强度/MPa		弹性模量/(10³ MPa)		泊松比		抗拉强度/MPa	
			自然	饱和	自然	饱和	自然	饱和	自然	饱和
13号煤层顶板	泥质粉砂岩	2.79	11.5	5.3	断裂	太软	断裂	太软	1.28 1.46	0.69
13号煤层底板 15号煤层顶板	泥质粉砂岩	2.42	22.7	4.2					3.09 2.84	1.56 0.91
16号煤层底板	细砂岩	2.94	33.0	15.1	24.5	19.8	0.23	0.24	4.77	2.51
22₁号煤层顶板	泥质粉砂岩	3.06	34.8	4.6	24.7	太软	0.23	太软	2.03	1.2
22₁号煤层底板	泥质粉砂岩	2.69	26.3	8.8	21.9		0.24		2.15 4.37 2.64	0.29 0.81
22₁号煤层底板	粉砂质泥岩	2.66	44.2	15.5	26.2	断裂	0.20	断裂	3.58 4.93	1.96 1.16

① 岩性对顶底板岩石力学特征的影响

示范区主要煤层顶底板岩石力学特征参数与岩性的关系如图 7-16 所示。

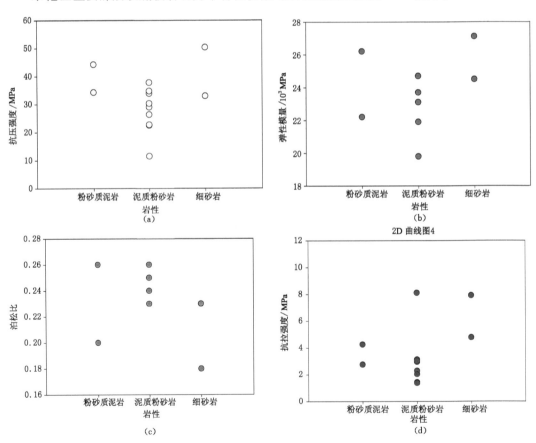

图 7-16　示范区不同岩性顶底板岩石力学特征

（a）不同岩性抗压强度变化；（b）不同岩性弹性模量变化；（c）不同岩性泊松比变化；（d）不同岩性抗拉强度变化

从图 7-16 可以看出，与粉砂质泥岩、细砂岩相比，示范区煤层主要顶底板类型特征：泥质粉砂岩的抗压强度、抗拉强度、弹性模量均较低，泊松比较高，其岩石力学特征与煤层具有一定的相似性；粉砂质泥岩的抗压强度高、抗拉强度低，弹性模量、泊松比变化大；细砂岩抗压强度、弹性模量、抗拉强度高，泊松比低，岩石力学性质与泥质粉砂岩存在较大差异。

② 含水性对顶底板岩石力学特征的影响

示范区主要煤层顶底板岩石力学特征与含水性关系如图 7-17 所示。从图 7-17 可以看出，与自然岩样相比，饱和岩样的抗压强度、抗拉强度及弹性模量都显著下降，泊松比显著提高，表明煤层顶底板吸水后力学强度降低、塑性增强，其岩石力学性质更为接近煤层。在煤层气井压裂施工过程中，通过向煤层顶底板注入压裂液的方式使顶底板含水性提高，则更易在压开煤层的同时将顶底板岩石压开，有利于在井筒附近形成高导流带，使煤中裂缝延伸的施工压力降低。XX-1 井 29 号煤组重复压裂表现也说明，压裂过程中通过注入一定的压裂液使煤层顶底板含水性提高，能够显著改善压裂效果，有利于压裂裂缝的扩展。

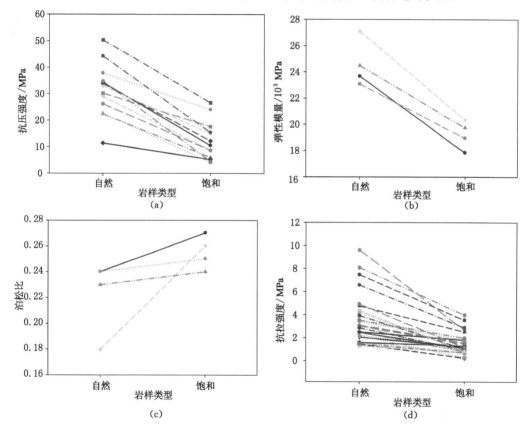

图 7-17　示范区煤层顶底板岩石力学与含水性关系

（a）自然及饱和岩样的抗压强度变化；（b）自然及饱和岩样的弹性模量变化；

（c）自然及饱和岩样的泊松比变化；（d）自然及饱和岩样的抗拉强度变化

（7）煤储层敏感性特征

煤层气井施工过程中，钻井液、水泥浆、压裂液等不相混溶相进入煤储层，可能与煤储层发生反应或滞留于煤储层，导致煤储层渗透性伤害，如图 7-18 所示。

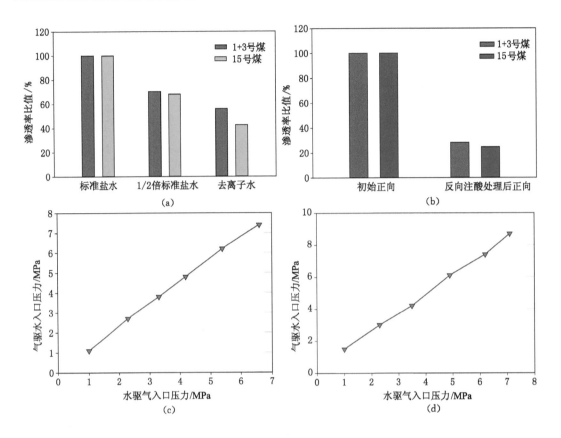

图 7-18 示范区主要煤储层敏感性测试评价结果

(a) 主要煤层水敏性评价；(b) 主要煤层酸敏性评价

(c) 1+3 号煤层贾敏指数特征；(d) 15 号煤层贾敏指数特征

一方面，当煤储层具有较强的水敏性时，外界流体的进入导致黏土矿物体积膨胀，流体运移的通道遭到破坏，气水两相渗流的毛细管阻力增大，不利于气水产出；另一方面，外界流体的进入导致煤储层中原有不相混溶相饱和度增大，气水界面的毛管阻力增大，将导致煤储层气水相相对渗透率都明显降低。

利用 CORE LAB-130 流体相对渗透率仪进行"非稳态法"气水两相渗流模拟实验，结果如图 7-19 所示。

（四）试井技术方法

煤层气参数井试井包括注入压降试井与原地应力测试工作，获取的储层特征数据可为煤层气开发潜力评价及煤层气井产能预测提供可靠依据。

（1）注入/压降试井

注入/压降试井是一种单井压力瞬变测试，适用于高、低压储层，是目前煤层气井测试中最常用的一种试井方法。它是以稳定的排量和低于煤层破裂压力的注入压力向井中注水一段时间，在井筒周围产生一个高于原始储层的压力分布区，然后关井，使得井底压力与原始储层压力逐渐趋于平衡。通过分析井底压力数据，求取目的层参数。通过分析求取渗透率、储层压力、压力梯度、调查半径和表皮系数等参数。

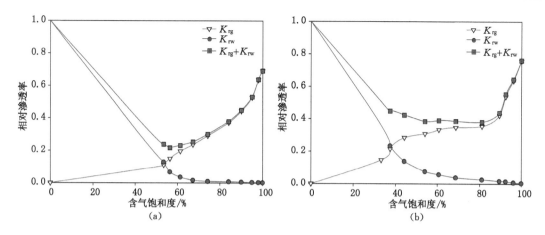

图 7-19 "非稳态法"气水两相渗流相对渗透率变化曲线

(a) 1+3 号煤层；(b) 15 号煤层

基于对贵州省主要煤层煤体结构、渗透率的研究，笔者认为注入/压降是当前最适宜的试井方法。然而，由于注入/压降试井作业可产生注入流体与地层化学环境反应及储层孔裂隙堵塞，为减小注入流体对煤层的伤害，注入流体应优先选择被测试层中的地层水，在现场条件无法满足的情况下，可以选择洁净淡水。试井液注入过程中，如果排量控制不好，容易使井底压力超过测试层的破裂压力并导致煤储层产生裂缝，这种井筒伤害的发生使试井测试结果不可靠。因此，在注入过程中一定要控制井底压力低于地层破裂压力。

（2）原地应力测试

原地应力测试在注入/压降试井以后进行。该测试一般进行 4 个循环周期，每个循环周期由注入段和关井压降段组成。通过分析注入段数据求取破裂压力，分析压降段求取闭合压力。

（3）设备组合方式

煤层群发育区双封隔器试井地面设备与井下工具连接方式如图 7-20 所示。

（4）数据获取与解释

下面以示范工程 XC-1 井 1+3 号煤层为例，说明试井数据获取及解释的方法。示范工程施工 XC-1 井开展了 1+3 号、9 号、16 号、27₁ 号煤层的注入/压降试井及原地应力测试工作。1+3 号煤试井过程中，获取的压力、温度实测曲线如图 7-21 所示。

试井数据采用 Saphir V4.12 试井解释软件分析，分析方法包括特征直线分析法和图版拟合法两类。

① 特征直线分析法：指在 Horner 曲线、笛卡儿（Cartesian）曲线、线性流曲线（linear flow）、双线性流曲线（billinear flow）、双对数曲线，用斜率零直线、单位斜率直线、1/2 斜率直线、1/4 斜率直线、切线等对不同流动阶段进行分析。

② 图版拟合法：以理论曲线逐步拟合实测曲线以达到求解的目的。对于一个实际的测试，由于受测试工作制度、储层特性、流体特性、边界性质等诸多因素的影响，某些分析方法和分析图版不适合。

1+3 号煤层试井数据分析基本参数取值如表 7-5 所示。

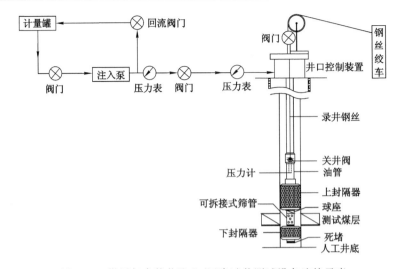

图 7-20　煤层气参数井注入/压降试井测试设备连接示意

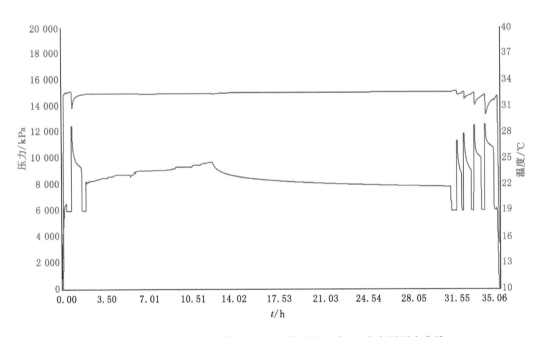

图 7-21　XC-1 井 1＋3 号煤层注入/压降测试压力、温度实测历史曲线

表 7-5　　　　　　　　　　XC-1 井 1＋3 号煤层测井数据分析基本参数取值

参　数	数　值	参　数	数　值
煤层有效厚度/m	2.03	注入时间/h	10
测试煤层中部深度/m	617.75	关井时间/h	20
孔隙率	4%	最小注入排量/(L/min)	0.10
流体密度/(g/cm³)	1.00	最大注入排量/(L/min)	0.80
流体黏度/(mPa·s)	0.97	平均注入排量/(L/min)	0.38
流体体积系数	1.00	总注入量/L	229.5

参　数	数　值	参　数	数　值
流体压缩系数/(MPa^{-1})	4.35×10^{-4}	地面最低注入压力/MPa	2.00
综合压缩系数/(MPa$_t^{-1}$)	4.44×10^{-3}	地面最高注入压力/MPa	3.70
井筒半径/m	0.05	注入液性质	清水

（5）试井解释成果

① 渗透率

渗透性是衡量煤层气在煤储层中流动难易程度的重要指标,决定了煤层气地面开发的效果,煤储层渗透性常用渗透率来表示。结合某煤矿开采过程中采用径向流法获取的渗透系数及渗透率计算结果,示范区主要煤层渗透率如图 7-22 所示。示范区测试煤层的渗透率整体较低,在 0.011 2～0.351 6 mD 范围,属低渗透煤储层。各煤层对比发现,12 号、16 号煤层渗透率相对较高,均高于 0.2 mD,渗透性相对较好;而 17 号、21 号煤层渗透率较低,均低于0.05 mD。径向流法与试井方法都测试了 1+3 号煤层的渗透性,所获得的渗透率值分别为 0.085 3 mD、0.106 0 mD,说明试井方法较为合理,渗透率测试结果可信度高。

② 储层压力

笔者基于 XC-1 井 27$_1$号、16 号、9 号、1+3 号煤层注入压降试井施工获得煤储层压力值,并结合煤储层垂深,计算出各煤层压力梯度结果如图 7-23 所示。示范区龙潭煤系各煤层储层压力随着埋藏深度的增加而增大,但不同深度区间储层压力变化的速度存在一定差异。在龙潭煤系上部(1+3 号～9 号煤层),储层压力随埋深增加缓慢增大,储层压力梯度略高于正常值;9 号煤层之下,储层压力随埋深快速增加,储层压力梯度最高达到 1.35 MPa/100 m,储层超压现象明显。总体来看,示范区龙潭煤系各煤层储层压力梯度在 1.05～1.35 MPa/100 m,均高于正常值,表明示范区主要煤储层均属于超压储层。

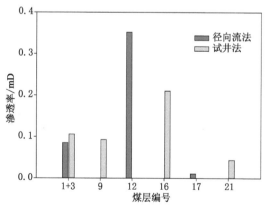

图 7-22　径向流法及试井所获取的示范区各煤层渗透率

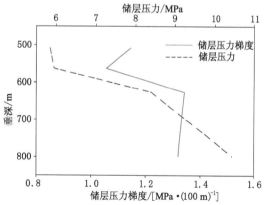

图 7-23　煤储层压力及压力梯度变化

③ 煤层岩石力学特征

a. 煤层破裂压力

示范区主要煤层的破裂压力通过 XC-1 井注入压降试井所获取,结果如图 7-24 所示。

由图 7-24 可见:示范区各煤层破裂压随着煤层埋藏深度的增加而增大,两者呈显著的正相关关系。采用线性函数、指数函数分别拟合两者之间的关系,相关系数 R^2 对比表明指数函数的拟合效果更好,能够更好地反映示范区埋深与煤层破裂压力之间的关系。据此,示范区煤层破裂压力可通过如下的指数函数进行预测:

$$P = 2.566\ 5 \times e^{0.002\ 488 \times h}$$

式中,P 为煤层的破裂压力,MPa;h 为煤层的埋藏深度,m。

以指数函数来表示煤层埋藏深度与破裂压力的关系,函数表明随着埋藏深度的增加,煤层破裂压力增速变大。在进行 27 号、29 号煤组压裂施工时,较高的破裂压力及裂缝延伸压力给压裂施工设备提出较高的要求。此外,合理预测各煤层的破裂压力,在进行压裂施工时可科学分析压裂过程中煤中裂缝的形成时刻及延伸过程,对科学指导压裂施工程序设计及压裂现场设计方案调整提供了重要的依据。

b. 煤层闭合压力/地层最小主应力

示范区主要煤层的闭合压力通过 XC-1 井注入压降试井所获取,结果如图 7-25 所示。

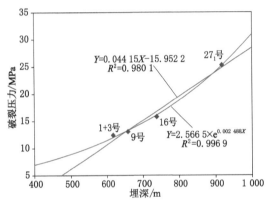

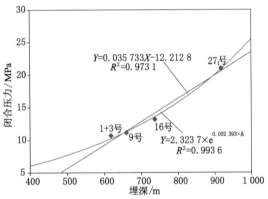

图 7-24 XC-1 井主要煤层破裂压力   图 7-25 试井获得的 XC-1 井主要煤层闭合压力

由图 7-25 可见:示范区各煤层闭合压力随着煤层埋藏深度的增加而增大,两者呈显著的正相关关系。采用线性函数、指数函数分别拟合两者之间的关系,相关系数 R^2 对比表明指数函数的拟合效果更好,能够更好地反映示范区埋深与煤层闭合压力之间的关系。据此,示范区煤层闭合压力可通过如下的指数函数进行预测:

$$P = 2.323\ 7 \times e^{0.002\ 393 \times h}$$

式中,P 为煤层的闭合压力,MPa;h 为煤层的埋藏深度,m。

以指数函数来表示煤层埋藏深度与闭合压力的关系,认为随着埋藏深度的增加,煤层闭合压力增速变大。在进行 27 号、29 号煤组压裂施工时,较高的闭合压力给煤储层改造带来困难,导致压裂所形成的人工裂缝更容易闭合,在一定程度上影响到储层改造效果。

三、评价指标及综合分析

(一)含气层资源条件

与国内其他煤层气资源开发区块相比,示范区单一煤层煤层气资源丰度相对较低,仅为 $0.5 \times 10^7 \sim 7.0 \times 10^7$ m³/km²。然而,由于示范区龙潭煤系煤层群发育、煤层层数多,若将龙潭煤系作为开发的目的层段,示范区煤层气资源丰度可达 $7.0 \times 10^8 \sim 8.9 \times 10^8$ m³/km²,属煤层气资源高丰度区,有利于煤层气的开发。

由于受煤层气开发技术条件、经济投入的限制,示范区煤层气开发过程中应首先考虑各煤层的煤层气资源丰度,优选煤层气资源丰度大的煤层进行改造、开发。同时,在与多煤层发育区匹配的合层分段压裂工艺下,与资源开发条件好的厚煤层邻近或位于厚煤层之间的薄煤层也可一并进行开发,可在一定程度上增加煤层气单井及井网控制的资源量。归纳而言,影响示范区煤层气开发的资源条件主要包括以下几个方面:

(1)煤层厚度

煤层厚度影响到煤层气资源丰度。一般而言,煤层厚度越大,煤层气资源丰度越高,煤层气开发的资源条件越好。对示范区而言,$1+3$ 号、5_2 号、17 号、29_3 号煤层厚度大,均超过 2 m;17 号煤层厚度最大,平均厚度达到 3.5 m,煤层气开发的资源条件好。5_1 号、6_2 号、11 号、13 号、20 号、22_1 号、24 号、27_2 号、29_2 号煤层及多数无编号煤层单层平均厚度小于 1.0 m,煤层厚度相对较薄,煤层气开发的资源条件相对较差。

(2)煤层含气量

煤层含气量与煤层厚度共同控制着煤层气资源丰度。在煤层厚度一致的情况下,煤层含气量越高,煤层气资源丰度越高,煤层气开发条件越好,越有利于煤层气的地面开发。对示范区而言,各煤层含气量整体较高,$1+3$ 号、9 号、10 号、12 号、15 号、17 号、18 号、22_1 号、24 号、27_1 号、27_2 号、29_3 号煤层含气量均超过 10 m³/t,煤层气开发资源条件总体较好。

(3)煤层间距

对于多煤层发育区,煤层间距及相对位置影响到煤层气井开发层段的选择,因此决定了煤层气井控制资源量高低。示范区龙潭煤系厚度尽管较大,但煤层相对集中,特别是 18 号煤层之上煤层层间距小,有利于煤层气井压裂层段的优选。此外,示范区 22_2 号煤层之下煤层亦相对集中,部分薄煤层位于较厚煤层之间,组段压裂改造情况下兼顾薄煤层可进一步提高煤层气井控制资源量。

(二)含气层开发条件

(1)渗透性

煤储层原始渗透性高低是影响煤层气地面开发效果的重要因素。基于示范区 XC-1 井试井及某矿井下径向流法开发的渗透率测试,认为龙潭煤系下部 17 号、21 号煤层原始渗透率较低,且由于煤体结构较破碎,储层改造难度大,不利于煤层气的地面开发。因此,在示范区煤层气开发时应尽量避开 17 号、21 号煤层。相比之下,12 号、16 号、9 号、$1+3$ 号煤层原始渗透率相对较高,可作为煤层气地面开发的优选煤层。示范区其他煤层由于未开展渗透率测试工作,因此难以基于渗透性条件选择有利煤层。

(2)煤体结构

煤体结构影响到煤层的可改造性。煤体结构越完整,煤层渗透性改造的效果越好;煤体结构越破碎,煤储层改造的难度越大。基于 XC-1 井煤岩芯地质录井的结果:$1+3$ 号、4 号、5_1 号、5_2 号、9 号、10 号、15 号、21 号、22_1 号、27_2 号、29_2 号、29_3 号煤层煤体结构相对完整,主要呈块状、碎块状,有利于煤储层的压裂改造及煤层气资源的开发;相比之下,17 号、18 号、24 号煤层煤体结构完整性最差,主要呈粉末状,不利于煤储层压裂改造及煤层气资源开发。

(3)孔裂隙发育特征

煤储层孔裂隙发育程度影响到煤层气的解吸、运移及产出过程及煤层气地面开发的效果。

从示范区各煤层的孔隙发育情况来看,24 号煤层孔隙率相对较高、平均孔径大、排驱压力低、孔喉半径大、进汞量大,微孔、过渡孔比例相对较低,大、中孔比例相对较高,有利于煤层气的解吸、扩散。与之相比,27_1 号煤层孔隙率低、比表面积及平均孔径小、排驱压力高、孔喉半径小、进汞量小,微孔、过渡孔比例相对较高,大、中孔比例相对较低,不利于煤层气的解吸、扩散。

示范区各煤层中,宏观煤岩成分以亮煤为主的 1+3 号、4 号、10 号、11 号、12 号、15 号、22_1 号、22_2 号、29_1 号、29_2 号、29_3 号煤层内生密集发育—较发育,有利于煤层气的运移、产出;而以暗煤为主的 5_1 号、5_2 号、9 号、13 号、16 号、17 号、18 号、21 号、24 号、27_1 号、27_2 号煤层内生裂隙发育稀疏—不发育,煤层气运移、产出的难度大。

（4）吸附特征

煤储层的吸附特征影响到煤层气的解吸难度及产出过程。煤的兰氏压力低,煤层气的解吸难度小,如 12 号、21 号、24 号、27_1 号、29_3 号煤层;反之,煤的兰氏压力高,煤层气的解吸难度大,如 5_2 号、9 号、15 号煤层。从兰氏压力参数来看:当兰氏压力较高时,排水降压过程中煤层可解吸出更多的气体,如 5_2 号、9 号、15 号、27_1 号煤层;而 W_2、12 号、21 号、29_3 号煤层兰氏压力较低,不利于煤层气的解吸。

示范区煤层含气饱和度整体较高,且部分煤层含气过饱和,整体上有利于煤层气的解吸、产出。从各煤层含气情况来看,12 号、27_1 号、29_3 号煤层含气过饱和,对煤层气开发而言更有利,预期示范区各煤层开发均可获得较高的资源采收率。

（5）储层温度

储层温度影响煤储层的吸附能力及煤层气的赋存状态。当示范区储层温度较低时,煤层吸附甲烷能力较强,气体解吸难度增大;当储层温度较高时,煤层吸附甲烷能力下降,有利于煤层气的地面开发。示范区范围内存在地温高异常,特别是龙潭煤系地温梯度更高。随着煤层编号的增大,煤储层温度升高,有利于煤层气的解吸、扩散及产出。因此,随着示范区煤层埋藏深度的增加、煤层编号的增大,煤储层温度升高,对煤层气地面开发越有利。

（6）储层压力

储层压力不仅影响到煤储层的含气性,也决定着煤层气开发过程中煤储层降压的幅度。示范区煤储层压力呈现出明显的正异常,表现为煤层含气量、含气饱和度高,整体上对煤层气地面开发有利。由于储层压力梯度的存在,示范区煤储层压力随着深度的增加而增大,特别是 16 号煤层之下储层压力正异常更为明显,因此 27 号、29 号煤组具有更高的资源开发潜力。然而,异常的储层压力通常来源于区域高地应力,因此也将导致储层压裂裂缝难以有效支撑,压裂改造后渗流通道快速闭合,井筒附近煤储层渗透率在排采过程中快速下降的不利情况。

（7）岩石力学特征

煤岩层的岩石力学特征决定了压裂施工能力及压裂裂缝的形态特征,影响煤层气井产气效果。示范区煤层破裂压力、闭合压力随着埋藏深度的增加而增大,下部煤层组开发对压裂设备的施工能力提出了更高的要求。由于煤层破裂压力与埋藏深度呈指数型函数关系,煤层埋藏深度超过 800 m,破裂压力及闭合压力快速升高,煤储层裂缝支撑的难度增大,不利于煤层气的开发。因此,将开发目的煤层深度控制在 800 m 之内,既有利于煤储层的改造,又能够保证压裂裂缝导流能力的长期保持,预期可取得良好的煤层气地面开发效果。

（三）地质条件综合分析

示范区含煤岩地层为上二叠统龙潭组,煤层气资源赋存于龙潭组多个薄—中厚煤层中。

尽管单煤层煤层气资源丰度较低,但从多煤层共同开发的角度考虑,示范区煤层气资源丰度高,具有较好的煤层气开发潜力。示范区龙潭煤系煤层气开发层段,不仅要考虑煤层厚度及含气性特征,还要充分考虑各煤层之间的距离及组合关系,以煤层组来划分开发层段,以满足煤层气井组段压裂的要求。

煤层气资源条件是煤层气开发的基础,煤体结构、煤储层物性、地层温压条件及煤岩层岩石力学特征则决定了煤层气的开发效果。为了使煤层气井获得较好的产气效果,应优选煤体结构完整或较完整、含气饱和度高、原始渗透性好、中大孔发育、温度高、储层压力及地应力适宜、破裂压力小的煤储层进行渗透性改造、开发。

示范区煤层气资源条件主要受煤层厚度的控制,应优先选择厚度较大的煤层进行煤层气资源地面开发。然而,由于示范区17号、18号煤层主要为渗透性改造难度较大的构造煤,因此应避开上述煤层。同时,由于龙潭煤系下部27号、29号煤组储层压力高、地应力大,导致储层压裂裂缝闭合快,储层改造后高渗透性难以维持,其开发的可行性有待进一步评估。故该示范区煤层气资源开发有利层段主要集中在龙潭煤系16号煤层之上,27号、29号煤组为煤层气开发次有利层段。如,1+3号、5_2号、6_2号、9号、12号、15号煤层厚度相对较大,煤体结构完整,煤层气开发最有利;27号、29号煤组含气量高、厚度大,但储层改造较困难,也可作为备选层段。其煤层气开发层段的选择,可结合煤层组合及间距变化特征确定,建议分3～4个压裂段进行合层开发,兼顾压裂段内的薄煤层及非非煤含气层。

第三节　开发层段优选技术

一、开发层段优选的必要性

贵州省上二叠统煤系煤层群发育,各煤层发育厚度、煤层结构、煤体结构、储层物性特征差异较大,这就导致合层开发煤层气资源时可能存在层间干扰,影响到煤层气井产气能力。就目前所实施的示范工程来看,多煤层合采过程中也表现出煤层、层段不兼容的情况,出现多煤层间、多压裂段间的相互干扰,导致套压快速频繁波动及日产气量下降(见图7-26)。因此,在煤层群发育区开展多层合采时,煤系地层中是否存在多个含气、压力系统?哪些有利目标层排采中能够兼容?哪些层段能够进行有效的合层压裂改造?都需要开展系统性的调查研究与工程实践验证。

储层特征研究及开发工程实践均表明:合理选择有利开发层段是贵州省上二叠统多煤层发育条件下煤层气合层开发成功的关键。合层开发煤层气,并不是煤层越多越好;对于储层压力、渗透率、临界解吸压力、地层供液能力等相差较大的储层无法进行合层开发。此外,层间跨度过大,且不处于同一含气系统中的煤层一般也不予合采。在垂向含气系统科学划分的基础上,结合煤层、砂岩含气层发育及其稳定性特征,进一步开展开发层段优选工作。在进行开发层段优选时,应优选储层物性相近、产气潜力大的煤层进行合采。

二、开发层段组合的基本原则

贵州省上二叠统多煤层共采、煤系气合采开发层段划分应充分考虑以下三方面的因素:一是多个煤层间沉积环境、煤岩组分、孔隙特征等储层参数的相似性;二是重点考虑煤层间距是否满足合层压裂的要求。煤层群发育且垂向分布相对集中条件下,往往采用分段压裂,合层排采的工艺。分段压裂过程中,同一压裂段往往是几层煤及其夹层联合射孔压裂,而煤

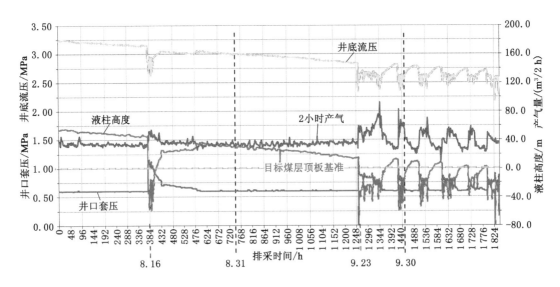

图 7-26　示范工程多煤层合采层间干扰的排采曲线表现

层间距是决定合层压裂效果的关键因素。三是以煤层气资源量大,分布稳定,厚度相对较大的可采煤层为重点,兼顾临近薄煤层及顶底板含气层的开发。结合示范工程的认识:薄一中厚煤层群发育区煤层气开发压裂层段组合,不仅需兼顾上述开发层段内煤层气资源及开发条件,还应充分考虑煤层气井钻完井施工质量对开发层段选择的影响。总结贵州省煤层群发育区煤层气开发层段组合的基本原则为:

① 单压裂段内至少包含 1 个主要有利煤层。主要有利煤储层具有厚度大、含气量及含气饱和度高,储层物性好的特点,对保障所在压裂段的产气能力具有重要作用。以煤层为主要产气目的层段组合过程中,各压裂层段应至少包含上述煤层中的 1 层。

② 单压裂段跨度控制在 30 m 之内。为了保证单压裂段内各煤层均得到充分改造,开发层段垂向跨度应控制在 30 m 之内。在受控的单压裂段跨度范围内,应尽可能选择多个煤层,以增大单压裂段控制的煤层气资源量。此外,垂向跨度大的煤层可能不在同一含气系统,合层排采时层间干扰难以避免,实现合层排采控制的难度显著增大,因此应优选煤层气井剖面上煤层发育相对聚集的层段进行组合,并在开发层段优选的基础上进行合层压裂改造。示范工程丛式井组各压裂段跨度如图 7-27 所示。

③ 避开煤体结构破碎的构造煤。煤体结构破碎后主要为粉煤,不利于该煤层气资源开发。因此,多煤层发育区煤层气地面开发层段组合时应尽可能避开煤体结构破碎的煤层,避免其对全井段煤层气开发的不利影响。

④ 相邻压裂段距离尽可能大于 50 m。无论采用可钻式桥塞封隔下部已压裂层段方式,还是采用填砂方式,都需要保证相邻压裂段存在一定间距。为了降低煤层气排采阶段层间干扰的可能性,单井压裂段数量应控制在 3~4 个。为了避免同井垂向相邻压裂段间相互干扰及便于填砂作业,相邻压裂段的间距应尽可能大于 50 m。若采用桥塞封隔各压裂段,则相邻压裂段间距可适当缩短至 30~50 m。

⑤ 压裂段附近固井质量满足施工要求。从满足开发层段压裂施工的角度看,要求备选压裂段上下一、二界面胶结质量良好,对压裂段地层产生良好的封隔作用,防止压裂液窜层

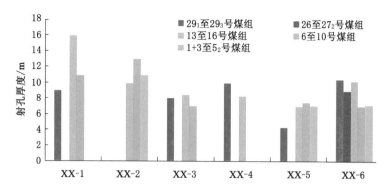

图 7-27 示范工程丛式井组各压裂段跨度统计

影响压裂效果。此外,为了保证压裂施工的正常进行,要求压裂段上部至少存在 30 m 一、二界面胶结质量良好的固井段。若压裂段附近固井质量不满足要求,可考虑采取挤水泥固井的方式改善该段固井质量,但补救施工的风险及难度较大。

⑥ 主要有利煤层段孔径扩大率低。由于钻井施工的破坏或煤层自身的原因,有利煤层段井径扩大,导致该煤层段固井水泥环增厚,有可能导致射孔弹难以射穿水泥环,井筒与地层无法连通。因此,应优选井径扩大率较小的煤层进行开发,以确保主要有利煤层的压裂效果。

⑦ 丛式井井场内不同井的开发层段尽可能一致。为了便于形成统一的压降漏斗,要求同一井场内各煤层气井的开发层段尽可能一致。位于井网的中心井开发层段尽可能多,兼顾示范区所有主要有利煤层段,便于与边缘井快速形成井间干扰,提高煤层气井产量。

三、开发层段优选方法与结果

(一)影响合层排采的地质因素

(1)储层压力梯度

合层排采过程中,多个煤组资源开发共用一个井筒,排采过程中压力传递的相对速度直接决定着单井产能的提高效果。煤层压力变化速度趋于一致,才能最大限度地增大解吸量,提高煤层气井产气量。若多煤层储层压力梯度差异较大,无论煤储层处于哪个排采阶段,势必造成储层供液能力差异,高压力梯度储层排采速率较快,容易引发速敏伤害,影响产气效果。此外,储层压力梯度的显著差异也会使低压力梯度产层排水降压时间延长,导致各储层压力传递速度差异增大,失去合层排采的意义。

(2)储层渗透性

一般单层排采井随着储层初始渗透率增大,日产气量增大,但对于合采井来说,需考虑各压裂段之间初始渗透率的匹配关系。如果各压裂初始段渗透率差别很大,合层排采过程中高渗储层流体运移速率会高于低渗储层,高渗储层发生严重速敏伤害,使储层渗透率降低。同时低渗储层流体运移缓慢,储层压降范围有限,影响合采井产气量。当储层压力相差较大时,高压储层会抑制低压储层产水甚至倒灌流入低压煤层,造成低压煤层排采降压时间增大,影响其压力在本层的传播,严重时可能直接"憋死"煤层,使得合采效果不佳,失去合采意义。因此,渗透性差别较大的多个煤层段不宜合层排采。

(3)煤体结构

煤体结构对合层排采的影响主要体现在两个方面。一方面,煤体结构对渗透率影响显著;

另一方面,在合层排采过程中,煤层水及煤层气均有携带煤粉的能力,但在同一流速下携带量会有差异,原生结构煤及碎裂煤的煤粉产出少,构造煤产出较多。合层排采时,如果某一层段为构造煤,那么这一层段煤粉产出速率会较快,造成储层流体运移受阻,产水、产气下降,此时如果排水、产气速率不变的话,势必会造成其他产层流体运移加剧,引发速敏、应力敏感伤害。

（4）顶底板岩性

当煤岩力学性质与顶底板岩性差别较大时,水力压裂很难突破煤层顶底板,裂缝将仅在煤层中延伸,若顶底板岩石力学性质与煤层相差不大,水力压裂时容易突破顶底板,影响压裂效果,使合层排采井某一层段因压降不充分而产气过低。

（5）产层供液能力

多煤层合层排采时,如果多段产层之间的含水性差别较大,为使动液面下降,势必加大排水量,这样就造成低产水层流体流动速率加大,产生严重的速敏伤害以及储层供气能力大大降低。此外,储层含水差异会导致储层压力传递速度差异,进而引起产气速度差异,这可能造成某一层不产气或产气很少,严重影响合采效果。

（二）开发层段优选思路

贵州省上二叠统薄—中厚煤层群发育,多煤层合采、煤系气共采是提高煤层气井开发效果的关键所在。开发层段大跨度、多含气系统合层排采煤层气井压裂煤层层数多、控制煤层气资源量大,但在多层段合层排采过程中,煤层气井排采控制的难度也大。以盘州某井为例,最上部 1+3 号煤层底板标高 617.57 m,最下部 29₃ 号煤层底板标高 943.76 m,多开发层段最大跨度为 326.19 m,排采过程中面临以下问题:① 如何协调裸露上部煤层对其造成的储层伤害与促进下部产层进一步降压的目的;② 上下产层跨度大,在上部产层未裸露的排采过程中,下部产层煤层解吸范围小,长时间排采上部产层,导致下部产层近井地带渗透率下降严重,不利于下部产层远端的排水产气。

由于贵州省上二叠统煤系发育煤层层数多,且部分煤层垂向间距小,因此逐层分析合采可行性显然过于复杂。基于以往学者研究,贵州省上二叠统龙潭组在垂向上存在多个独立含煤层气系统,即多层叠置独立含气系统。鉴于此,可将一个独立含气系统内所有煤层,包括可采煤层和不可采煤层,合为一个煤组。独立含气系统内的煤层间距小,储层特征比较相近,适宜进行分段压裂改造,进而探讨各煤组间合层排采的可行性。

（三）开发层段优选方法与指标

开发有利目标层段应考虑多个因素的影响,结合煤层气地质基础理论,可采用模糊综合评判、灰色聚类评估及人工神经网络等方法对目标区煤层气合层开发层段进行优选。基于开发层段优选的特点,选择着重研究"认知不确定"的模糊综合评判法更为合适。

模糊综合评判是以模糊数学为基础,应用模糊关系合成的原理,将一些边界不清、不易定量的因素定量化再进行综合评价的一种方法。其基本步骤为:首先建立因素集 $U = \{u_i\} = \{u_1, u_2, \cdots, u_n\}$、权重集 $A = \{a_i\} = \{a_1, a_2, \cdots, a_n\}$ 和评价集 $V = \{v_i\} = \{v_1, v_2, \cdots, v_n\}$,然后进行单因素模糊评判,以确定评判对象对评价集元素的隶属程度,获得对应因素的评判结果 R 后,并在单因素评判集构成多因素综合评判（R 评判矩阵）的基础上,进行模糊综合评判,求出模糊评价综合指标。最后采用最大隶属度法来确定最终的评判结果,即把与最大的评价相对应的评价集取为评判结果。

正确选择合适的指标是利用模糊综合评判法对煤层气合层开发层段进行优选的关键环

节。指标的选取取决于示范区的煤层气合层开发条件。结合前人研究成果,相关研究者总结影响合层排采的关键地质因素如表 7-6 所示。

表 7-6 煤层气井合层排采地质因素

控制因素	评判结果	
	合适	不合适
储层压力梯度	相差不超过 0.3 MPa/100 m	相差较大
含气饱和度	相差小于 30%	相差不小于 30%
供液能力差值	相差不超过 5 m³/d	差别大,特别是下部煤层供液能力远大于上部煤层,有越流补给
渗透率	相差不大,在一个数量级	相差较大
临界解吸压力	上下层差值不超过 0.3 MPa	大于 0.3 MPa

(四)开发层段优选工作流程

贵州省上二叠统龙潭煤系多煤层发育,各煤层含气量差异大,层间距离变化规律不明显,因此制定煤层气地面开发方案时应首先对煤层群进行分组。基于示范区煤储层特性分析,确定煤层分组的主要依据为煤厚、煤层间距、煤体结构、煤层埋深、顶底板岩性及含气性等。

完成煤层初步分组后,应结合煤层气抽采试验井排采曲线总结控制排采的关键因素,并利用模糊综合评判法以定量的方式对目标区煤层气合层开发层段进行优选。此外,由于煤层厚度及层间距存在一定变化,不同井段完井质量存在差异,因此在确定具体压裂层段时还需考虑煤层间距变化及固井质量因素。

(五)开发层段优选结果

基于上述开发层段优选原则与优选方法,结合示范区储层发育及特征的认识,并兼顾煤层气井完井质量对开发层段选择的影响,在专家打分的基础上采用模糊综合评判法确定示范区内 1+3 号~5_2 号、6_1~9 号、W_2~11 号、12~15 号、24~27_2 号、29_1~29_3 号为有利开发层段。此外,由于示范区煤层厚度及层间距存在一定变化,不同井段完井质量存在差异,因此丛式井组在确定具体压裂层段还考虑了煤层间距变化及固井质量因素。丛式井组共优选压裂层段 35 个。其中,煤层作为主力产层的 34 个,砂岩作为主力产层的 1 个。

由于不同含气系统的煤层合层排采时存在不兼容问题,直接影响到煤层气井的合层排采效果。基于示范区主要煤储层特征及井组长期排采曲线的分析,认为示范区龙潭煤系至少存在 3 套含气系统:9 号煤层以上(1+3 号~5_2 号煤层)、12~16 号煤层、24~29 号煤层。同一含气系统要优先选择储层物性相近,产气潜力大的煤层进行合采。合采并非煤层越多越好,对于储层压力、渗透率、临界解吸压力、地层供液能力等物性相差较大的煤层可不予射孔压裂,放弃合层开发。不同含气系统中多个大跨度产气层段合层排采时,可能存在层间干扰,造成套压波动及日产气量快速衰减。如 1+3 号~5_2 号煤组与 12~16 号煤层、24~29 号煤层合层采时,可观察到套压及日产气量波动,表现为层间干扰。

基于产气组合优选结果及合层排采层间干扰的认识,对于示范区龙潭煤系中以上 3 个产气系统埋深在 300~500 m 的,重点开发 24~29 号煤组;埋深在 500~700 m 的,重点开发

12~16 号煤组;埋深超过 700 m 时,重点开发 1+3 号~5$_2$号煤组。根据埋藏深度确定重点开发的含气系统的同时,也应尽可能兼顾其余 2 个含气系统的煤层气资源开发。当各含气系统紧邻或间距较小,多含气系统间的动态平衡关系脆弱,且易受开采扰动而发生层段间干扰时,宜采用逐级降压、递进排采的控制方式,确保下部煤层产气。当煤系地层中存在过饱和或游离气藏时,应单独排采,不建议与其他非饱和煤层合采。

第八章　小层射孔与分段压裂技术

贵州省上二叠统煤系地层普遍具有煤层发育层数多、单煤层厚度小、煤层间砂岩含气等特点,结合示范工程的认识及经验总结,得出贵州适合采用"小层射孔、分段压裂、合层排采"的方式进行煤层气地面开发。

首先,自地面施工直井或定向斜井高角度穿过煤系煤层群,套管固井后优选煤层及其顶底板砂岩含气层进行小层射孔;其次,在含气层段综合评价与优化组合的基础上进行压裂段划分,控制单压裂段长度小于 30 m,单有效压裂段厚度小于 15 m,单井压裂段数量控制在 3～4 个;然后,通过填砂或下桥塞方式封隔下部已改造层段,自下而上进行合层水力压裂;压裂结束后,冲砂洗井,对所有压裂段中煤层及砂岩含气层进行合层排采,如图 8-1 所示。

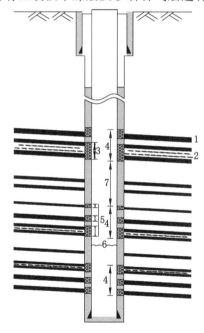

图 8-1　煤层群发育区煤系气共探共采方法

1—煤层;2—砂岩含气层;3—单射孔层厚度;4—单压裂段厚度;

5—单有效压裂段厚度;6—砂面;7—相邻压裂段间距

第一节　小层射孔技术

一、小层射孔原则

在含气层综合评价、开发层段组合及优选的基础上,以提高主要产气层段压裂改造效果,增大井控面积与控制资源量为目标,进一步优化煤层气井小层射孔方案。包括:射孔方

式、射孔密度、相位角等参数,以提高开发层段压裂改造效果。贵州省煤系气共探共采"小层射孔"的基本原则为:

① 在煤层群发育区含气系统划分的基础上,首先根据射孔层间距进行压裂层段划分。为了保证压裂所形成的主裂缝长度大于 200 m,应控制单压裂段跨度小于 30 m,单有效压裂段厚度小于 15 m,即单压裂段内射孔段长度累积不超过 15 m。

② 在优选的有利开发层段内,对主要有利煤层段进行射孔。一般情况下,有利煤层具有煤层厚度大、含气量高、煤体结构完整、储层易改造等特点,是区域煤层气开发的重点层位。对于压裂段中的有利煤层段,可通过扩射增加进液量,进一步提高压裂改造效果。

③ 在优选的有利开发层段内,尽管煤层厚度不大,但示范区范围内或丛式井组临井中厚度较稳定的煤层段也可进行射孔,以增加稳定性较好的薄煤层被改造的可能性,增大煤层气井控制的煤层气资源量。此时,该煤层顶底板应适当扩射,以增加压裂过程中的进液、进砂量,保证储层改造效果。

④ 进行小层射孔时,中厚煤层及其含气顶底板、厚度较大的砂岩含气层、多个相邻的薄煤层及其夹层可作为备选射孔层,优选的单射孔层厚度应控制在 2.0~5.0 m。

⑤ 当有利开发层段内多个薄煤层垂向距离较近时,采用连续射孔方式使之压裂后相互沟通(垂直缝沟通)。例如,黔西盘州矿区龙潭煤系有利开发层段内发育多个临近的薄煤层,累计厚度较大,且所夹岩层为泥质含量不高的细砂岩、粉砂岩,可作为射孔层。压裂过程中,通过快速提高施工排量或投球方式,以较高的施工压力作业,可在煤层间薄层砂岩中造缝,起到沟通多个薄煤层的目的,实现煤层气与煤系致密砂岩气、页岩气共同开发。

⑥ 当煤层段孔径扩大率高时,通过顶底板扩射的方式沟通井筒与煤层,以保证压裂过程中的进液、进砂量。煤层顶底板黏土矿物含量高时,则避射顶底板。煤体结构破碎时,避射该煤层或粉末状煤分层。

⑦ 贵州省内煤系地层钻井气测结果表明,煤层间厚度较大的细砂岩、泥质粉砂岩等普遍含气。为了高效开发煤系地层内致密砂岩气、页岩气资源,可将煤层间含气细砂岩、泥质粉砂岩等作为射孔层段。由于细砂岩、泥质粉砂岩等与煤的岩石力学特征存在较大差异,因此一般不将煤层与厚度较大的细砂岩、泥质粉砂岩等含气层纳入同一开发层段内进行合层压裂,需分别进行小层射孔、压裂。

二、小层射孔方式

合理的小层射孔方式(射孔段优选)不仅可有效连通井筒与含气储层,而且可合理分配压裂过程中各压裂段进液、进砂量,保障开发层段可获得良好的储层改造效果。基于贵州省上二叠统煤系气富集条件与储层特征,结合示范工程射孔工艺的研究,确定贵州省煤系气共探共采"小层射孔"方式主要包括:限射、单向扩射、双向扩射、连射、避射、选射(见图 8-2)。不同类型"小层射孔"方式的含义及适用条件分述如下。

(1)限射

限射是只射主要有利煤层段。当主要有利煤层单层厚度较大(≥3.0 m)时,水力压裂过程中该煤层进液、进砂量及储层改造效果可得到保证,采取只射煤层的小层射孔方式,将射孔段限制在主要有利煤层段内,即单射孔层跨度≤煤层厚度[见图 8-2(a)]。

(2)单向扩射

单向扩射是向煤层段射孔并向煤层顶板或底板扩射。当煤层厚度中等(1.5~3.0 m),稳

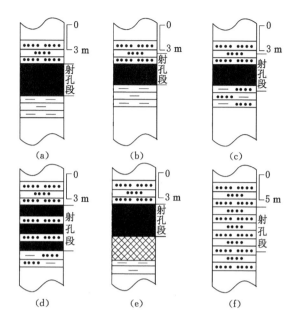

图 8-2 煤系气共探共采"小层射孔"方式

定性好,且为主要有利煤层,则采用向煤层顶板及底板扩射的小层射孔方式,以增大该煤层段进液、进砂量。当煤层底板/顶板为黏土矿物含量较高的泥岩或黏土岩时,为防止顶板(底板)中黏土矿物吸水膨胀而伤害煤储层,则向上/向下不扩射,仅单向扩射[见图 8-2(b)]。

(3)双向扩射

双向射孔是向煤层段射孔并向煤层顶底板方向扩射。当煤层厚度较小(≤1.5 m)但稳定性较好时,为了增加该煤层的进液、进砂量及增强储层改造效果,采取顶底板同时扩射的方式,使小层射孔长度增加至 1.5~2.0 m。若煤层顶底板均为黏土含量高的泥岩或黏土岩,则避射煤层顶板及底板[见图 8-2(c)]。

(4)连射

连射是垂向上聚集的多个薄煤层连续射孔。当两个或三个薄煤层垂向间距较小时,结合地应力、储层压力及煤岩力学特征等预测压裂过程,可通过快速提高排量或投球方式压裂层间砂岩、粉砂岩、泥质粉砂岩,则采取多个薄煤层连射方式进行小层射孔。多煤层连射情况下,一般连续射孔长度不超过 7.0 m[见图 8-2(d)]。

(5)避射

避射厚煤层中煤体结构破碎的煤分层。贵州省上二叠统煤系普遍具有煤层厚度越大煤体结构越破碎的特征。当厚度较大煤层(>3.5 m)的上/下分层煤体结构较破碎,特别是为粉煤时,为了避免构造煤层段射孔、压裂对该井中其他产层的影响,则采取避射上/下分层的方式进行小层射孔[见图 8-2(e)]。

(6)选射

在煤系厚层含气致密砂岩段、页岩段内部优选射孔段。当含气砂岩厚度较大(>20.0 m),选择砂岩中部 6.0~8.0 m 连续射孔,单独对含气砂岩层进行压裂改造。如示范区龙潭煤系 18 号煤层底板致密砂岩含气层、22 号煤层底板致密砂岩含气层[见图 8-2(f)]。

井组小层射孔工作基于以上方法开展,XX-1～XX-5 井确定的射孔层段如图 8-3 所示。

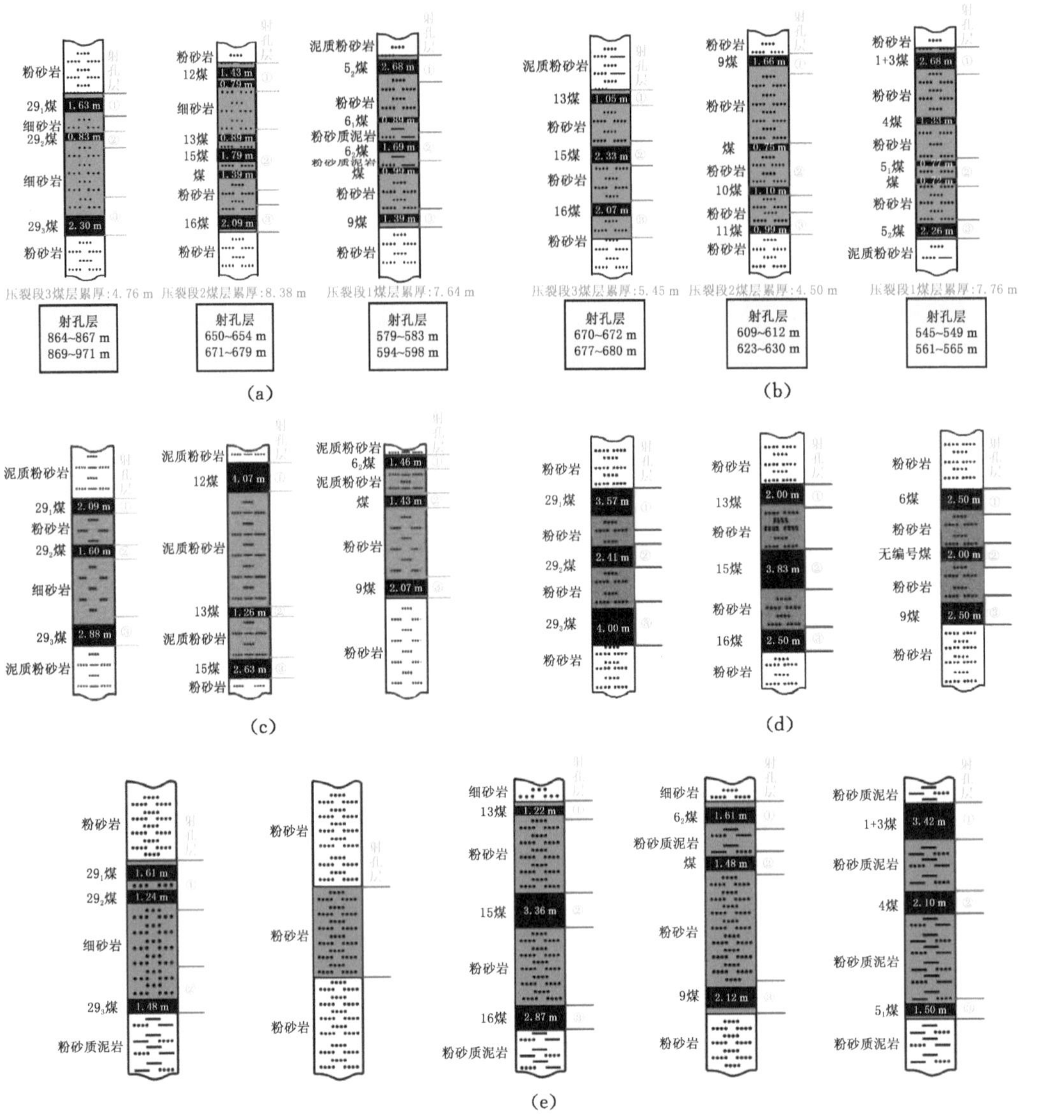

图 8-3　示范工程部分井射孔层段
(a) XX-1 井;(b) XX-2 井;(c) XX-3 井;(d) XX-4 井;(e) XX-5 井

三、射孔工艺及参数

(1) 射孔工艺

采用 $\phi 8$ mm 单芯电缆/油管输送 102 型射孔枪,在井内下放至射孔深度,通过地面控制点火完成 127 型射孔弹射孔作业。下井射孔工具连接从上至下为:电缆马龙头($\phi 38$ mm)＋磁性定位仪($\phi 43$ mm)＋加重杆($\phi 43$ mm)＋射孔枪点火头($\phi 43$ mm)＋射孔枪($\phi 43$ mm)。根据标节深度和射孔深度计算上提值,经现场监督、审核确认后上提跟踪点火。

由于同一井场内各井的最大井斜存在一定差别,因此采用油管传输和电缆传输两种方式进行射孔枪射孔。对于井斜较大的煤层气井,采用油管传输射孔枪射孔,可以多层一次下井完成,减少了下井次数及储层污染,如 XX-3、XX-4、XX-5 井。对于井斜较小的煤层气井,采用电缆传输射孔枪射孔。该传输方法方便快捷,井场地面准备时间短,每井次射孔比油管传输省时 2～3 h,如 XX-1、XX-2 井。

（2）射孔参数

射孔参数的选择直接影响到小层射孔质量及储层压裂改造的效果。基于储层特征研究,优化射孔相位、射孔密度等参数是水力压裂成功的关键。基于贵州省西部水平应力方向分析及储层物性研究,结合示范工程射孔完井及压裂施工经验,笔者认为采用射孔密度 16 孔/m、射孔相位 60°、CCL 校深定位方式进行小层射孔,可更好地实现井筒与储层的连通,提高后续储层压裂改造的效果。

（3）射孔技术要求

贵州省西部地处高应力区,多数煤层为异常高压储层,因此射孔前应做好防喷准备工作,保证井内压井液符合射孔施工的要求,必要时须安装防喷闸阀,为射孔作业安全性提供保障。射孔施工过程中,应做好资料录取工作,要求射孔弹发射率达到 100%。射孔后,做好井口溢流及气体显示情况的描述。

射孔过程中,应做好测井辅助定位工作。依据各井综合测井曲线图(1∶200)、固井质量图(1∶200)进行射孔深度确定。射孔前先测一条自然伽马和一条磁定位曲线,并与原曲线对比,射孔后复测磁定位曲线,检查射孔质量。

第二节　分段压裂技术

一、压裂设备选型

立足于贵州省煤层气开发有利区地形地貌、井场条件及煤系含气层改造要求,分段压裂施工选择的设备包括:压裂液罐(或可拆装式储液池)、砂罐车、立式砂罐、混砂车、压裂车、管汇车、仪表车、压裂裂缝监测车、值班车等。此外,其他自吊车等辅助车辆根据需要配备。煤层气井水力压裂施工设备连接方式如图 8-4 所示。

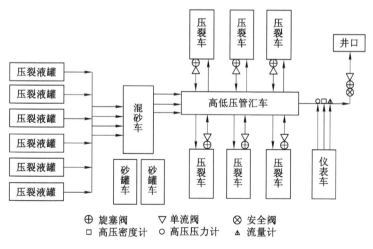

图 8-4　煤层气井水力压裂设备连接方式

（1）压裂液罐或可拆装式储液池

煤层气井压裂时，水是主要的造缝和传输介质。压裂一旦开始，中间就不能停顿。压裂时若没有提前准备充足的液体，可导致压裂过程供液不足，甚至可能导致压裂失败。因此，压裂前需提前进行压裂液的准备。为满足单次压裂施工用液量，需准备容积为 50 m^3 的压裂液罐 25 个以上，并在压裂施工过程中不断补充液体。若井场不满足压裂液罐放置/叠置的条件，则采用可拆装式储液池备液，储液池容积要求大于 1 300 m^3。压裂施工过程中，需不断向压裂液罐或储液池中补充液体，以满足压裂施工方案临时调整的需要。

（2）砂罐车与立式砂罐

当压裂裂缝形成后，为防止裂缝闭合，需要用支撑剂对裂缝进行支撑。由于压裂施工排量大，加砂时间短，需要用 4 台及以上砂罐车运载支撑剂。为保证支撑剂加入的连续性，在砂罐车交替供砂的间隙，需采用 1 个立式砂罐向混砂车供砂，立式砂罐的容积要求不小于 20 m^3。

（3）压裂车

压裂施工时的动力系统主要来自压裂车。压裂施工时，为了提高压裂效果，需合理配置压裂车数量，并将多台压裂车并联，通过管汇车把各个压裂车及井口汇集连接。贵州省西部地应力高，煤储层压力大，特别是煤系下部含气层开发时，压裂车需提供较高的压力以达到多个含气层共同改造的目标，因此一般至少需配备 8 台 2250 型压裂泵车。其中，6~7 台施工，1~2 台压裂现场备用。

（4）混砂车

压裂前，支撑剂与压裂液分别盛装；压裂时，混砂车将支撑剂和压裂液均匀搅拌混合，以便支撑剂被携带更远。分段压裂施工过程中，注入排量较高，压裂后期填砂时砂比高。为达到分段压裂施工的要求，需配比 1 台 100 桶混砂车，以满足供液、供砂的需求。

（5）管汇车

管汇车主要是运输压裂时所需要的各种管线，需配备 1 台管汇车。

（6）仪表车

为随时了解压裂过程中压力变化，随时调整泵注程序，使压裂施工过程进展顺利，压裂效果最佳，需要通过 1 台仪表车随时监测、分析压裂数据，并及时发出相应指令。

二、压裂材料优选

（1）压裂液优选

水力压裂施工所采用的压裂液包括前置液、携砂液及顶替液，它们在压裂中有着不同的任务。前置液是最初入井的压裂液，其作用是压开地层并造成一定几何尺寸的裂缝以备携砂液进入。携砂液起到将支撑剂带入裂缝并将其携带到固定位置上的作用。顶替液是在注入携砂液后，将井筒中的支撑剂顶入裂缝中的液体。自 20 世纪 80 年代美国成功开展煤层气井压裂以来，先后采用了高压水力压裂、大排量加砂水力压裂、液氮泡沫压裂、液氮泡沫加砂压裂、CO_2 伴注加砂压裂等工艺对煤储层进行改造。自 20 世纪 90 年代初，国内不同施工单位曾先后尝试过清水加砂压裂、活性水加砂压裂、线性冻胶压裂及泡沫压裂，并取得了许多宝贵的经验。

基于贵州省上二叠统煤储层特征，结合沁水盆地南部煤层气井压裂施工经验及不同压裂液对煤层气井产气量影响的分析，认为贵州省上二叠统煤系气储层改造适宜采用活性水压裂液体系,活性水压裂液体系是当前最有效、最经济、最可行的选择。当采用活性水压裂液时,单次合层压裂施工所准备的压裂液量应不低于 1 300 m³/段。适宜采用的活性水压裂液配方为:清水＋2.0%/1.0%氯化钾＋0.2%助排剂＋0.05%杀菌剂。为了进一步强化活性水低伤害的特点,除在清水中加入适量的黏土稳定剂、表面活性剂和杀菌剂外,原则上不加或尽可能少加其他任何添加剂。

受成煤沉积环境的影响,贵州省龙潭煤系下煤组无机组分中黏土矿物含量明显较上煤组高。为了减弱煤中黏土矿物膨胀对储层渗透性的不利影响,压裂液中氯化钾含量可根据煤中黏土矿物含量变化而调整。下煤组压裂时(煤中黏土矿物含量普遍超过 10%),压裂液中氯化钾含量为 2.0%;中、上煤组压裂时(煤中黏土矿物含量普遍低于 10%),压裂液中氯化钾含量降为 1.0%,在保证压裂改造效果的前提下节约压裂材料成本。

由于贵州省上二叠统煤系普遍具有地温高异常特征,因此当开采目的煤层埋藏深度较大时(超过 750～900 m),储层温度能够达到液态 CO_2 在超临界状态下气化发泡的要求,可探索性开展 CO_2 泡沫压裂工作。

(2) 支撑剂优选

煤层气井压裂过程中,支撑剂的作用是支撑压裂施工所产生的人工裂缝,使其能够形成良好的导流能力。与常规油气储层相比,由于贵州省内目前开发的煤层埋藏较浅,煤储层裂缝闭合应力小,对支撑剂强度的要求不高,因此天然石英砂作为支撑剂可满足当前压裂的需求。随着煤层气开采深度的不断增加,在黔西地应力异常高的地区,水力压裂裂缝闭合时受到较高的地层压力作用,为了降低支撑剂破碎的可能性,可选择低密度空心陶粒作为支撑剂。由于低密度空心陶粒的成本显著高于天然石英砂,因此低密度空心陶粒作为支撑剂的经济性与合理性仍有待进一步评价。

支撑剂粒级选择取决于压裂液类型、压裂施工排量、储层条件和压裂施工规模等,优化设计的目的是使支撑剂在压裂裂缝中运移距离更远,实现压裂裂缝的远端支撑。基于贵州省煤层气开发有利区煤储层物性、岩石力学特征,采用活性水压裂液体系条件下,支撑剂优选组合为:① 当压裂段埋深小于 800 m,基于试井结果推测裂缝闭合压力<25 MPa 时,采用兰州石英砂作支撑剂。石英砂粒径组合为 40～60 目(0.30～0.45 mm)与 20～40 目(0.45～0.90 mm)。压裂施工过程中,采用多级、变粒径的加砂方式。压裂前期以小粒径石英砂为主,一方面显著降低裂隙发育煤储层的滤失量,另一方面对所形成的裂缝进行有效支撑;压裂后期,加入粒径较大的石英砂,对井筒周围裂缝形成有效支撑,在井筒周围形成高导流能力的铺砂剖面。② 当压裂段埋深大于 800 m,基于试井结果推测裂缝闭合压力大于 25 MPa 时,可考虑选择低密度空心陶粒作为支撑剂。空心陶粒支撑剂的粒径组合与石英砂支撑剂相同。

合层压裂施工前,所需准备的兰州石英砂/陶粒支撑剂数量应不低于 60 m³/段。为了保证压裂裂缝支撑效果,要求压裂施工中使用的支撑砂圆度不低于 0.8,球度不低于 0.8,并保证清洁无机械杂质。

(3) 防砂纤维

为了减少煤层气井后续放溢流及排采中支撑剂返吐量,延长捞砂、洗井周期,在压裂施工后期需加入一定量的防砂纤维(0.4 kg/m)以起到固定井筒周围支撑剂的目的。示范工程一期煤层气井压裂结束后,放溢流过程中发现有较多的防砂纤维随压裂液返出井口,这在一定程度上影响了防砂纤维的固砂效果。示范工程二期压裂中,防砂纤维在分段压裂填砂之前或顶替液注入前加入混砂车中(在混砂车中与注入井筒中的中粒石英砂充分混合),显著降低了防砂纤维的返吐量,提高了防砂纤维的固砂效果,避免了防砂纤维堵塞、缠绕排采管柱的情况。

示范工程井组压裂施工所消耗的压裂材料统计结果如表 8-1 所示。

表 8-1   井组压裂施工材料统计

井号 压裂材料	XX-1	XX-2	XX-3	XX-4	XX-5	XX-6	合计
液量/m^3	3 995.0	3 633.0	3 538.7	2 260.9	3 509.7	4 708.1	34 163.7
砂量/m^3	168.6	171.0	190.0	143.0	184.0	254.0	1782.4
KCl/kg	98 000	78 000	58 600	24 200	67 600	73 000	601 400
助排剂/kg	5 200	3 900	4 100	1 400	6 700	4 700	38 800
杀菌剂/kg	2 600	1 950	2 050	1 000	1 900	2 450	18 750
防砂纤维/kg	0	16	16	8	16	20	124
煤粉分散剂/kg	0	0	0	0	0	3 000	3 000
陶粒/m^3	0	0	0	0	0	30	40

三、压裂施工工艺

（一）方式选择

煤层群发育区多煤层合采、煤系气共采储层压裂改造工艺的选择主要受有利含气层垂向发育特征的影响。有利开发层段在垂向上相对分散的情况下,适宜采用连续油管或投球滑套分层压裂的方式,以保证各主要含气层段的压裂改造效果。当有利开发层段垂向发育相对集中时,适宜采用光套管组段压裂方式进行合层压裂、分段改造,以显著降低压裂施工的成本,提高煤系气共探共采的经济性。以示范工程为例,上二叠统龙潭组具煤系气开发潜力的含气层在煤系上、中、下段集中分布,满足实施合层压裂、分段改造的储层发育及赋存条件,适宜开展"套管射孔完井—光套管注入—填砂/桥塞封隔"合层分段水力压裂改造(见图 8-5)。

（1）压裂层段数量

煤层群发育区多煤层合采情况下,可能在不同煤层或多个产气段间产生明显的相互干扰,这不仅增大了煤层气井合层排采的难度,而且极易产生储层伤害。因此,为了减弱层间干扰对煤层气井产能的影响,必须限制单井中压裂层段的数量。结合贵州省煤层气开发有利区煤系地层厚度、煤层发育及垂向聚集条件,平衡经济投入与资源产出的关系,认为合层开发煤层气井单井压裂段数量控制在 3 段或 4 段较为合理。此时,煤层气直井单井产能预期可达 2 500～3 000 m^3/d。

（2）施工具体要求

采用"光套管注入—填砂/桥塞封隔"合层分段水力压裂改造工艺的具体要求为:① 采用套管固井—小层射孔完井方式;② 单压裂段跨度<30 m,有效压裂段<15 m;③ 采用投球暂堵方式保证多煤层合层压裂改造效果;④ 相邻压裂段间距>50 m 时,采用填砂方式对下部压裂段封隔,压裂段间距为 30～50 m 时,采用可钻式桥塞封隔下部压裂段,避免砂、液

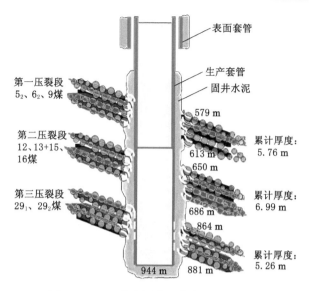

表面套管

生产套管
固井水泥

第一压裂段
5₂、6₂、9煤

第二压裂段
12、13+15、16煤

第三压裂段
29₁、29₂煤

579 m

累计厚度：
5.76 m

613 m
650 m

累计厚度：
6.99 m

686 m

864 m

累计厚度：
5.26 m

944 m   881 m

图 8-5　XX-1 井合层分段水力压裂模式

窜层影响到上部压裂段的改造效果;⑤ 高排量、低砂比注入提高裂缝支撑效果;⑥ 利用地面微地震＋井温测井监测方法评价压裂改造效果。

（二）设计依据

压裂方案设计主要基于贵州省上二叠统煤系气开发条件及含气储层可改造性的综合分析。以示范工程为例,龙潭煤系煤储层综合评价、压裂曲线分析及煤层气井长期排采工作表明:① 示范区主要煤层发育孔隙以微孔为主,储层原始渗透性较差,煤层气开发时需进行有效储层渗透性改造,压裂改造半径与裂缝支撑效果直接影响煤层气井能否高产、稳产;② 煤储层天然裂隙发育、岩石力学强度低,压裂时难以形成延伸距离远的主裂缝,而更易在井筒周围形成延伸不远的网状裂缝;③ 近井地带煤储层表现出较强的滤失性,导致压裂液在其中流速慢、携砂能力较弱,容易产生支撑剂的近井堆积;④ 区域高地应力背景下,煤系下部煤层破裂压力及延伸压力高。在高施工压力条件下,压裂裂缝支撑难度大,极易造成支撑剂破碎或嵌入煤储层;⑤ 煤储层含气饱和度高、储层压力大,压后放溢流过程中易形成支撑剂反向运移;⑥ 合层压裂条件下,多煤层的改造效果存在较大差异。

基于上述对示范区煤储层特征及压裂、排采响应的认识,贵州省煤层气开发有利区煤层气井分段压裂应以降低压裂液滤失速度,增大井筒周围铺砂面积,减少支撑剂返吐量、保证多个煤层的共同改造效果为目标进行方案优化。设计与优化的关键内容包括:① 利用不同含气储层孔渗性差异进行投球封堵达到合层压裂共同改造的目标,压裂施工过程中,须根据压裂曲线形态现场判断各含气层的改造程度,并在此基础上调整泵注程序及投球方案;② 严格控制压裂段跨度及有效压裂段长度,单压裂段内有效射孔段累积长度小于 15 m;③ 适当增大压裂规模,增加压裂液、支撑剂用量,严格控制砂比,增大压裂改造范围及井控面积;④ 减少前置液量,增加携砂液量,采用阶梯式加砂方式,控制最大砂比,避免支撑剂近井地带大量堆积;⑤ 前置液注入后,增加粉砂注入量及砂比,降滤失、造宽缝;⑥ 侧重投球间的压裂造缝,投球前砂、液量增加至 60%～70%;⑦ 投球数量根据煤层破裂顺序确定,以最先压开煤层射孔数的 120%投入;⑧ 煤系下煤组压裂时优选抗压能力更强、易于携带的空心陶粒作为支撑剂,提高压裂裂缝支撑效果。

（三）压前准备工作

煤层气井压裂施工前的准备工作包括压裂施工场地平整、拦水坝修筑、储液池/压裂液罐组装及蓄水、压裂液配制、支撑剂吊装、通洗井、射孔等。贵州省上二叠统煤层群发育区煤层气开发采用合层—分段压裂改造工艺时,下部压裂段施工结束后,若采用填砂封隔方式,还需开展通井、探砂面、调整砂面、射孔等作业;若采用可钻式桥塞封隔方式,则需开展桥塞座封与射孔联合作业。

（四）压裂施工流程

（1）循环试压

在正式压裂前,利用压裂泵车向压裂管线中注入足量的液体,对井口装备、地面设备的耐压能力及压裂管线密闭性进行检测,以保证管路中的压裂液不外漏。循环试压过程主要针对套管线内外及与井口装置连接处密闭性进行检测。这些地方一般都处于管线连接处,容易产生漏水、接口腐蚀等情况,可能对后期压裂施工造成影响。循环试压的操作过程为:首先,打开井口旁通阀,然后向旁通阀中注入高压循环压裂液;待注入量达到要求以后,关闭旁通阀,进行井口憋压。

（2）注前置液及携砂液

向井筒中注入前置液的作用是通过大排量、高压力条件下向地层中注入一定量的液体,造成一定几何尺寸的裂缝,以备后面的携砂液进入。为了提高前置液的工作效率,在一部分前置液中加入 $3\%\sim5\%$ 的粉砂/细砂（段塞）,以打磨煤层中存在的裂缝,降低压裂液滤失量,提高造缝效果。当压裂层段产生裂缝后,继续注入带有支撑剂的携砂液,裂缝向前延伸并得以支撑,从而在井筒附近压裂地层内形成具有一定几何尺寸和高导流能力的人工裂缝,以达到煤储层增渗的目的。

① 液量与注砂量优化

结合示范工程煤层气井合层压裂曲线特征、后续排采表现及合层压裂效果的模拟研究认为:合理控制合层压裂规模,不仅可提高煤层气开发的经济性,还可起到保护储层的效果。注入压裂液量（包括前置液、携砂液）应控制在 $145\sim150$ m^3/m（代表每 1 m 煤层）,加砂强度应控制在 $7.5\sim7.8$ m^3/m（代表每 1 m 煤层）。示范工程井组压裂液、支撑剂使用情况如表 8-2 所示。

表 8-2   示范工程井组压裂液、支撑剂使用情况

井号 施工参数	XX-1	XX-2	XX-3	XX-4	XX-5	XX-6	合计
煤视厚/m	24.4	19.3	20.1	13.4	23.8	32.5	209.6
射孔段长/m	36.0	34.0	23.6	18.3	26.4	43.7	282.7
液量/m^3	3 995	3 633	3 538.7	2 260.9	3 509.7	4 708.1	34 163.7
加液强度/(m^3/m)	163.6	188.5	176.4	168.5	147.3	144.7	164.3
砂量/m^3	168.6	171	190	143	184	254	1782.4
加砂强度/(m^3/m)	6.9	8.87	9.47	10.66	7.72	7.81	8.64

示范工程井组各压裂段施工参数统计结果如表 8-3 所示。

表 8-3　　　　　　　　　示范工程井组各压裂段施工参数统计表

压裂段	施工参数	XX-1	XX-2	XX-3	XX-4	XX-5	XX-6
1+3 号～5 号煤组	煤厚（视）/m	—	9.29	—	—	7.08	7.06
	射孔段长/m	—	11.00	—	—	7.56	7.13
	砂量/m³	—	55.20	—	—	9.00	33.00
	液量/m³	—	1 241.0	—	—	270.0	800.7
	排量/(m³/min)	—	7～10	—	—	8～10	4～6
	加砂强度/(m³/m)	—	5.94	—	—	1.27	4.67
6 号～10 号煤组	煤厚（视）/m	7.70	4.68	5.21	—	4.96	5.63
	射孔段长/m	11.00	13.00	7.00	—	7.50	7.00
	砂量/m³	57.00	58.00	49.00	—	47.00	31.00
	液量/m³	1 271.0	1 183.0	892.10	—	1 042.8	691.3
	排量/(m³/min)	8～11	7～10	6～8	—	8～10	6～8
	加砂强度/(m³/m)	7.40	12.39	9.40	—	9.48	5.51
12 号～16 号煤组	煤厚（视）/m	12.50	5.30	8.28	7.25	7.45	6.64
	射孔段长/m	16.00	10.00	8.50	8.33	8.43	10.21
	砂量/m³	56.60	57.80	76.00	76.00	76.00	74.00
	液量/m³	1 234.0	1 209.0	1 175.5	1 151.1	1 140.6	1 157.7
	排量/(m³/min)	10	7～10	10～12	10～12	10～12	10～12
	加砂强度/(m³/m)	4.53	10.91	9.18	10.48	10.20	11.14
22 号～27 号煤组	煤厚（视）/m	—	—	—	—	7(砂岩)	7.40
	射孔段长/m	—	—	—	—	7.00	9.00
	砂量/m³	—	—	—	—	30.00	47.00
	液量/m³	—	—	—	—	573.30	984.40
	排量/(m³/min)	—	—	—	—	10～12	10～12
	加砂强度/(m³/m)	—	—	—	—	4.29	6.35
29 号煤组	煤厚（视）/m	4.22	—	6.57	6.17	4.33	5.80
	射孔段长/m	9.00	—	8.09	9.98	9.24	10.40
	砂量/m³	55.00	—	65.00	67.00	52.00	69.00
	液量/m³	1 490.0	—	1 471.1	1 109.8	1 056.3	1 074.0
	排量/(m³/min)	9	—	10～12	10～12	10～12	10～12
	加砂强度/(m³/m)	13.03	—	9.89	10.86	12.01	11.90
合计	煤厚（视）/m	24.42	19.27	20.06	13.42	23.82	32.53
	射孔段长/m	36.00	34.00	23.59	18.31	26.36	43.74
	砂量/m³	168.6	171.0	190.0	143.0	184.0	254.0
	加砂强度/(m³/m)	6.90	8.87	9.47	10.66	7.72	7.81
	液量/m³	3 995.0	3 633.0	3 538.7	2 260.9	3 509.7	4 708.1

注：/表示该煤层气井未压裂该煤组。

② 施工压力与排量优化

合层压裂过程中,考虑到套管抗压强度等因素,施工压力应限制在 40 MPa 之内。基于黔西地应力场分析,区域垂向与水平方向应力变化的临界深度为 610~650 m,因此煤层气井压裂过程中更容易产生垂直裂缝,即高排量更易形成短高缝,易出现蹿层,影响煤储层的平面改造效果。此外,高排量施工对设备性能要求高,套管摩阻高,设备稳定性差(如地面弯管刺破、井下套管压坏),并可因射孔孔眼打磨导致投球效果差,近井地带煤体结构破坏严重,支撑剂嵌入等一系列问题。因此,在顺利压开煤层后,注入排量应控制在 7.0~10.0 m³/min,且尽可能保持泵注压力及注入排量的稳定。基于示范工程井合层压裂模拟分析的结果:采用光套管低黏度活性水压裂时,压裂液悬浮携砂能力要求其排量不低于 4 m³/min。因此,当压裂段内煤层厚度较厚或较薄时,压裂施工注入排量可控制在 $Q=4+2\times h$(h 为单煤厚)。

③ 砂比及加砂顺序优化

受煤阶、煤质等因素的共同影响,黔西地区主要煤层岩石力学强度不高,压裂时较容易产生大量网状裂缝,因此适宜采用阶梯式加砂方式对压裂裂缝进行支撑。由于活性水压裂液的携砂能力较弱,因此携砂液砂比尽可能控制在 12%以内,压裂结束前砂比不宜超过 15%,并按照细砂—中砂的顺序加入,以增大井筒周围的铺砂面积,提高裂缝支撑效果。尽管示范工程一期煤层气井压裂施工能够形成长达 220~250 m 的主裂缝,但排采过程中产气表现证明人工裂缝的支撑效果不佳,导致煤层气井产气速率衰减过快。从压裂施工方面分析原因认为:一期煤层气井压裂施工的前置液量较大、携砂液量较小,特别是携砂液砂比过大,这在一定程度上影响了压裂裂缝的支撑效果。鉴于此,二期压裂施工中通过增加携砂液量、降低砂比等措施,避免了支撑剂在近井地带的大量堆积,提高了储层改造效果。

(3)投球暂堵

合层压裂背景下,受不同煤层煤岩力学特征的影响,压裂过程中不同煤层的改造程度可能存在较大差异。为了更好地集中施工压力,使多个煤层均达到预期改造效果,在压裂施工过程适宜采用投球暂堵的方式实现多个煤层的逐次改造。投球暂堵的基本原理为:当前置液对某一目的煤层造缝成功并随后注入携砂液支撑后,利用压裂井口安装的投球器投入一定量的尼龙球,使尼龙球封堵住进液的射孔孔眼,降低压裂层段的进液速度来提高施工压力,以便在后续前置液注入过程中在其他目的煤层形成新的人工裂缝,提高全压裂段的储层改造效果。压裂中投球暂堵工艺利用储层特征差异有效封堵已改造层,达到同一压裂段内多产层共同改造的目标,其施工工艺风险小、成本低、可操作性强,较常规压裂工艺可取得更好的压裂效果。

由于贵州省地处高应力区,煤储层压裂改造施工压力、排量及规模预期较大,因此压裂中投球效果仍存在一定的不可控性。具体表现在:① 由于施工压裂及排量大,携砂液对套管孔眼的打磨作用强,导致射孔孔眼直径显著扩大,采用 $\phi16\sim18$ mm 尼龙球对进液孔眼的封堵效果差;相比之下,投入 $\phi24\sim26$ mm 的尼龙球能够取得更好的孔眼封堵效果。② 合层压裂条件下,部分井段压裂过程中采取投球方式可提高施工压力,并形成新的主裂缝,显著提高压裂效果(见图 8-6)。然而,由于同一压裂段内不同煤层的储层特征存在一定差异,尽管采用了多次投球封堵的措施,仍有少数煤层未达到有效改造的目标,尤其是压裂段内包含 3 个及以上煤层时,投球暂堵的效果较差(见图 8-7)。因此,需要根据施工过程中压裂曲线特征进行及时分析,合理确定投球的必要性及投球时间、投球数量,使投球后产生明显的储层改造效果。

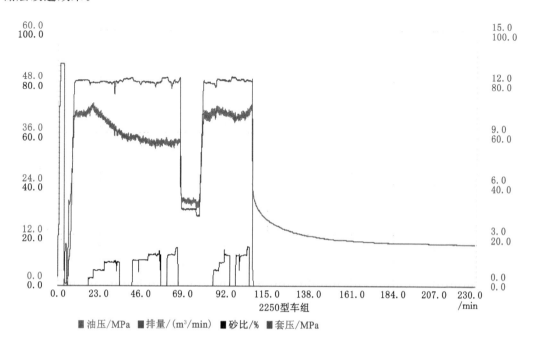

图 8-6　投球后油压显著升高

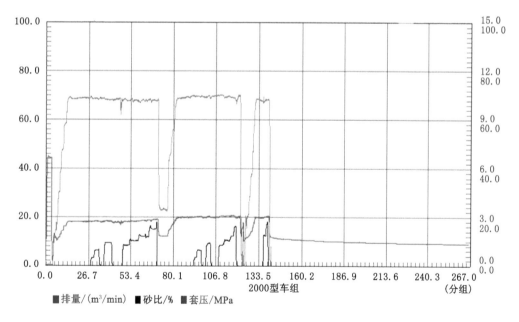

图 8-7　投球前后油压不变

示范工程井组压裂段长度/跨度介于 7.3～36.0 m,平均 20 m,累计压裂的 35 段中投球 24 段,初步分析投球有效 14 段,成功率占 53.8％。特别是当压裂段长度/跨度超过 15 m 后,投球暂堵的效果变差。示范工程各井投球次数统计及效果评价情况如表 8-4 所示。

表 8-4 示范工程各井投球封堵次数及效果评价

井号 压裂段	XX-1	XX-2	XX-3	XX-4	XX-5	XX-6	备注
第一段	1	—	1	1	1	0	① 0/1/2 代表该段压裂时投球次数
第二段	—	—	—	—	—	1	
第三段	1	0	1	1	2	1	② "—"代表该井未压裂该段
第四段	1	2	2	0	2	2	③ 阴影代表该段投球有明显效果
第五段	—	2	2	—	0	2	

（4）注前置液及携砂液

降低排量、施工压力并投球封堵部分射孔孔眼后，继续向井筒中注入前置液，集中施工压力将压裂段中未得到充分改造的储层重新压裂、造缝，使压裂段内所有煤层的渗透性得到改善。此次注携砂液与上述施工工艺类似，但在二次注携砂液时应加入一定量的防砂纤维，以减少前期注入支撑剂的移动、返排。

（5）低排量、高砂比填砂

采用合层—分段压裂工艺对煤层群多个目的煤层进行改造，当采用填砂方式封隔下部压裂段时，需保证顶替后井筒中存在较高的砂面。黔西地区煤储层普遍具有超压、含气高饱和的特点，压裂后自井口填砂的施工难度大，且显著延长施工周期。在压裂施工后期，可采用低排量、高砂比注入携砂液的方式进行填砂，使压裂施工后压裂段即没于砂面之下，节省后期填砂时间。

具有高压、含气过饱和且煤层间砂岩含气特征的储层组合进行压裂改造时，可能压裂后自井口填砂工艺难以取得预期的封隔下部压裂段效果。因此，从缩短压裂工期及保护压裂设备的角度考虑，在压裂施工过程中应合理选择填砂方式，即要避免自井口填砂显著延长压裂施工周期，又要避免压裂后期泵车注砂引起设备损坏。此外，可钻式桥塞封隔方式尽管在一定程度上增加了作业及材料成本，但可有效避免压裂过程中气液蹿层，显著提高压裂施工效果，缩短压裂施工周期，是一种更优的合层开发煤层气井下部压裂段封隔方式。若合层—分段压裂煤层气井临近压裂段跨度不满足填砂条件（小于 50 m），则采用可钻式桥塞封隔工艺。此时，无需进行填砂、放溢流作业，只需预先安装带压井口，并进行带压桥塞座封与射孔联合作业。

（6）注顶替液

注入顶替液的作用是把前期注入的携带支撑剂的液体替出井筒并挤入压裂所形成的裂缝中，以便获得更好的裂缝支撑效果，顶替液总量根据井筒中进液管柱结构计算。在煤层气井自下而上对最上部压裂段压裂时，为保证在井筒附近的人工裂缝中存在高浓度的支撑剂，通常采取欠顶替的方式，避免过顶替导致井筒附近裂缝难以有效支撑或填砂砂面过低。

（7）放溢流

单一压裂段施工结束 4 h 后，为使井筒内的压裂逐渐降低，为后续压裂施工或煤层气井排采做准备，因此应打开针型阀并以 0.2～0.5 m³/h 的速度进行排放溢流液。放溢流过程中，现场技术人员定期对溢流量进行监测，并通过调节针型阀控制溢流速度。若采用可钻式桥塞封隔下部压裂段，则仅需在全井压裂施工结束后放溢流，分段压裂过程中无须放溢流。

压后放溢流应以裂缝闭合为前提。放喷压力高,周期短,裂缝快速闭合,易造成支撑剂返吐和嵌入。依据压后溢流过程中井口压力、溢流速度变化及地层动态,放溢流过程可划分为稳定地层阶段、强制闭合阶段、快速返排阶段。在稳定地层阶段,压入储层的支撑剂处于极不稳定状态,大量支撑剂在压裂液中悬浮。为了减少支撑剂回流量,提高压裂改造效果,需停留关井 30～60 min;在闭合控制阶段,根据压后停泵压力及压力降落情况确定。停泵压力高、压力降落慢的井要选择小的油嘴(2～6 mm)控制,放溢流速率控制在 100～200 L/min 为宜;快速返排阶段,用 8～10 mm 油嘴控制或畅放,放溢流速率控制在500 L/min 以下,以地层不出砂,放喷管线出口不见砂粒为基本控制原则。示范工程各井压后放溢流情况如表 8-5 所示。

表 8-5　　　　　　　　　　　示范工程各井压后放溢流情况

	井号	XX-3	XX-4	XX-5	XX-6
第一段 (29 号煤层)	放喷前压力/MPa	9.2	7.6	11.5	14.2
	放压时长/h	204	172	202	180
	放溢流量/m³	333.6	287.8	387.3	247.0
第二段 (22～27 号煤层)	放喷前压力/MPa	—	—	6.1	14.4
	放压时长/h	—	—	33	182
	放溢流量/m³	—	—	150	327.8
第三段 (13～16 号煤层)	放喷前压力/MPa	7.3	7.3	11.5	10.5
	放压时长/h	140	96	104	64
	放溢流量/m³	357.6	214	225	152.4
第四段 (6～10 号煤层)	放喷前压力/MPa	7	—	9.2	7
	放压时长/h	100	—	111	89
	放溢流量/m³	341.8	—	348.8	221.11
第五段 (1+3 号～ 5 号煤层)	放喷前压力/MPa	—	—	4.7	8.4
	放压时长/h	—	—	45	80
	放溢流量/m³	—	—	67.2	102.8
总放压时长/d		18.50	11.17	20.63	24.79
总溢流量/m³		1 033.0	501.8	1 178.3	1 051.2
平均日溢流量/(m³/d)		55.8	44.9	57.1	42.4

注:/ 表示由于采用桥塞封隔方式,该段压裂后未放溢流。

(8) 通井、探砂面

拆压裂井口后安装采气树并利用油管串进行通井、探砂面。通井时要平稳操作,下管柱速度控制在 10～20 m/min,下放速度不得超过 5～10 m/min。通井时,若在中途遇阻,悬重下降控制不超过 20 kN,时间不超过 1 min。若上下活动无效,则起出管柱,并对遇阻井段分析情况。通井过程中,实探井筒内砂面深度。

(9) 冲砂、调整砂面

通过冲砂或填砂方式调节井中砂面高度,以满足后续压裂段施工的砂面位置要求。冲砂是利用泵车向井内高速注入液体,靠水力作用将井底沉砂冲散,利用液流循环上返的携带能力,将冲散的砂子带到地面的施工。示范工程冲砂作业采用正冲砂的方式,修井液沿油管向下流动,在流出冲砂管口时以较高流速冲击砂堵,冲散的砂子与修井液混合后,一起沿油管与套管环形空间返至地面。当采用可钻式桥塞封隔下部压裂段时,全井压裂施工及放溢流结束后,需进行钻桥塞、冲砂作业。

(10)管线试压

待砂面调整至预定位置后进行 20 MPa 试压工作。一方面是检查压裂管线是否漏液,特别是检查井口接管处是否完全密封;另一方面检查下部已压裂储层是否被有效封隔。

(11)上部压裂段施工

开展上部压裂段射孔、压裂作业,重复上述压裂施工过程,直至煤层气井分段压裂施工结束。

四、压裂裂缝监测

通过压裂过程中的裂缝监测,能够确定压裂所产生裂缝的方位、裂缝长度及高度等信息,为合理评价压裂施工储层改造效果提供重要依据。煤层气井压裂裂缝监测有多种方法,微地震监测及井温测井监测是其中较有效的方法。示踪剂法、电位法、地倾斜法等方法在过去也曾得到应用,但受地理条件、监测点较多以及监测井分布位置受限等因素的影响,效果不明显,从而未能得到广泛应用。示范工程压裂裂缝监测采用了地面微地震与井温测井相结合的方法,并对压裂效果进行了评价。

(一)地面微地震监测

(1)监测原理

使用微地震监测方法,能够更为及时、可靠地检测到微地震信号,通过进一步对地震信号数据的分析,能准确解释裂缝的形态和走向。煤层气井压裂过程中,随着前置液的注入,压裂层段的地层压力升高,根据摩尔—库伦准则,沿着新形成的裂缝边缘会发生微地震。一般来说,震级越小,频率越高。地层破裂(或裂缝延伸扩张)产生微地震波,微地震波在地层中以球面波的形式向四周传播,检波器接收到信号后通过能量转换器将机械波转换成电磁波,经前置放大后发射送入系统,通过微机采集计算震源流量。由微地震震源的空间分布描述人工裂缝轮廓,给出裂缝的长度、方位、高度等,为观测压裂裂缝提供依据。

(2)示范工程技术应用

示范工程一期开展了 XX-1 井第三压裂段、XX-2 井第三压裂段及第一压裂段的地面微地震人工裂缝监测工作,获得了压裂主裂缝的方位走向、长度、影响高度及产状等参数,为合理评价煤层气井的产层压裂改造效果提供了数据资料。

地面微地震监测所采用的裂缝监测系统为 LFY-Ⅲ 型人工裂缝监测仪,主站实时监测存储系统,微地震检波器采用专用的速度型检波器,频带宽、工作稳定、灵敏度高。现场监测布站时,为了提高监测精度,将六个分站在平面 360°范围内均匀分布。监测目的层越深,台站布置的距离越大,六个分站均可运用 XXS 进行各自准确定位。

监测使用平面微地震台网,该台网有六个分站,采用无线传输到主站记录分析。由于压裂深度较小,采用了较小的台网尺度。监测分站分布以压裂井井口为中心,依井场周围地形大致均匀分布。六个分站运用 XXS 实行各自准确定位(见图 8-8)。示范工程 XX-1 井第三段压裂过程中,所监测的压裂裂缝发育特征如图 8-9 所示。

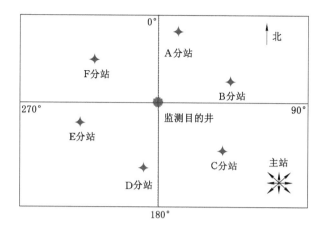

图 8-8　地面微地震监测站分布示意图

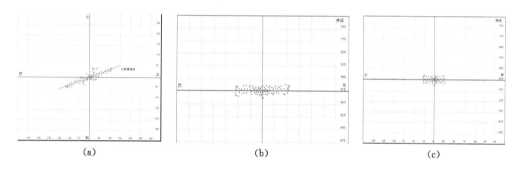

图 8-9　XX-1 井第三压裂段裂缝监测结果

(a) 俯视图；(b) 主视图；(c) 侧视图

从图 8-9(a)可见，XX-1 井第三段监测压裂主裂缝发育方向为北东东—南西西(68.0°)，北东东方向裂缝缝长 106.5 m，南西西方向裂缝缝长 117.5 m，压裂形成的人工裂缝全长 224.0 m。实时监测裂缝纵深主视投影图可显示裂缝高度及裂缝轴线与水平面的夹角。由图 8-9(b)可见，两翼裂缝长度基本对称，裂缝发育高度约 23.5 m，裂缝轴线与水平面基本平行，压裂裂缝沿水平方向延伸。实时监测裂缝纵深主视投影图可反映裂缝发育的宽度和产状。由图 8-9(c)可见，压裂形成的裂缝水平延伸宽度可达 56.5 m。

(二) 井温测井方法

(1) 监测原理

井温测井方法进行压裂裂缝监测的原理为：压裂施工过程中，压裂液进入压裂层段后会造成地层的低温异常，因此可通过对比压裂前后进液层段温度变化来确定压裂裂缝的高度并评价压裂段的分层进液情况。因此，井温测井为合理评价煤层压裂效果提供了一种经济有效的方法。

(2) 监测效果

示范工程施工中开展了多口井压裂前后的井温测井工作(见图 8-10)，结果表明：在高排量施工条件下，所产生的人工裂缝高度在 15.0～40.0 m 之间，存在煤层层间、段间及砂泥岩层窜层的可能，在一定程度上影响压裂改造效果，这也为后续优化压裂施工排量提供了

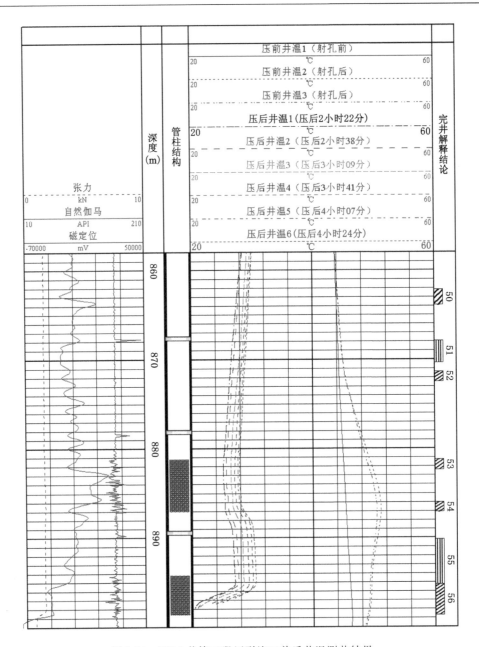

图 8-10　XX-6 井第三段压裂施工前后井温测井结果

依据。

　　由图 8-10 可见：与压裂施工前相比，XX-6 井第三压裂段压后井温曲线在 881.2～887.1 m 温度下降，表明该段有一定量压裂液进入，压裂效果中等；压后井温曲线在 894.2～896.8 m 井段无明显异常变化，表明该段基本未进液，压裂效果差；压后井温测井在 898.0 m 遇阻，压后井温曲线在 896.8～898.0 m 井段有明显降温变化，表明该段有大量压裂液进入，压裂改造效果好。根据遇阻深度以上的井温变化趋势分析认为 898.0 m 以下亦有大量压裂液进入，压裂效果整体好。射孔后所测磁定位曲线在 881.2～887.1 m、894.20～898.7 m 有异常显示，与射孔井段一致。

（三）井中微地震监测

井中微地震监测技术是指将适于井中地震数据采集的接收系统沉入现有井中,进行微地震数据采集,从而得到压裂过程中煤岩破裂所产生的微地震数据(见图 8-11)。该方法突破了传统的压裂监测技术,其分辨率介于地震和测井之间,是两项技术的扩展和补充。与地面微地震及压裂井温测井方法相比,微地震裂缝监测技术可精确判断压裂裂缝的方位、长度及高度等特征,是当前较为先进的裂缝监测方法。

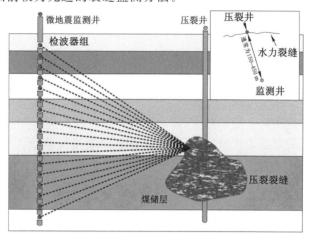

图 8-11　井中微地震裂缝监测原理图

井中微地震监测包括同井监测和邻井监测。同井监测只能对停泵后产生的裂缝进行监测,这是因为检波器布设在压裂井里,压裂液注入时流体流动的噪声、泵的噪声太强,此时的微震记录信噪比极低,常常不能用于后续的数据处理和解释,故同井监测应用较少。邻井监测包括深井监测和浅井监测。目前,广泛应用的定深井监测,该方法记录的微地震事件清晰,计算结果可靠、稳定。贵州省煤层气开发适宜的丛式井开发模式决定了其具备采用邻井深井监测的条件,因此可采用井中微地震监测方法进行煤层气井压裂效果的评价。

第九章　合层排采技术

第一节　合层排采原则及工艺

一、煤层气井排水采气机理

甲烷主要以吸附状态赋存于煤基质表面,因此需要通过降低煤储层压力使吸附态甲烷解吸并沿着煤储层孔裂隙通道扩散、渗流产出。由于贵州省具煤层气开发潜力的煤储层渗透性普遍较差,因此在进行煤层气藏开发时需进行储层改造,以提高井筒周围煤储层的导流能力。由于水力压裂后的煤储层中通常含有较多的压裂液或地层水,因此煤层气井需要通过长期排水来降低煤储层压力,以达到提高煤层气井产量的目的。

原始地层条件下,煤储层压力较高,随着煤层气井排采工作的进行,原始储层压力降低,地层能量下降,井筒与煤储层间会产生压力差,促使煤层水从高压向低压流动。水的不断产出导致储层压力逐渐降至煤层气临界解吸压力,煤层气开始产出,储层压力进一步下降,并逐渐向远方扩展,最终在井筒附近形成一个形似漏斗的锥状压降面,称作压降漏斗。随着煤层气井排采工作进行,压降漏斗不断延伸与拓展,如图 9-1 所示。

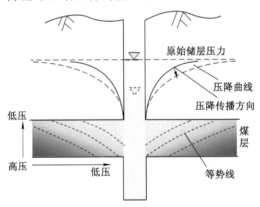

图 9-1　煤层气井排采压降漏斗扩展示意图

当采用丛式井模式进行煤层气地面开发时,各井压降漏斗会出现延伸、重叠,最终整体交汇在一起,形成井间干扰。根据井间干扰原理,可以通过调整开发井网的井间距,使相邻井的压降漏斗产生干扰,从而扩大煤层气解吸区域,实现煤层气规模开发井网的高产、稳产。此外,井间干扰会使压降漏斗重叠区域压降幅度增大,进一步提高排水速率,大幅度促进气体解吸,提高煤层气采收率。

二、合层排采基本原则

（1）挂泵至最下部压裂段顶部

示范工程一期 XX-1、XX-2 井为期 6 个月的排采试验过程中，泵挂深度最初设计为煤层气井最上部产层附近，这在一定程度上降低了排采设备的负荷，并减轻了管杆偏磨，有利于排采工作的长期稳定。然而，泵挂深度过小将导致井筒附近降压幅度有限，降低了煤层气井单井控制范围，因此后期排采过程中必然要求增加泵挂深度以进一步提高煤层气井产量。泵挂深度调整过程中，必然影响到煤层气井正常的排采工作，形成产层压力激动并造成一定的储层伤害，因此需科学评价"逐次增加至设计泵挂深度"及"一次性泵挂至设计深度"两种方案的优缺点。从示范工程实践工作来看：为了避免对产层造成多次伤害，应尽可能减少调整泵挂深度的次数，以保证煤层气井的连续、稳定排采。

（2）采用优化的合层排采制度

从保护煤储层渗透性，保证煤层气井高产、稳产的角度出发，煤层气井排采工作应遵循长期、稳定、缓慢，不追求短期内提高煤层气井产气量为基本原则。示范工程煤层气井排采过程中，尽管注意到了控制液柱高度、流压、套压的变化，但在控压稳产阶段煤层气井的流压下降幅度及日产气量上升幅度仍过大，这可能对煤储层带来伤害，导致渗透率下降。因此，贵州省内煤层气井应通过开展持续的排采制度优化，降低储层伤害，保证煤层气井长期高产、稳产。

基于贵州省上二叠统煤层气开发条件，结合示范工程排采工作实践认为：煤层气井合层排采工作，一方面应坚持"连续、稳定、缓慢、长期"的传统排采思路；另一方面，应结合区内煤储层压力特征及合层排采、井网排采的特点，实施"一井一策"，特殊井况、特殊处理的方式开展排采工作。

（3）重视排采参数的监测与分析

煤层气井排采过程中，应严格遵循相关煤层气井排采作业规程开展气、水参数的动态监测，以指导煤层气井排采制度调整及优化工作。气体监测指标主要包括日产气量、气体成分及含量，通过与参数井煤样解吸气体成分的对比分析，进而推断产气层位。水的监测指标包括：日排水量、水中主要阳离子、主要阴离子等，可判断压裂液的返排情况，以优化排液制度。

（4）超压—含气高饱和储层排采控制

煤层气井合层排采条件下，避免煤储层永久性伤害，减弱不同压裂段的层间干扰，快速形成井间协同降压条件是排采控制的关键。由于示范区煤储层具有超压、低渗的特点，压裂后井口溢流量大，因此应合理控制放溢流阶段的溢流速度，避免因溢流速度过快而引起支撑剂向井筒方向大量运移。此外，煤储层超压、含气高—过饱和的特点还决定了初期排水阶段套压快速显现并可持续升高至 4.0 MPa。套压的快速升高，不仅有暴露上部压裂段的风险，还可导致近井地带气泡增多、变大，产生严重的贾敏效应。为了避免不稳定气水两相流的快速形成，应尽可能降低见套压前的液面降幅，延长见套压前的排水时间，在套压显现前排出更多的压裂液。见套压后，应严格控制憋压幅度，避免套压持续升高产生严重的贾敏效应或造成上部压裂段被动暴露。当套压超过设定的憋压上限值时，通过逐步增大日产气量的方式稳定套压在憋压控制范围内（见图 9-2）。

控压稳产阶段，应保持日产气量及日产水量的相对稳定，使储层中逐步形成稳定的气水两相流态，以利于压裂液的持续排出。随着排采工作的进行，气井逐渐面临上部压裂段暴露

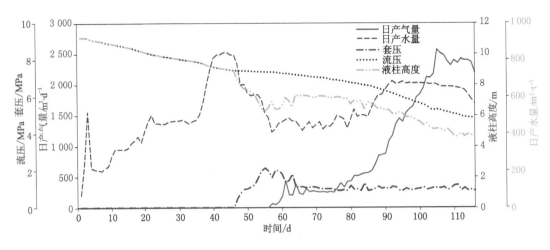

图 9-2　某排采井优化排采曲线

的问题。煤层裸露后,产气、产水量逐渐减少,因此合层排采应尽量控制环空液面高度而不裸露煤层,最大程度实现产气叠加。当上部产层产气潜力已充分释放后,可在套压大于 0.5 MPa 时主动缓慢暴露上部压裂段。因为在较高套压下暴露上部产层,可对后期套压波动起缓冲作用,避免对暴露产层带来伤害。上部产层主动暴露后,应避免套压的快速波动,杜绝套压大幅回升,避免"气侵"导致井筒附近形成液相低渗区,对近井地带储层造成永久性伤害,当发现套压回升时,应及时减小液面降幅并稳定流压,同时调整日产气量来稳定套压。当套压波动频繁时,应采用"远程智能排采系统"或在井口气管线上加装"套压调控阀"进行套压控制。超压—含气高饱和煤层气井合层排采控制措施如图 9-3 所示。

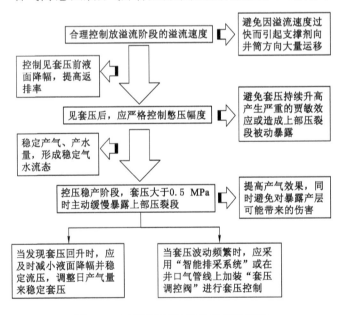

图 9-3　合层开发煤层气排采控制措施

三、排采阶段划分与控制

贵州省煤储层压力高、含气饱和度高，在大规模压裂的工程条件下，煤层气井初期排采强度过大导致产水、产气量快速增加，压裂层段吐砂、吐粉严重，影响到煤层气井连续排采。结合示范工程井组排采工作，可将合层开发煤层气井的排采过程可划分为：初期排液、憋压增产、控压稳产、产气衰减、过煤层排液与控压提产6个阶段。下面对各阶段特征及排采控制关键参数进行论述。

（1）初期排液阶段

初期排液阶段为合层开发煤层气井压裂后放喷结束至见套压前的排采时期。煤层气井放溢流结束后，安装地面排采设备、下入排采管柱进行排水，井筒附近储层压力逐渐下降。由于储层压力未降至煤储层临界解吸压力以下，因此煤储层中吸附态气体未解吸，套压为0。此阶段排采控制措施为：缓慢降低井底流压，避免远端微裂缝闭合前因压裂液返排速度过快导致支撑剂反向运移。控制环空液面降幅在1.5～2.0 m/d，尽可能在套压显现前排出更多的地层水及压裂液，增大压降漏斗扩展范围。初期排液阶段结束时，压裂液返排率应不低于30%。

（2）憋压增产阶段

憋压增产阶段为套压显现至套压稳定、日产气量逐渐增大的排采时期。随着煤层气井排水工作的进行，管套环空液面下降导致井筒周围煤储层压力下降至临界解吸压力之以下，井筒附近煤层气解吸并使套压快速升高。当套压上升至控制极限值（套压上限）后，通过调节气管线上的针型阀使煤层气井日产气量由0逐渐升高，并以此控制套压相对稳定在极限值以下。此阶段排采控制措施为：为避免套压初期上升过快，控制煤层气井井底流压降幅低于0.005 MPa/d，关闭采气管线上的针型阀使套压逐渐升高；设定套压上限为1.5～2.0 MPa，当套压达此上限后，套压调控阀自动泄压或手动调节针型阀调整日产气量。

（3）控压稳产阶段

控压稳产阶段为套压稳定后至日产气量逐渐升高并趋于稳定的排采时期。维持套压相对稳定，管套环空液面逐渐缓慢下降，通过不断排出煤储层中压裂液及地层水使压降漏斗扩展，维持煤层气井日产气量的长期稳定。此阶段是煤层气井产能贡献的重要阶段，维持压降漏斗的不断扩展，避免非连续排采造成的储层伤害对煤层气井长期稳产至关重要。此阶段排采控制措施为：煤层气井井口套压稳定在1.5～2.0 MPa，缓慢调整井底流压降幅至0.01～0.015 MPa，提高并逐步稳定煤层气井日产气量，评价煤层气井控流压降幅条件下的产气能力，确定合理的日产气量（产期稳定产气量），使排采过程中逐步达到套压、井底流压降幅与日产气量的相对稳定。

（4）产气衰减阶段

产气衰减阶段为合层开发煤层气井最上部产层未暴露情况下流压降幅逐渐减小，煤层气井日产气量逐渐下降至工业气流标准（约800 m³/d）以下的排采时期。受煤层气井控制范围及流压、套压可调整范围的限制，煤层气井日产气量、日产水量逐渐降低，排采工作的经济性不断下降。此阶段排采控制措施为：流压日降幅由0.015 MPa逐渐下降至0，套压由1.5～2.0 MPa缓慢下降至0.5 MPa，环空液面高度逐渐下降至最上部产层顶面以上10 m。

（5）过煤层排液阶段

过煤层排液阶段为合层开发煤层气井环空液面高度由最上部产层顶面以上10 m至底

面以下 10 m 的排采时期。此阶段排采控制措施为：环空液面降幅控制在 $0.5 \sim 1.0$ m/d（即井底流压降幅控制在 $0.005 \sim 0.01$ MPa/d），设定套压调控阀工作压力为 0.5 MPa；当套压超过 0.5 MPa 时，套压调控阀自动泄压并提高日产气量。上部产层暴露后，杜绝套压的回升，减少对上部暴露产层的伤害。

（6）控压提产阶段

控压提产阶段为环空液面由最上部产层底面以下 10 m 逐渐降至第二产层顶面以上 10 m 的排采时期。此阶段排采控制措施为：套压稳定在 0.5 MPa 或略有下降，流压降幅增大至 $0.01 \sim 0.015$ MPa/d，使日产气量逐渐回升至工业气流标准（约 800 m³/d）以上。

当合层开发煤层气井中存在三个或三个以上垂向距离较大的产层时，需重复控压稳产、产气衰减、过煤层排液及控压提产 4 个阶段，直至环空液面降至最下部产层顶面位置。该排采工艺可解决合层开发煤层气井上部产层暴露后易伤害的难题，显著延长合层开发煤层气井高产、稳产的时间及煤层气井采气寿命。

四、合层排采曲线特征

（1）XX-1 井排采曲线

XX-1 井排采试验共历时 926 d。XX-1 井排采过程中，各排采参数的变化情况如图 9-4 所示。

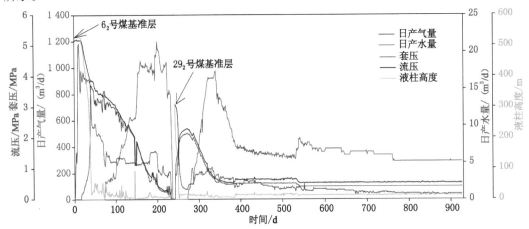

图 9-4　XX-1 井排采曲线

由图 9-4 可见：

① 日产水量：XX-1 井排采初期排水量快速升高，至第 7 天达到日产水量最大值 21.1 m³/d，随后快速下降至第 70 天的 5.43 m³/d。然后，煤层气井日产水量缓慢下降。至第 926 天，XX-1 井日产水量已降至 0.72 m³/d。XX-1 井排采过程中，累计产水 2 748.17 m³。

② 日产气量：受初期憋压的影响，XX-1 井排采前 72 天产气量持续为 0；排采第 73 天开始放气，日产气量快速升高，至第 200 天达到日产气量最大值 1 196 m³/d。为了进一步提高产气效果，第 237 天至第 243 天进行了加深泵挂作业，并在作业后进行了二次憋压，放气后产气量快速上升至第 339 天的 955 m³/d，然后日产气量快速下降至 391 天的 396 m³/d。至第 926 天，XX-1 井日产气量缓慢下降至 288 m³/d，排采 926 天内累计产气361 985.98 m³。

③ 套压：XX-1 井排采 15 天后套压显现，随后快速上升至第 72 天的 3.40 MPa；第 73

天放气后,套压逐渐下降;排采至第 237 天加深泵挂作业前,套压已下降至 0.11 MPa。第 243 天加深泵挂作业后,二次憋压,套压快速升高至第 273 天的 2.14 MPa,随后放气导致套压下降至第 361 天的 0.5 MPa,随后套压缓慢下降。至第 926 天,套压缓慢下降,并长期稳定在 0.4 MPa。

④ 基准层流压:加深泵挂前,XX-1 井流压监测以 6_2 号煤层为基准层。可以看出,随着排水工作的开展,排采初期 XX-1 井流压由 5.149 MPa 快速下降至第 233 天的 0.118 MPa。加深泵挂后,XX-1 井流压监测以 29_2 号煤层为基准层。可以看出,加深泵挂作业后(第 243 天)流压为 3.091 MPa,随后排采导致流压快速下降至第 361 天的 0.556 MPa。后续排采过程中,XX-1 井流压相对稳定,至第 926 天,流压已缓慢降至 0.496 MPa。

⑤ 基准层液柱高度:加深泵挂前,XX-1 井液柱高度以 6_2 号煤层为基准层。可以看出,套压显现前,XX-1 井液柱高度维持在 526.4 m 左右。随着套压显现并升高,液柱高度快速下降,至第 72 天放气时,液柱高度下降至 11.5 m。放气后,液柱高度回升至 40 m,然后缓慢下降。至第 237 天加深泵挂作业,液柱高度稳定在 5~10 m。加深泵挂后,XX-1 井液柱高度监测以 29_2 号煤层为基准层。可以看出,加深泵挂作业后(第 243 天)液柱高度为 309.1 m,随着排水导致套压升高,液柱高度在第 253 天快速下降至 1.6 m。后续排采过程中,XX-1 井液柱高度在 5~15 m 范围波动。至第 926 天,XX-1 井流压较长时间稳定在 10 m 左右。

(2) XX-2 井排采曲线

XX-2 井排采试验共历时 929 天。XX-2 井排采过程中,各排采参数的变化情况如图 9-5 所示,由图 9-5 可见:

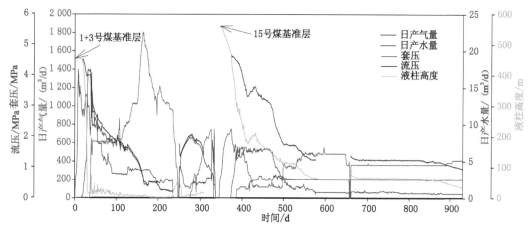

图 9-5　XX-2 井排采曲线

① 日产水量:XX-2 井排采初期排水量快速升高,至第 8 天达到日产水量最大值 17.46 m^3/d,随后快速下降至第 75 天的 5.11 m^3/d。然后,煤层气井日产水量缓慢下降。至第 929 天,XX-1 井日产水量已稳定在 0.60 m^3/d。XX-2 井排采过程中,累计产水 2 511.44 m^3。

② 日产气量:受初期憋压的影响,XX-2 井排采前 36 天产气量持续为 0,排采第 37 天开始放气,日产气量快速升高,至第 163 天达到日产气量最大值 1 802 m^3/d。为了进一步提高产气效果,第 247 天至第 249 天进行了加深泵挂作业,并在作业后进行了二次憋压,放气后

产气量快速上升至第 325 天的 740 m³/d,然后日产气量快速下降至 336 天的 60 m³/d。第 337 天进行了第三次憋压,放气后产气上升至第 597 天的 552 m³/d,至第 929 天,XX-2 井日产气量缓慢下降至 412 m³/d。排采 929 天内累计产气 397 609.51 m³。

③套压:XX-2 井排采 17 天后套压显现,随后快速上升至第 36 天的 4.00 MPa,第 37 天放气后,套压逐渐下降,排采至第 247 天加深泵挂作业前,套压已下降至 0。第 249 天加深泵挂作业后,二次憋压,套压快速升高至第 280 d 的 1.98 MPa,随后放气导致套压下降至第 336 天的 0,第 337 天三次憋压,套压快速升高至第 385 天的 4.48 MPa,随后放气导致套压下降至第 506 天的 0.60 MPa,随后套压稳定在 0.60 MPa 上下。至第 929 天,套压长期稳定在 0.60 MPa。

④基准层流压:第 346 天前,XX-2 井流压监测以 1+3 号煤层为基准层。可以看出,随着排水工作的开展,排采初期 XX-2 井流压由 4.512 MPa 快速下降至第 235 天的 0.191 MPa。第二次憋压后,流压快速上升至第 280 天的 2.07 MPa,随后快速下降。第三次憋压后,XX-2 井流压监测以 15 号煤层为基准层,可以看出,第三次憋压后(第 346 天)流压为 5.613 MPa,随后排采导致流压快速下降至第 577 天的 1.233 MPa。后续排采过程中,XX-2 井流压相对稳定。至第 929 天,流压已缓慢降至 0.927 MPa。

⑤基准层液柱高度:第 346 天前,XX-2 井液柱高度以 1+3 号煤层为基准层。可以看出,套压显现前,XX-1 井液柱高度维持在 451.2 m 左右,随着套压显现并升高,液柱高度快速下降,至第 37 天放气时,液柱高度下降至 22.3 m。放气后,液柱缓慢下降;至第三次憋压,液柱高度快速先降后升。第三次憋压后,XX-2 井液柱高度监测以 15 号煤层为基准层。可以看出,第三次憋压后(第 346 天)液柱高度为 561.30 m,随着排水导致套压升高,液柱高度在第 577 天快速下降至 63.34 m。后续排采过程中,XX-2 号井液柱缓慢下降,至第 929 天,XX-2 井液柱高度下降至 32.73 m。

(3)XX-3 井排采曲线

XX-3 井排采试验共历时 560 天,XX-3 井排采过程中,各排采参数的变化情况如图 9-6 所示。

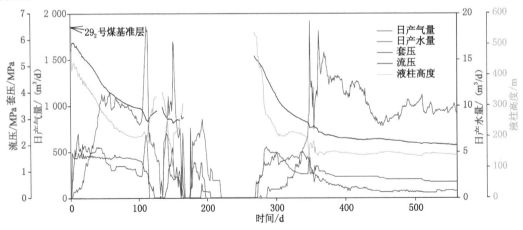

图 9-6　XX-3 井排采曲线

由图 9-6 可见:

① 日产水量：XX-3 井排采初期排水量快速升高，至第 9 天达到日产水量最大值 6.97 m³/d，随后产水量有所波动，但总体呈下降趋势。随后又快速增加至 102 天时的 6.78 m³/d，然后，在停机检泵的过程中没有产水量，在第 134 天时开始产水，随后产水量有大幅度的波动，直至 193 天时，又停泵，产水量为零。在第 212 天时有开始产水，随后增加到第 281 天时的 5.00 m³/d，随后煤层气井日产水量缓慢下降；至第 503 天，XX-3 井日产水量已降至 0.72 m³/d。XX-3 井排采过程中，累计产水 1 165.42 m³。

② 日产气量：受初期憋压的影响，XX-3 井排采前 2 天产气量持续为 0；排采第 3 天开始放气，日产气量快速升高，但也有所波动，至第 109 天达到日产气量最大值 1 863 m³/d。第 159 天停止作业，产气量快速下降。第 170 天到 212 天产气量较小。第 212 天起正常作业，产气量快速增加到第 312 天的 1 580 m³/d，随后产气量有所波动，但总体上为下降趋势。至第 560 天，XX-1 井日产气量缓慢下降至 921 m³/d，排采 926 天内累计产气 387 554.00 m³。

③ 套压：XX-3 井排采 1 天后套压显现，随后快速上升至第 13 天的 1.66 MPa。第 74 天放气后，套压逐渐下降，排采至第 126 天进行检泵作业，套压下降至 0 MPa。第 134 天结束检泵作业后，套压上升至 148 天的 1.42 MPa，随后又开始缓慢下降。第 159 天至 170 天进行第二次检泵作业，第 199 天至 212 天进行第三次检泵作业，均无套压显现。第 212 天第三次检泵作业后，套压迅速增加至第 283 天的 1.84 MPa，随后套压有所波动，总体为下降趋势，至第 385 天的 0.8 MPa，随后套压缓慢下降。至第 560 天，套压缓慢下降，并长期稳定在 0.6 MPa。

④ 基准层流压：XX-3 井流压监测以 29₂ 号煤层为基准层。可以看出，随着排水工作的开展，排采初期 XX-3 井流压由 5.832 MPa 快速下降至第 111 天的 2.951 MPa，随后有所波动，直到第二次检泵作业时无流压。第三次检泵作业后，XX-3 井流压监测以 29_2 号煤层为基准层。可以看出，排采开始时流压为 3.091 MPa，随后排采导致流压快速下降至第 421 天的 2.189 MPa。后续排采过程中，XX-3 井流压相对稳定。至第 560 天，流压已缓慢降至 1.978 MPa。

⑤ 基准层液柱高度：XX-3 井液柱高度以 29_2 号煤层为基准层。可以看出，套压显现前，XX-3 井液柱高度维持在 560.0 m 左右；随着套压显现并升高，液柱高度快速下降，至第 104 天时，液柱高度下降至 236 m。至 103 天，液柱高度有所回升，至第 127 天为 381 m。第三次检泵作业后，液柱高度为 267 天时的 624 m，然后缓慢下降，随着排水导致套压升高，液柱高度在第 346 天快速下降至 149 m。后续排采过程中，XX-3 井液柱高度有小幅度的波动，至第 560 天，XX-3 井流压较长时间稳定在 160 m 左右。

（4）XX-4 井排采曲线

XX-4 井排采试验共历时 543 天，XX-4 井排采过程中，各排采参数的变化情况如图 9-7 所示。

由图 9-7 可见：

① 日产水量：XX-4 井排采初期排水量快速升高，至第 4 天达到日产水量最大值 3.25 m³/d，随后先快速下降后缓慢上升至第 53 天的 3.67 m³/d，然后又缓慢下降至第 81 天的 1.67 m³/d。接着，煤层气井日产水量快速上升至第 102 天的 6.45 m³/d，随后又快速下降至 127 天的 1.60 m³/d。然后，日产水量缓慢下降，至第 210 天，XX-4 井日产水量降至 0.88 m³/d。第 211～270 天因 XX-4 井进行检泵作业，煤层气井未产水，第 271～285 天，煤层气井开始产

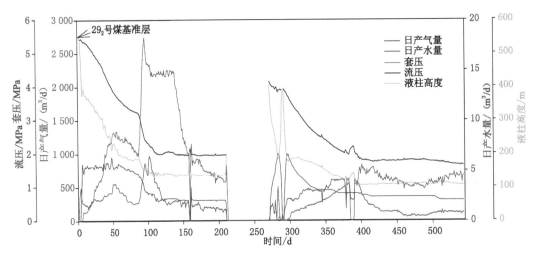

图 9-7　XX-4 井排采曲线

水,但日产水量波动剧烈,最大值为 3.35 m³/d,最小值为 0.09 m³/d。第 286~291 天进行检泵作业,未产水,第 292 天煤层气井开始产水,日产水量先快速后缓慢上升至第 382 天的 4.12 m³/d,随后日产水量开始下降,并且设备发生故障,第 385~389 天停机维修,未产水。第 390 天设备维修完毕,开始产水,日产水量从第 391 天的 4.05 m³/d 开始先快速后缓慢下降至第 490 天的 0.43 m³/d。然后煤层气井日产水量缓慢上升至第 508 天的 0.84 m³/d,随后产水量基本稳定,变化不大,至第 543 天,XX-4 井日产水量为 0.83 m³/d。XX-4 井排采过程中,累计产水 927.93 m³。

②　日产气量:XX-4 井日产气量逐渐上升至第 55 天的 1 334 m³/d 后逐步下降至第 85 天的 974 m³/d,然后又快速上升至第 96 天的 2 732 m³/d,接着又快速下降至第 135 天的 1 086 m³/d。然后,日产气量开始下降,至第 210 天,日产气量为 599 m³/d,随后,XX-4 准备进行检泵作业,第 213~282 天未产气;第 283 天,XX-4 井开始放气,放气后日产气量逐步上升至第 401 天的 832 m³/d。然后,日产气量缓慢下降至第 471 天的 494 m³/d,随后又缓慢上升至第 543 天的 679 m³/d。XX-4 井排采 543 天内累计产气 343 928.00 m³。

③　套压:XX-4 井排采 3 天后套压显现,随后快速上升至第 6 天的 1.68 MPa,之后,套压变化不大,在 1.40~1.88 MPa 范围内波动。第 58 天后,套压开始逐步下降至第 115 天的 0.58 MPa,然后,套压基本稳定,大部分在 0.60 MPa 附近变化。第 211~270 天因 XX-4 井进行检泵作业,套压值为 0。第 271 天后,XX-4 井开始正常生产,套压显现并快速上升至第 283 天的 1.99 MPa,随后快速下降至第 288 天的 1.10 MPa,决定进行检泵作业以排除故障。第 292 天,检泵作业已结束,开始恢复生产,套压快速上升至第 296 天的 1.98 MPa,随后套压逐步下降至第 339 天的 0.90 MPa。之后套压基本稳定在 0.90 MPa;第 359 天,套压开始下降至第 368 天的 0.80 MPa,之后套压又稳定下来。第 396 天,套压又开始逐步下降,至第 413 天,套压下降至 0.70 MPa,之后长期基本稳定在此数值。第 503 天,套压开始下降至第 511 天的 0.60 MPa,之后一直基本稳定在此数值,直至排采结束。

④　基准层流压:XX-4 井流压监测以 29₂ 号煤层为基准层。可以看出,随着排水工作的开展,排采初期 XX-4 井流压由 5.482 MPa 快速下降至第 121 天的 1.982 MPa,之后至第

211 天内流压相对稳定,变化不大,范围为 1.928～2.142 MPa。第 211～270 天,XX-4 井进行检泵作业,流压值为 0,检泵作业结束后,流压值由第 271 天的 4.141 MPa 较快下降为第 243 天的 1.743 MPa。之后排采过程中,流压相对稳定,基本维持在 1.77 MPa 附近,最后 40 天左右的排采过程中,流压缓慢下降,至第 543 天,流压缓慢降至 1.643 MPa。

⑤ 基准层液柱高度:XX-4 井液柱高度以 29_2 号煤层为基准层。可以看出,XX-4 井液柱高度由 548.19 m 快速下降至第 116 天的 138.29 m,随后液柱高度基本稳定在 130～140 m 范围内。第 211～270 天,XX-4 井进行检泵作业,液柱高度为 0,第 271 天,检泵作业结束后,液柱高度由 403.07 m 快速下降至第 283 天的 182.97 m,然后又快速上升至第 291 天的 393.06 m,接着又先快速后缓慢下降至第 396 天的 106.16 m,之后液柱高度基本稳定,至第 543 天,液柱高度长时间稳定在 105 m 左右。

(5) XX-5 井排采曲线

XX-5 井排采试验共历时 570 天。XX-5 井排采过程中,各排采参数的变化情况如图 9-8 所示。

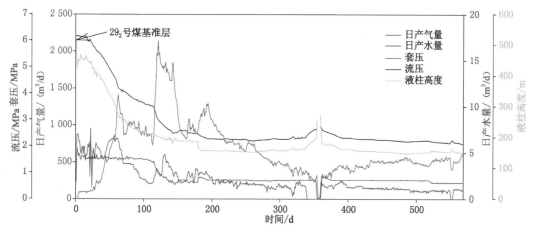

图 9-8　XX-5 井排采曲线

由图 9-8 可见:

① 日产水量:XX-5 井排采初期排水量快速升高,至第 22 天达到日产水量最大值 7.61 m³/d,随后下降至第 109 天的 1.67 m³/d。然后,煤层气井日产水量缓慢下降,至第 570 天,XX-5 井日产水量已降至 1.05 m³/d。XX-5 井排采过程中,累计产水 1 191.87 m³。

② 日产气量:XX-5 井排采第 4 天开始产气,日产气量快速升高,至第 63 天日产气量达到 1 461 m³/d,随后日产气量下降至 113 天的 728 m³/d,随后快速升高,至 121 天达到日产气量最大值 2 141 m³/d,然后缓慢下降并趋于平稳。至第 570 天,XX-5 井日产气量为 622.00 m³/d,排采 570 天内累计产气 372 462 m³。

③ 套压:XX-5 井排采 1 天即显现套压,随后快速上升至第 5 天的 1.70 MPa 并区域平稳;115 天套压开始下降至 129 天的 0.80 MPa,并趋于稳定。至第 570 天,长期稳定在 0.6 MPa。

④ 基准层流压:XX-5 井流压监测以 29_2 号煤层为基准层。可以看出,随着排水工作的开展,排采初期 XX-5 井流压由 6.159 MPa 快速下降至第 142 天的 2.476 MPa,并趋于稳

定。至第 570 天,流压已缓慢降至 2.064 MPa。

⑤ 基准层液柱高度:XX-5 井液柱高度以 6_2 号煤层为基准层。可以看出,排采初期,XX-5 井液柱高度维持在 445 m 左右;随着套压升高,液柱高度缓慢下降并趋于相对平稳;至第 570 天,XX-5 井流压较长时间稳定在 2.1 MPa 左右。

(6)井组排采特征总结

① 排采初期即显现套压,且套压上升快,套压峰值高,见套压时间 2～18 天不等;② 产气过程中套压波动速度快,表现为降压范围小,井筒周围供气量不足;③ 多煤层共同解吸供气后,套压平稳控制的难度大,常常出现低冲次下的套压快速上涨;④ 无设定憋压上限时,憋压过高导致环空液面快速下降,有暴露上部产层的风险;⑤ 对于合层排采层间干扰严重的产层,可考虑采用分煤组、阶梯式降压求产的方式进行递进式排采;⑥ 对于超压煤储层,渗透性降低后可尝试采用快排方式激励储层,实现疏通渗流通道的目标;⑦ 丛式井开发模式下,同一井组内各井可产生明显的井间干扰,重视井间干扰,强调井网排采,发挥单斜煤层倾向深部井排水优势,促进井组整体降压,可起到更好的多井协同排采效果。

第二节　贾敏效应及其排采控制

一、煤储层贾敏效应形成条件

煤层气井排采过程中,气水不相混溶两相在煤储层渗流孔道中流动,当气泡、液珠欲通过煤储层孔隙喉道或裂隙变窄处,则须克服珠泡变形所带来附加毛管阻力 P,这种阻力称为贾敏效应,如图 9-9 所示。

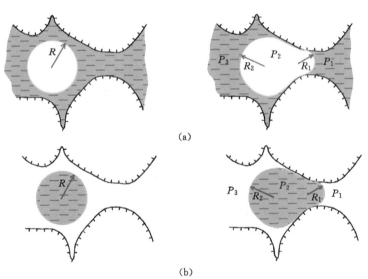

图 9-9　煤储层贾敏效应原理
(a)气阻、气锁;(b)水阻、水锁

$$P = P_3 - P_1 = 2\delta(1/R_1 - 1/R_2)$$

式中,P_1 为泡前压力;P_3 为泡后压力;δ 为气水界面张力;R_1 为前端弯液面半径;R_2 为后端弯液面半径。

当孔喉内外压力差大于 P 时,气泡或液珠才能通过孔喉,否则孔隙就会被堵住。由上式可以看出,贾敏效应产生的附加毛管阻力 P 的大小与煤储层孔裂隙喉道的尺寸密切相关,且由于气水界面张力较大,贾敏效应往往成为影响煤储层中气水两相渗流的主要阻力类型。对低孔、低渗、孔隙结构复杂的煤储层而言,由于其孔隙喉道狭小,显微裂隙发育不规则,且煤层气井排采过程中产生气水两相渗流,因此更容易产生严重的贾敏效应。此外,随着煤层气井排采过程中吸附气大量解吸及运移,煤储层中含水、含气饱和度突变,形成不稳定的气水两相渗流,并产生大量不连续的气泡、水珠,贾敏效应的影响将更为突出。因此,减弱贾敏效应对煤储层中气水两相渗流的阻力,对于提高煤层气开发效果具有重要意义。

图 9-10 为示范区 15 号煤层微观孔裂隙发育 SEM 图像。由图可见:煤中存在多个孔径变化较大且相互连通的孔隙及宽度变化的微裂隙,两者共同组成了气水两相渗流的微观通道及狭窄喉道,为煤储层贾敏效应的形成提供了渗流介质条件。

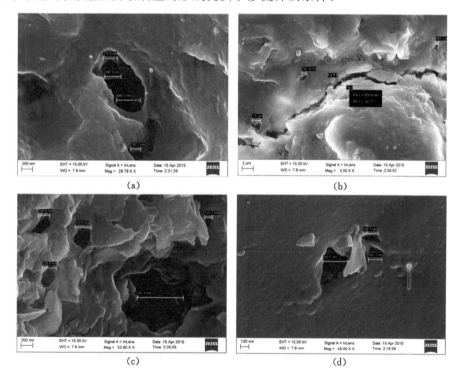

图 9-10　15 号煤层微观孔裂隙发育 SEM 图像

(a) 见孔径 190.1~446.2 nm 的连通孔隙,见孔隙喉道;(b) 见宽度变化的显微裂隙,裂隙平均宽度 658.4 nm;
(c) 见孔径 123.3~767.1 nm 的孤立孔隙,孔径变化大;(d) 见孔径 161.3~302.7 nm 的集聚孔隙

二、贾敏效应的渗流分带特征

煤层气井排采过程中,随着煤储层中吸附态气体的不断解吸,井筒周围依次形成无气水流动带、饱和单相水流带、非饱和单相水流带、气水两相流带、水气两相流带,如图 9-11 所示。

(1) 无气水流动带

无气水流动带内储层压力下降幅度较小,还不足以使煤层中的水产生流动,煤层气无法解吸,因此仅有压降传递,无水气的流动。由于该带内不存在水气的流动,因此不存在贾敏

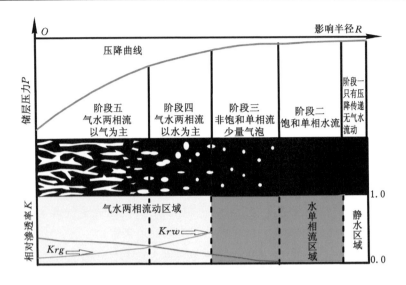

图 9-11　排采过程中压降漏斗扩展及气水两相渗流特征

效应。

（2）饱和单相水流带

随着煤储层压力降幅的增大，煤层中的裂隙水开始流动，极少量游离气或溶解气在裂隙系统中处于短距离运移状态，表现为饱和水单相流动特征。由于极少量游离气对饱和水单相流动无明显的阻力，因此其贾敏效应也可忽略不计。

（3）非饱和单相水流带

随着煤储层压力的进一步下降，一定数量煤层气解吸出来形成气泡，一定程度上阻碍了水的流动，导致水相渗透率下降，表现出气水两相渗流的贾敏效应。但由于解吸出的气体流动性较差，因此贾敏效应较弱。

（4）气水两相流带

随着煤储层压力的进一步下降，解吸气、溶解气、游离气在煤储层孔裂隙系统中大量扩散、运移，气相渗透率逐渐增大，水相渗透率快速下降，直到气泡相互连接，形成连续的流线。气水两相流带中，水相相对渗透率仍大于气相相对渗透率。此时，煤储层中气水两相渗流表现出较强的贾敏效应，表现为大量气泡的存在严重阻碍了压裂液及地层水向井筒方向的运移，即煤储层的"气阻"、"气锁"伤害。

（5）水气两相流带

随着煤储层压力的进一步增大，煤储层中吸附气体大量解吸，煤储层多孔介质处于以气体为主的水气两相流状态。水气两相流带中，气相相对渗透率大于水相相对渗透率。此时，煤储层中气水两相渗流亦表现出较强的贾敏效应，表现为大量水滴的存在侵占了气体运移的通道，导致远处气体在井筒周围集聚，引起管套环空压力的大幅波动，即煤储层的"水阻"、"水锁"伤害。

三、贾敏效应的排采阶段特征

基于煤层气井井筒周围气水两相渗流分带情况，分析煤层气井排采阶段特征如表 9-1 所示。

表 9-1 煤层气井排采阶段特征

阶段	产气量	产水量	井底流压	套压	主要渗流特征
初期排水	无	先升后降	平稳下降	无	饱和/非饱和单相水流
憋压增产	缓慢上升	明显下降	缓慢下降	先升后稳	不稳定两相流
控压增产	快速上升	逐渐稳定	相对稳定	逐渐下降	不稳定两相流
控压稳产	相对稳定	相对稳定	缓慢下降	相对稳定	稳定两相流
产量衰减	逐渐下降	很少或无	很小或无	很小或无	稳定两相/单相流

由表 9-1 可见:煤层气井初期排水阶段,产水量快速上升后逐渐下降,气体未解吸情况下无套压显现,煤储层中主要为饱和—非饱和单相水流。憋压增产阶段,随着井底流压的缓慢下降,套压先上升后逐渐稳定,产气量在人为控制下亦缓慢上升。由于煤储层中形成不稳定的气水两相流,大量气体解吸将连续水柱卡断,当水滴通过煤储层孔隙喉道或较窄的裂隙时形成严重的贾敏效应,使近井地带水相渗透率快速下降,导致煤层气井见套压后产水量快速下降。控压增产阶段,井底流压趋于稳定,人为控制套压逐步下降,产气量快速升高,井筒附近煤储层中气水饱和度发生明显变化,形成不稳定的水气两相流,水柱、水泡相互卡断,贾敏效应增强,对煤层气井排水、产气产生不利影响。控压稳产阶段,井底流压缓慢下降,煤层气井气、水产量相对稳定,煤储层中形成稳定的水气两相流态,贾敏效应逐渐减弱,有利于煤层气井压降漏斗扩展及长期稳产。产量衰减阶段,煤层气井产水量很少或不产水,煤储层中为单相气流或稳定的水气两相流,贾敏效应亦较弱。

煤层气井排采过程中,煤储层中吸附态甲烷逐渐解吸,井筒附近煤储层含气饱和度 S_g 由逐渐升高,导致水相渗透率快速下降,形成气相圈闭。特别是在煤储层含水性较弱的情况下,气相圈闭的结果将导致较低的压裂液返排率,储层压降漏斗扩展困难,最终导致煤层气井产气量快速衰减。煤层气井排采过程中,若煤储层中存在非稳态的气水两相渗流,则向井筒方向运移的水柱、气柱更易被相互卡断,引起气水两相渗流严重的贾敏效应。结合煤层气井排采阶段特征,认为憋压增产、控压增产阶段是煤层气井排采过程中贾敏效应对煤储层伤害最严重的时期;当煤层气井排采进入控压稳产阶段,若能够保证煤层气井连续、稳定排采,保持日产气、产水量的长期相对稳定,避免形成不稳定的气水两相渗流,则可减轻贾敏效应对煤层气井产能的影响。

四、煤储层贾敏伤害的排采诱因

基于煤储层贾敏效应形成的模拟实验分析,结合各生产井煤层气地质条件及煤层气井长期排采过程跟踪研究认为:憋压增产阶段煤层气井见套压后持续憋压,控压增产阶段气水产量的快速大幅波动,控压稳产阶段非连续性排采,产气衰减阶段暴露上部产层后套压大幅回升是煤储层严重贾敏效应产生的主要排采诱导因素。煤储层严重贾敏效应形成后,将引起煤层气井产气、产水量的快速大幅衰减,降低煤层气井的开发价值。

（1）见套压后持续憋压

借鉴沁水盆地内煤层气井长期排采经验,憋压增产阶段见套压憋压可显著延长煤层气井周围非饱和单相流持续时间,使煤储层压降漏斗充分扩展,并有利于后续排采过程中控制煤层气井日产气量。然而,当煤储层具超压、高临储比及高含气饱和度特征时,持续憋压可导致井筒周围煤储层中气泡增多、变大,以致堵塞压裂液渗流通道,产生"气锁"伤害。

从煤储层中气水两相渗流的角度考虑：煤层气井排采初期持续憋压，近井地带气体大量解吸并停留在煤储层喉道、裂隙中，导致近井地带煤储层含气饱和度升高，水相渗透率快速下降，阻碍了煤储层下降漏斗扩展及吸附气体的进一步解吸，因此导致煤层气井气水产量的快速下降。

（2）气水产量的快速大幅波动

控压增产阶段，煤层气井日产气量、产水量的快速大幅波动，引起近井地带含气、含水饱和度快速变化，导致煤储层中气水两相流体不能以连续的气、水流形式运动，液柱、气柱被卡断，气水两相渗流的阻力增大，气水相渗透率下降，贾敏效应的影响增强。控压增产阶段，煤层气井日产气快速升高通常是由于排采强度过大导致。由于低渗煤储层通常具有较强的速敏、压敏性，因此短期高强度排采还可引起煤粉、支撑剂迁移，煤储层激动及应力敏感性伤害，导致近井地带煤储层渗透率大幅下降。

（3）设备故障导致的非连续排采或捞砂、检泵作业

煤层气井排采过程中，由于关井、修井、埋泵、卡泵以及设备故障等原因造成排采终止，形成非连续排采。非连续排采情况下，煤储层中气水流动速度不稳定，导致煤粉、压裂砂等迁移、堆积。这一方面降低了裂缝的导流能力及储层渗透率；另一方面，会形成孔隙喉道，均为贾敏效应强化创造了渗流介质条件。

煤层气井见套压初期频繁停抽，导致井底流压增大，远端大气泡难以有效排除，易产生"气锁"伤害。捞砂、检泵作业中，停抽导致液面回升，井筒周围储层压力增大，甲烷逆转为吸附状态，压裂液或地层水充填运移通道，开抽后易形成"水锁"，使气体不能顺利通过孔隙吼道，阻止了煤层气继续向井筒运移，导致煤储层供气能力不足，煤层气井产量下降或引起套压的大幅波动。煤层气井长时间停抽、关井，使煤储层中气液混相流体分离，形成较大的气泡及水滴，产生严重的贾敏效应，阻碍了气液两相在煤储层中的流动。

贵州省煤层气丛式井开发模式下，部分定向井井斜大，大规模压裂注入支撑剂数量多，排采过程返排的压裂砂不易沉降到井底口袋，这显著缩短了煤层气井修井周期。因此，为了更好地保护煤储层，保证煤层气井长期稳产，应遵严格循缓慢、稳定排采的原则，特别是对于井斜较大的定向井。如必须开展修井作业，则尽可能缩短修井时间，降低修井作业对产层的伤害。

（4）暴露上部产层后套压大幅回升

产气衰减阶段，合层开发煤层气井上部产层暴露后重复憋压，导致管套环空气体"反侵"入上部暴露产层，近井地带形成高含气饱和带，贾敏效应导致液相渗透率显著下降，地层水、压裂液难以排出，将导致上部暴露产层产水、产气量快速下降，如图 9-12 所示。

五、煤储层贾敏伤害的排采控制

煤层气藏开发的排水产气机理，决定了当前技术条件下贾敏效应难以消除，因此尽可能减弱贾敏效应是实现煤层气高效开发的有效途径。由于煤储层与油层存在显著差异，因此通过增大排采强度、加入表面活性剂、酸化压裂等方式来减弱贾敏效应均不理想。基于示范工程煤层气井排采实践，笔者认为排采制度优化是煤储层贾敏效应控制的有效措施。煤储层贾敏效应的排采控制包括以下几个方面：

（1）初期排水阶段控制液面降幅

排水是煤层气开发过程中储层降压的主要方式。煤层气井排采需要逐级平稳降压，初

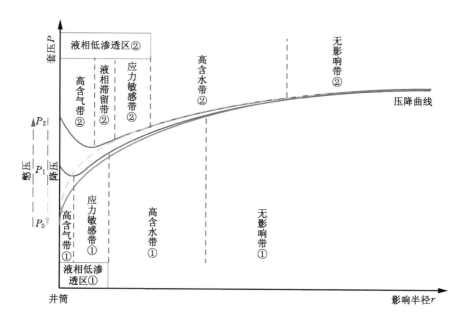

图 9-12　上部产层暴露对井筒周围压降曲线的影响

期排采强度过大,一方面易引起速敏、应力敏感性伤害,且容易导致卡泵、埋泵等非连续排采情况产生;另一方面,易引起煤粉迁移,堵塞孔隙吼道,为气水两相渗流条件下严重贾敏效应产生创造了条件。此外,排采初期液面降幅过大,使压降漏斗难以充分扩展,影响煤层气井泄流半径,无法保证排采后期煤层气井高产、稳产。针对贵州省上二叠统煤系含水性弱、煤层含气饱和度高的地质条件,煤层气井初期排水阶段应严格控制液面降幅,使煤层气井在见套压前尽可能排出更多的压裂液和地层水,提高压裂液返排率,延长饱和、非饱和单相水流持续时间,使压降漏斗充分扩展,以利于煤层气井的长期稳产。

(2)憋压增产阶段控制最高套压

当煤储层临储比较高时,应在见套压后控制最高套压。通过及时调整气管线上的针型阀,控制游离气或初期解吸气的产出速度。一方面,将憋压幅度控制在 2.0 MPa 以内,避免井筒周围气泡增多、变大,避免产生严重的"气锁"伤害;另一方面,尽量避免游离气或初期解吸气的瞬时大量产出,导致煤储层产生吐砂、吐粉现象。

(3)控压增产阶段避免气水产量的快速大幅波动

控压增产阶段,不追求煤层气井短期内日产气量的快速增加,保持气、水产量的相对稳定,使煤储层中形成稳定的气水两相运移状态,避免由于煤储层含水、含气饱和度突变而导致气柱、水柱被卡断,不能以连续的气、水流形式运动,进而产生严重的贾敏效应,导致气水两相渗流阻力增大。具体排采控制措施为:通过调整煤层气井套压及液面高度,控制井底流压缓慢下降,保持储层压力平稳传递,日产气量逐渐增加,日产水量相对稳定,使近井地带由水气两相流态向气水两相流态转换。

(4)控压稳产阶段避免非连续排采情况的产生

控压稳产阶段,煤储层中已形成稳定的气水两相流态,保持气、水产量的长期稳定,对保证煤层气井的开发效果具有重要的意义。由于煤层气井非连续排采会导致煤储层严重的贾敏效应,产生"气锁"、"水锁"等储层伤害,因此应保证煤层气井排采作业的连续进行,使井底流压持续、平稳下降。

要避免非连续性排采情况的产生,首先应合理选择井下排采设备。当井斜较大时,为了避免严重管杆偏磨导致排采复杂情况产生,可选择水力空心无杆泵或射流泵作为排采设备。其次,应密切关注排采过程中泵效变化,当发现泵效连续下降或明显降低时,应及时进行反循环洗泵,避免卡泵导致煤层气井停抽。再次,煤层气井排采应坚持"连续、缓慢、稳定"的原则,减少煤储层压力激动及吐砂、吐粉现象产生,延长煤层气井捞砂、检泵周期。如必须开展修井作业,则尽可能缩短修井时间,避免流压大幅回升,降低修井作业对产层的伤害。最后,应定期对地面设备进行维护、检查,避免地面排采设备故障导致的非连续排采。

(5)合层开发煤层气井暴露上部产层后避免套压大幅回升

为了提高合层开发煤层气井产气效果,可在套压大于 0.5 MPa 时主动缓慢暴露上部产层,但应尽量延长上部产层暴露前煤层气井的排采时间。上部产层暴露后,应尽可能避免套压的快速波动,杜绝套压的大幅回升,避免"气侵"导致井筒周围形成液相低渗区,对近井地带煤储层造成永久性贾敏效应伤害。

暴露上部产层后,通过缓慢降低流压,逐步增大日产气量的方式保持套压稳定,并在排采过程中密切观察套压变化。当发现套压有回升趋势时,应及时减小液面降幅或稳定流压,现场可采用"套压调控阀"或"煤层气井智能排采控制系统"对套压进行自动控制。

第三节　应力敏感性及其排采控制

一、应力敏感性对合层排采的影响

贵州省主要赋煤盆地成煤期后经历多期次构造运动,煤变质程度高、煤体较破碎、渗透率普遍低于 0.1 mD,这些是影响煤层气开发的关键地质因素。煤层气开发过程中,随着煤储层卸压范围不断增大,井底流压逐级递减,煤基质所受到的有效应力增大,煤基质被压缩,孔隙率、孔裂隙直径减小,孔隙之间的连通性变差,表现出较强的应力敏感性。煤层气井排采过程中,随着煤基质骨架所承受有效应力增大,煤储层渗透率快速下降,直接影响到煤层气井的气水产出。

国内外学者对煤储层应力敏感性开展了多方面的研究,主要包括:温度、裂隙发育情况、煤储层含水性、煤体结构、煤岩力学特征等地质因素对应力敏感性的影响,煤储层孔渗特征、应力敏感性的阶段性变化、煤储层应力敏感性对煤层气井产能的影响等。归纳起来,前人研究所选用的煤样多采自煤层气开发起步较早的沁水盆地南部及鄂尔多斯盆地东缘且多为变质程度较高的无烟煤,而对黔西煤层群发育区中煤阶煤储层的应力敏感性研究较少。此外,以往研究多从煤阶、煤体结构、煤岩力学特征等煤储层自身因素探讨其应力敏感性,而对于煤层气开发过程中脉冲式压裂改造、非连续性排采所产生的重复荷载作用对含水煤储层应力敏感性影响的研究成果报道较少。

二、应力敏感性的工程控制

煤层气井完井、压裂等过程中存在与压裂液、地层水等相溶的工作液侵入煤储层,将会引起近井地带煤储层含水饱和度升高,煤储层液体渗流阻力减小,利于地层水及压裂液的返排,但也同时造成了煤储层应力敏感性增强。在此情况下,若压裂和排采控制不当,会导致储气层段所受压力发生波动,也会引起煤储层的应力敏感效应从而降低其渗透率从而降低煤层气井单井产量。

在煤层气的排采过程中,储层异常高压使得产气速度较快,煤储层压力快速下降且变化幅度较大,而示范区较高的地应力使得有效应力快速增加,应力敏感效应明显,造成煤基质中的裂隙闭合,孔隙率与渗透率降低。图 9-13 盘州某井 15 号煤层应力敏感性试验结果表明:随着有效应力的增加,煤层渗透率从 2.33 mD 下降至 0.13 mD,降幅明显。此外,某井田煤储层原始渗透性差,而对于原始渗透率较差的储层,应力敏感对产量的影响会更大。

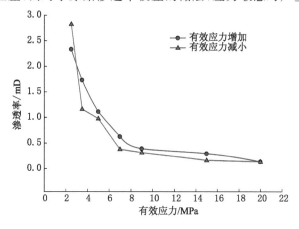

图 9-13　15 号煤层应力敏感性曲线

此外,示范工程开发试验井的排采曲线也显示:受较高储层压力及含气饱和度的影响,排采初期快速见套压,产气、产水量快速升高;随着储层压力的下降,应力敏感性增强,渗透率下降,产水量、产气量减小。因此,在高地应力及高储层压力背景下,可适当减小排采过程中的流压降幅,以达到保护储层的目的,也能缓解应力敏感效应造成煤层气井产能的快速下降。

煤层气井压裂施工中,若采用较高的施工压力作用于煤储层,会导致煤储层含水饱和度增大,即饱水压力增大,则压裂液侵入煤层微孔隙中导致煤储层束缚水饱和度升高,同时水楔作用和润滑作用加大了煤储层应力敏感性,将引起煤储层液测渗透率大幅度降低,严重阻碍压裂液、地层水的渗流,降低压裂效果(见图 9-14)。因此,压裂施工过程中应控制泵注压力,避免施工压力过高而导致的压裂液严重侵入煤储层微孔裂隙。

压裂后近井地带煤储层含水饱和度和初始液测渗透率高,应力敏感性强,排采导致有效应力增大,使压裂液、地层水返排的难度增大。为了避免近井地带有效应力迅速增大对压裂液返排造成的不利影响,应缓慢降低井筒流压,使压降漏斗有效扩展,避免近井地带液相渗流能力的快速下降。特别是对于深部、欠压煤储层,煤层气开始解吸时,近井地带液测渗透率已降至很低,近井地带液体的导流能力将难以保证。在排采初期饱和单相水流条件下,煤储层处于饱水状态,由于饱水煤样加卸载过程中渗透率不可逆且损失率高,所以应保证排水的稳定性及储层降压的持续性,尽可能避免排采初期停抽、间歇性排采引起的有效应力波动而导致煤储层液测渗透性变差,阻碍地层水、压裂液的返排。

三、重复荷载下含水煤样应力敏感性的工程控制

与高煤阶煤相比,黔西地区中煤阶煤储层中气体渗流的微观孔裂隙发育,煤储层原始渗

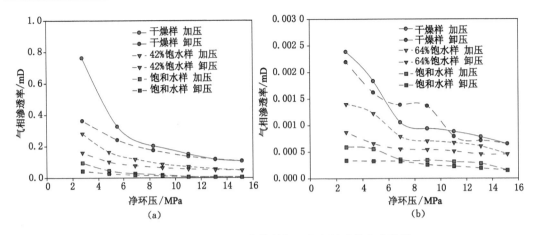

图 9-14　不同含水饱和度煤样气驱应力敏感性实验结果

(a) 黔西 1+3 号煤层；(b) 黔北 9 号煤层

透率高。然而，由于中煤阶煤储层弹性模量小、泊松比大，岩石力学强度低，塑性变形程度大，有效应力作用下渗透率应力敏感性强，因此中煤阶煤层气开发工程中应重视煤储层保护的问题，避免重复荷载作用及含水饱和度升高对煤储层中气体渗流的不利影响，提高中煤阶煤层气开发的工程效果（见图 9-15）。

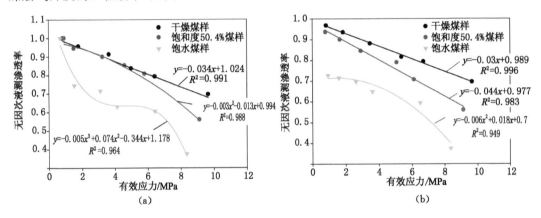

图 9-15　黔西 15 号煤层无因次液测渗透率 k_{iw}/k_{0w} 变化特征

(a) 加载过程；(b) 卸载过程

　　煤层气井压裂施工中，泵注压力不稳定或采用脉冲式压裂方式可对煤储层产生重复荷载作用，使井筒周围煤储层产生强烈的塑性变形，导致煤基质渗透性变差。煤层气井排采过程中，井筒周围煤储层压力下降导致有效应力增大，卡泵、修井等因素引起非连续性排采，煤储层压力回升可导致有效应力减小。可见，频繁的排采间断也可导致地应力对煤储层产生重复荷载作用，使煤储层渗透率下降（见图 9-16、图 9-17）。当中煤阶煤初始含水饱和度较低时，采用常规活性水压裂工艺在改造煤储层的同时，也会导致煤储层含水饱和度显著升高并对气体渗流产生"水锁"伤害，可能会引起压裂改造区外围煤储层气测渗透率下降以及渗透率应力敏感性增强，对气体向井筒方向运移产生不利影响。

　　要避免重复荷载及含水饱和度升高对中煤阶煤储层渗透性的不利影响，一方面应保持

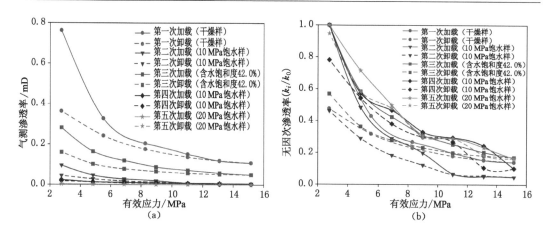

图 9-16　重复荷载下 1+3 号煤层应力敏感性特征
（a）气测渗透率变化；（b）无因次渗透率变化

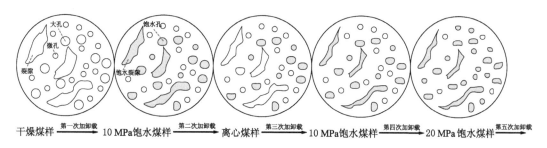

图 9-17　重复荷载过程中煤储层物性及含水性变化示意图

压裂施工过程连续及压裂施工中泵注压力稳定,避免采用脉冲式压裂方式进行储层改造;另一方面,应维持排采过程中储层压力稳定下降,尽可能避免非连续性排采导致储层压力回升。当中煤阶煤储层初始含水饱和度较低时,应优先评估采用 CO_2 或 N_2 泡沫压裂方式进行储层改造的可行性,尽可能避免水基压裂液进入煤储层微观孔裂隙对气体解吸、渗流的不利影响。当受条件限制不得已采用水基压裂液时,应尽可能在较低的注入压力下进行压裂施工并延长注入时间,以减弱水基压裂液侵入煤储层微观孔裂隙对其渗透性的伤害。

第四节　速敏效应及其排采控制

一、速敏效应对合层排采的影响

煤层气井排采过程中,煤储层中流体流速快,地层流体携带大量煤粉,当停抽或流体流速减小后,煤粉将会原地沉淀,沉淀物会堵塞裂缝通道,产生“速敏效应”。速敏效应的产生与储层渗透性关系密切,排采中低渗储层易产生速敏效应,而低渗煤储层在排水时期更是如此,其产生原理如图 9-18 所示。

煤粉产出一般受两种力的作用:一种为剪切应力,另一种为张应力,这两种力均会造成煤储层破碎。储层流体运移较快,易发生张应力破碎,如果是井底流压下降较快,则主要为剪切破碎。速敏效应可使储层渗透性大幅降低,严重影响煤储层排水产气。示范区地层所受应力较高,在排采过程中随着流体排出,储层所受的有效应力与其他应力正常储层相比要

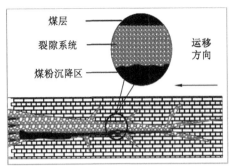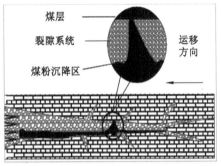

图 9-18　煤储层中速敏效应产生原理

大,而储层所受有效应力越大引起速敏效应的临界流速越小,越易发生速敏效应。

单煤层排采时,排采速率直接决定这一产层是否发生速敏效应,避免速敏效应方法也较简单,即在排采初期减缓排水速率,通过控制套压大小来调节产能,待排采一定时间后,随着井底流压降低再逐渐调低套压。而合层排采因各个产气层段的速敏性、渗透性、含水性等储层物性都存在一定差异,同一时刻各段所处的排采阶段也会有所不同,因此各压裂段流体运移速率会有较大差异。

基于贵州省煤层气开发条件,结合示范工程排采制度的研究,笔者认为速敏效应对合层排采存在以下影响:

① 排水阶段是煤粉产出的高发期,由于各个层段压裂液的排出,合采井初期日产水量较大,为了短时间内最大限度地排出压裂液,一般动液面下降也较快。所以速敏效应引发的煤粉产出量增加,易造成合采井卡泵,而频繁进行卡泵检修作业会导致煤储层重新吸附已解吸的气体,严重影响合采井的产量。

② 进入气水两相流阶段时,气水两相流携粉能力较单相流携粉差,但煤粉沉淀速率较排水段要快,会阻塞储层渗流通道。一般远井地带颗粒较大的煤粉沉淀厚度大,近井地带沉积煤粉颗粒小,沉淀厚度薄,沉淀的煤粉阻碍了远井地带流体的运移,减小压降漏斗的扩展。合采井由于各层段排采阶段的差异,一层或多层进入气水两相流阶段后,其产水能力必然会降低,如果此时不及时改变排水速率,其他单相流储层的排采速率必定增加,势必会产生速敏效应伤害,影响其渗透性。

二、速敏效应形成与排采控制

(1)非连续性排采

煤层气井停泵非连续排采情况下,气水流动速度不稳定,会导致煤粉、压裂砂迁移、堆积,从而减小喉道渗流半径。见套压初期频繁停抽,井底流压恢复至较大值,远端大气泡难以排除,易形成气锁。捞砂、检泵作业导致液面回升,甲烷逆转为吸附状态,压裂液或地层水充填运移通道,开抽后易形成水锁。

对应的排采控制措施为:合理选择井下排采设备,密切关注泵效变化,避免长时间卡泵、停抽。故障排除之后,排采制度应以连续、缓慢、稳定为主,避免储层吐砂、吐粉以及延长捞砂、检泵周期。同时也要定期进行地面设备维护,减少突发事故。

(2)气水两相流阶段液面降幅过快

当合层开发煤层气井进入产气阶段,最先达到储层临界解吸压力的煤层段开始解吸产气,产气层段因气相渗透率升高而产水量降低。而合采井此时如果不改变产水速率,产水量依然维持在较高水平,势必造成其他未解吸储层产水过快,引发其速敏效应,导致储层渗透性降低。由于煤层气井液柱高度降速较快,井底流压随液柱高度下降迅速降低,储层应力敏感性增强,进一步影响储层渗透性,导致合采井经历产气高峰值后产气量迅速下降,后期稳产时间较短,累计产气量较低。

笔者针对速敏效应产生的工程诱因,提出针对性的排采控制措施为:合层开发煤层气井见套压之后,应逐渐降低日产水量,使动液面缓慢降低;产气初期通过套压控制日产气量,待产气平稳以后,随井底流压变化来调节套压,该阶段产水量较大,导致储层流压变化所引发的应力敏感效应较强,因此该阶段也要注意流压降幅,尽量在稳定排采基础上缓慢降低流压,避免储层渗透性损伤过大。

三、合层排采强度控制试验

示范工程井组排采过程中,希望通过阶段性快速排采降压,适度激励储层,疏通前期发生堵塞的产气通道。试验开始前 10 天左右,XX-3 井、XX-4 井产气均明显下降,推测是由于煤粉运移导致裂隙堵塞,井筒周围煤储层渗透率下降导致,因此后续采用不同的日流压降幅进行排采。应通过对比试验,确定区内合适的排采速度,进而优化排采制度,XX-3、XX-4、XX-6 井排采强度试验情况如表 9-2 所示。

表 9-2　　　　　　　　　　　　示范工程排采强度试验情况

井号	时间		天数/d	日均流压降幅/(MPa/d)	试验开始前产气/(m³/d)	试验期最高日产气/(m³/d)	试验期日均产气/(m³/d)
XX-3	起	2015.5.7	7	0.054 3	840	1 808	1 403
	止	2015.5.14					
XX-4	起	2015.5.7	7	0.094 4	960	2 644	1 890
	止	2015.5.14					
XX-6	起	2015.5.7	27	0.018 8	1 336	1 966	1 648
	止	2015.6.2					

表 9-2 中不同强度排采试验结果表明:快速排采时渗流通道得到一定程度的疏通,短期内产气量明显上升。但从长期生产情况看,快排效果并不比慢排效果好,这是因为排采速度过快会导致产层吐砂、吐粉,不利于井组的长期稳产。

第十章　产能预测与数据监测

第一节　储层参数反演与产能预测

本章基于煤层气井采样测试、测井、试井等所获取的储层参数作为初始设定值,利用数值模拟软件 COMET3 对煤层气井排采曲线进行反演,通过调整储层及排采参数使模拟结果尽可能地接近实际排采情况,并对煤层气排采井进行产能预测及排采制度优化。下面以示范工程 XX-2 井为例进行说明。

一、压裂段煤储层特征

由表 10-1 可见:XX-2 井 3 个压裂段储层温度在 33～39 ℃,煤系地温梯度高于正常值 3 ℃/100 m,且随煤层埋深增加地温梯度逐渐升高;储层压力随煤层埋深变化从 5.42 MPa 增加到 7.82 MPa,各压裂段内煤储层压力梯度变化不大,第一压裂段压力梯度与正常值相近,二、三压裂段压力梯度高于正常值;煤储层含气高饱和—过饱和,且埋藏越深含气过饱和越明显。总体来看,示范区内煤储层具有高温、超压、含气高—过饱和的特点,有利于煤层气地面开发。

表 10-1　　　　　　　　　　XX-2 井各压裂段煤储层特征

压裂段	煤层编号	垂深/m	温度/℃	煤系地温梯度 /(℃/100 m)	储层压力 /MPa	压力梯度 /(MPa/100 m)	含气量 /(m³/t)	含气饱和度
一	1+3 号	545.9～548.4	—	—	5.42	0.99	8.85	—
	5₁ 号	561.5～562.3	33.26	3.25	5.59	0.99	9.17	95%
	5₂ 号	571.0～574.0	—	—	5.65	0.98	—	—
二	9 号	609.0～610.4	—	—	6.21	1.02	12.64	86%
	10 号	628.9～629.9	35.58	3.75	6.51	1.03	12.33	—
	12 号	646.8～648.0	—	—	6.53	0.98	11.33	>100%
三	13 号	670.4～671.3	37.89	4.91	7.35	1.09	7.50	—
	15 号	677.3～679.5	—	—	7.36	1.08	8.77	>100%
	16 号	684.9～686.9	38.74	5.66	7.82	1.14	6.39	—

二、煤储层参数反演

利用 COMET3 储层模拟软件进行储层参数反演,预测 XX-2 井拟合日产气量、日产水量与实际情况相近,表明储层参数反演结果基本能够反映开发层段特征,如表 10-2 所示。

表 10-2　　　　　　　　　　　　**XX-2 井储层参数初始设定值与反演值**

参数	初始设定值			反演值			初始值参考资料
	第一段	第二段	第三段	第一段	第二段	第三段	
储层压力/MPa	5.42~5.65	6.21~6.53	7.32~7.86	5.53	6.58	7.40	试井
含气量/%	8.85~9.17	11.33~12.64	6.39~8.77	7.23	10.39	6.82	实测
原始渗透率/mD	0.11	0.21	0.17	0.21	0.35	0.25	试井
孔隙率/%	2.52	4.55	3.56	3.73	4.23	3.95	取样测试
P_L/MPa	2.81	2.96	2.70	3.18	3.47	2.82	取样测试
V_L/(m³/t)	16.67	20.98	20.23	14.33	19.73	18.45	取样测试
表皮系数	−1.5	-−2.5	−2.0	−1.1	-−1.9	−1.3	试井
含气饱和度/%	94	96	121	92	87	113	计算推测

由表 10-2 可见：XX-2 井各压裂段储层参数反演值与初始设定值接近，储层参数反演结果与工程测试数据基本相符。利用储层压力梯度计算方法发现，三个压裂段储层压力梯度分别为 1.01 MPa/100 m、1.08 MPa/100 m、1.10 MPa/100 m，相差不大，合层排采时各层段压力传递速度差异较小，基本不会因压降不均一而产生速敏伤害；各压裂段渗透率反演值均较低且差异小，合层排采中不会因渗透率差异而产生严重的层间干扰；此外，煤田勘探资料显示示范区各煤层富水性均较差，XX-2 井不同产层供液能力差异小，合层排采时不会因某一产层产水量过大导致其他层段的压降从而影响传递速率。

三、不同产层组合下的单井产能预测

基于 XX-2 井储层特征参数反演结果，采用 COMET3 储层模拟软件分别模拟不同产层组合下的单井产气情况如图 10-1 所示。

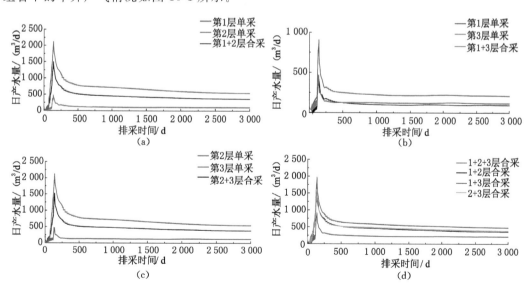

图 10-1　不同产层组合方式下 XX-2 井产气情况预测图

(a) 第 1 层和第 2 层单采与合采；(b) 第 1 层和第 3 层单采与合采；

(c) 第 2 层和第 3 层单采与合采；(d) 第 1 层、第 2 层第 3 层单采与合采由图 10-1 可见：单采第 2 压裂段＞合采 1＋2＋3 压裂段＞合采 2＋3 压裂段＞合采 1＋2 压裂段＞合采 1＋3 压裂段＞单采 3 压裂段＞单采 1 压裂段，表明在合层开发有利层段优选的基础上进一步优化开发方案，对于提高贵州省煤层气井产能具有重要的意义。

四、基于不同气水相渗曲线的压降漏斗扩展模拟

基于示范区 1＋3 号、15 号煤层气水相渗曲线，对 XX-2 井煤层气井日产气量变化进行长期预测，结果如图 10-2 所示。

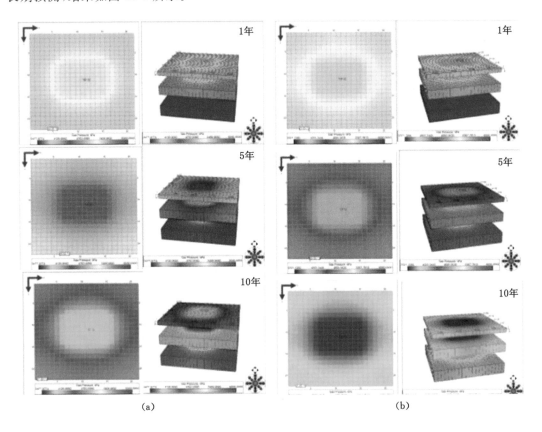

(a)   (b)

图 10-2　基于气水相渗曲线的 XX-2 井压降漏斗扩展模拟结果

(a) 基于 1＋3 号煤层气水相渗曲线；(b) 基于 15 号煤层气水相渗曲线

由图 10-2 可以看出，基于不同的气水相渗曲线对 XX-2 井产能预测结果存在较大差异。基于 1＋3 号煤层气水相渗曲线预测的煤层气井排采前期日产气量上升缓慢，且最大日产气量仅为 1 500 m³/d，随着排采工作的进行，煤层气井日产气量下降相对缓慢。排采 10 年内，煤层气井累计日产气量明显低于基于 15 号煤层气水相渗曲线预测的煤层气井累计产量；基于 15 号煤层气水相渗曲线预测的煤层气井排采前期日产气量上升相对较快，且能够达到更高的日产量峰值，但排采过程中煤层气井日产气量衰减相对较快，但 10 年的累计产气量较高。以上数据说明气水相渗曲线特征对煤层气井产能的影响显著。

五、井组产能预测

在 XX-2 井单井产能模拟与预测的基础上，对示范工程井组进行 10 年产能预测。利用 COMET3 软件进行产能预测时，不考虑修井、检泵等因素导致的排采间断干扰。示范井组

5 口井产能预测结果如图 10-3 所示。

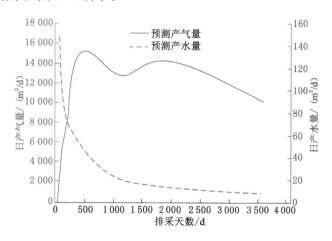

图 10-3 井组 10 年产能预测曲线

由图 10-3 可见：井组日产水量从排采初期到第 10 年一直在减少，井组最高日产水可达 145 m³/d 左右。排采前 2 年，井组日产水量下降迅速，随后逐年缓慢下降，并最终维持在 7 m³/d 左右，符合一般煤层气井产水规律：示范井组产气情况明显要好于单井，井组日均产气量约 12 000 m³/d，最高日产可达 15 000 m³/d，产气趋势符合一般煤层气排采产气规律。在排采初期日产气高峰快速到来，随后略有下降；在排采 4.5 年后又迎来产气高峰，达到日产气 14 000 m³/d 左右；排采后期，井组日产气量缓慢下降，高产稳产持续时间较长。

六、储层压力变化特征

井组第一压裂段储层压力随排采时间的变化情况如图 10-4 所示。原始储层压力大于 6 MPa，排采 50 d 后井筒中心储层压力下降为 3.8 MPa 左右，井筒周围储层压力约为 4.5 MPa，井组周围形成"梯形"压降区［见图 10-4(a)］；排采 1 年后，井筒中心储层压力约为 3.0 MPa，井筒周围储层压力约为 3.5 MPa［见图 10-4(b)］；排采 2 年后，井筒中心的储层压力约为 2.0 MPa，井筒周围储层压力约为 3.0 MPa［见图 10-4(c)］；排采 10 年后，在设计网格区域的储层压力都在 3.5 MPa 以下，井筒中心的储层压力约为 0.8 MPa，井筒周围储层压力约为 1.4 MPa［见图 10-4(d)］。可见，随着排采的进行，煤储层压力在不断下降，单井及井组的压降影响范围均不断扩大，导致井间干扰区域大幅降压。

此外，井组煤储层压力在排采过程中迅速降低，约在 1 年后形成井间干扰，且井间干扰出现时间与井间距、煤储层原始渗透率及改造后渗透率有关。煤储层压力变化速率最快的区域，所占面积最小。由井组中心向远处拓展，压降幅度依次减小，所控制面积依次增大。压降漏斗稳定以后，区内储层压力变化速率趋于相同，仅储层压力大小存在区别。

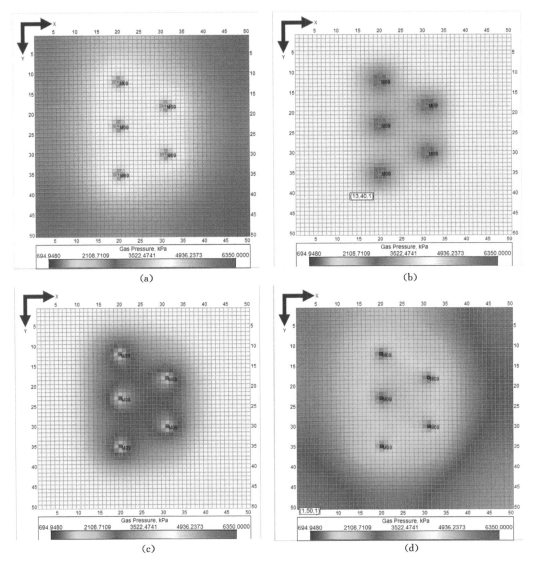

图 10-4　井组第一压裂段储层压力随排采时间动态变化

(a) 第 50 天；(b) 第 1 年；(c) 第 2 年；(d) 第 10 年

第二节　排采数据监测与资料录取

一、监测方法

（1）产气量

煤层气井瞬时产气速率、当量日产气量、日产气量、累计产气量通过连接在排气管线上的 TDS 型智能旋进流量计进行监测。除了可获得累计产气量及标况、工况产气速率数据外，通过该仪器还可获得气体温度、压力参数。TDS 型智能旋进流量计结构及实物如图 10-5 所示。

（2）产水量

煤层气井日产水量利用"量筒法"测定出水口的瞬时流量并经过换算获得当量日产水

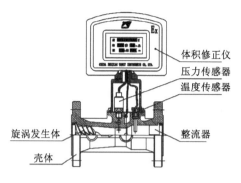

图 10-5 TDS 型智能旋进流量计结构及实物图

量、日产水量,并以日排产量(m³/d)计入排采数据。

(3) 基准层流压

基准层流压通过井下电子压力计自动测定,并通过抗拉单芯/双芯电缆连接至井口的显示仪器(地面数据处理仪)。其中,井下电子压力计由压力传感器、温度传感器、信号放大电路、模数转换电路、单片机系统、编码电路、数字通讯接口电路和相关工作软件组成;地面数据处理单元由通讯接口电路、显示单元等组成。工作过程中,井下电子压力计将井下温度、压力和液位进行数据实时采集,然后按一定周期经数字通讯口输出。

(4) 井口套压

煤层气井油管与生产套管之间的环空压力(井口套压)由安装在井口、量程为 6 MPa 的压力表测定。

(5) 基准层液柱高度

以某一煤层为基准层,煤层气井油管与生产套管之间的液面高度为基准层液面高度。基准层液面高度基于基准层流压与井口套压的数值计算获得。

(6) 排水设备运行参数

排水设备日运行时间根据排采人员记录的抽油机/无杆泵运转时间确定,当排水设备冲次调整后需记录调整前后冲次变化情况,抽油机冲程一般不做调整。

二、频率监测

煤层气井排采过程中,排采技术人员每 2 小时记录一次产气量、产水量、基准层流压、井口套压、基准层液面高度及排水设备运行参数。每日 22 时整理当天的日产气量、日产水量、基准层流压、井口套压、基准层液面高度、排水设备运行参数及其变化情况的数据,以备研究人员分析。

三、气水样采集与分析

① 气体样采用球胆采集,每次采样不少于两个平行样,每个样品不少于 500 mL。采样后要在 48 小时内进行分析,分析内容包括:气体组分(O_2、N_2、CH_4、C_2H_6、C_3H_8、C_4H_{10}、CO_2、H_2S 等)含量及相对密度等。

② 水样采用采样瓶采集,采样瓶必须用水样清洗 3 次以上,每个样品不少于 500 mL,不少于两个平行样。采样后在 48 小时内分析。分析内容包括:pH 值、密度、阴阳离子(Na^+、Ca^{2+}、Mg^{2+}、K^+、Cl^-、SO_4^{2-}、HCO^-、CO_3^{2-}、OH^- 等)含量等。

四、水质指示意义

基于示范工程煤层气井采出水取样分析发现,水中阳离子主要为 K^+、Na^+、Ca^{2+}、Mg^{2+},Fe^{3+}、NH_4^+ 少量,XX-1、XX-2 井排采过程中,水中阳离子总量在 2 351.46～4 691.98 mg/L 范围变化。水中阴离子主要为 Cl^-、HCO_3^-、SO_4^{2-}、NO_3^- 少量;XX-1、XX-2 井排采过程中,水中阴离子总量在 3 997.89～7 498.09 mg/L 范围变化。XX-1、XX-2 井产出水化学特征分别如图 10-6、图 10-7 所示。

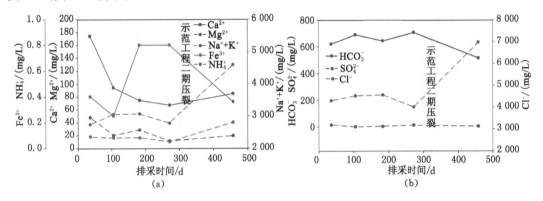

图 10-6　XX-1 井产出水化学特征

(a) 阳离子;(b) 阴离子

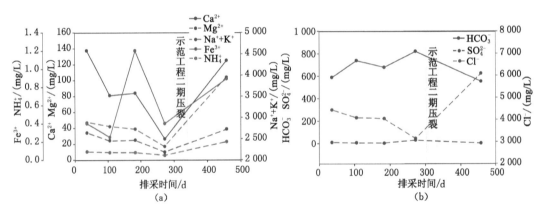

图 10-7　XX-2 井产出水化学特征

(a) 阳离子;(b) 阴离子

由图 10-6、图 10-7 可以看出:

① 随着排采的进行,XX-1、XX-2 井产出水中 Ca^{2+}、Mg^{2+} 浓度均快速下降;示范工程二期压裂后,产出水中 Ca^{2+}、Mg^{2+} 浓度均增大,特别是 XX-2 井,Ca^{2+}、Mg^{2+} 浓度显著升高。示范工程二期压裂后,XX-1、XX-2 井产出水阳离子浓度增大,反映压裂施工使 XX-1、XX-2 井与 XX-3、XX-4、XX-5 井导通,压裂液已通过上部煤层在不同井间流动。

② 示范工程二期压裂前,XX-1 井产出水中 Na^+ + K^+ 浓度较稳定,XX-2 井产出水中 Na^+ + K^+ 浓度略有下降,反映示范区煤层及顶底板含水性弱,地层水对高 K^+ 压裂液的稀释能力弱。二期压裂后,XX-1、XX-2 井产出水中 Na^+ + K^+ 浓度均显著升高,则反映示范工程二期压裂施工对 XX-1、XX-2 井排采的影响大。

③ XX-1、XX-2 井产出水中浓度较低的 Fe^{3+} 浓度波动较大,可能与排采过程中生产套管被地层水腐蚀有关,示范工程二期压裂后,XX-1、XX-2 井产出水中 Fe^{3+} 浓度变化产生明显差异,则可能是二期施工压裂液与地层中原有液体混合导致。排采过程中,产出水中 NH_4^+ 浓度稳定,示范工程二期压裂施工后,XX-1、XX-2 井产出水中 NH_4^+ 浓度均增大,亦受到地层中新注入压裂液的影响。

④ 示范工程二期压裂前,XX-1 井产出水中 Cl^- 浓度较稳定,XX-2 井产出水中 Cl^- 浓度略有下降,反映示范区煤层及顶底板含水性弱,地层水对高 Cl^- 压裂液的稀释能力弱。二期压裂后,XX-1、XX-2 井产出水中 Cl^- 浓度均显著升高,同样反映示范工程二期压裂施工对XX-1、XX-2 井排采的影响大。基于排采过程中产出水中 Cl^- 浓度与矿化度(TDS)对比发现,矿化度与 Cl^- 浓度具有高度相似的变化规律;由于 XX-2 井产出水中矿化度降幅大,受二期压裂影响波动大,因此 XX-2 井产气效果优于 XX-1 井,预测具有更好的产气潜力。

⑤ 示范工程二期压裂前,XX-1、XX-2 井产出水中 HCO_3^- 浓度超过 600 mg/L,煤层气井日产气量高,反映出 HCO_3^- 浓度指标($C_{HCO_3^-}>600$ mg/L)对煤层气井高产的指示作用。示范工程二期压裂后,XX-1、XX-2 井产出水中 HCO_3^- 浓度均降至 600 mg/L 以下,煤层气井日产气量亦长期维持在 $200\sim400$ m^3/d 的较低水平。

⑥ XX-1、XX-2 井排采过程中,产出水中 SO_4^{2-} 浓度较低,特别是在煤层气井稳定排水产气过程中,SO_4^{2-} 浓度普遍低于 5 mg/L。当检泵、卡泵、修井等因素导致非连续性排采时,产出水中 SO_4^{2-} 浓度显著升高至 $15\sim30$ mg/L,预示煤层气井日产气量下降或产生明显波动。

参 考 文 献

[1] 陈本金.六盘水地区煤层气资源及有利目标勘探区优选[J].六盘水科技,2001(4):1-7.

[2] 陈本金,温春齐,曹盛远,等.六盘水地区煤层气开发利用前景[J].贵州地质,2008,25(04):270-275.

[3] 陈庭根,管志川.钻井工程理论与技术[M].青岛:中国石油大学出版社,2002.

[4] 陈文文,王生维,秦义,等.煤层气井煤粉的运移与控制[J].煤炭学报,2014,39(增刊2):416-421.

[5] 陈学敏.贵州龙潭组煤类分布规律及其成因[J].煤田地质与勘探,1995,23(2):21-24.

[6] 陈贞龙.黔西滇东地区煤层气富集规律及流体作用研究[D].北京:中国地质大学,2010.

[7] 方锡贤.煤层气勘探中的录井技术[J].天然气工业,2004,24(5):36-38.

[8] 方锡贤.随钻判断煤层气方法探讨[J].中国煤田地质,2004,16(5):16-20.

[9] 冯其红,舒成龙,张先敏,等.煤层气井两相流阶段排采制度实时优化[J].煤炭学报,2015,40(1):142-148.

[10] 傅雪海,姜波,秦勇.用测井曲线划分煤体结构和预测煤储层渗透率[J].测井技术,2003,27(2):140-144.

[11] 傅雪海,彭金宁.铁法长焰煤储层煤层气三级渗流数值模拟[J].煤炭学报,2007,32(5):494-498.

[12] 傅雪海,秦勇,李贵中,等.山西沁水盆地中、南部煤储层渗透率影响因素[J].地质力学学报,2001(01):45-52.

[13] 傅雪海,秦勇,李贵中.沁水盆地中—南部煤储层渗透率主控因素分析[J].煤田地质与勘探,2001,29(3):16-19.

[14] 傅雪海,秦勇,权彪,等.中煤阶煤吸附甲烷的物理模拟与数值模拟研究[J].地质学报,2008,82(10):1368-1340.

[15] 傅雪海,秦勇,韦重韬.煤层气地质学[M].徐州:中国矿业大学出版社,2007.

[16] 傅雪海,秦勇,张万红.高煤阶煤基质力学效应与煤储层渗透率耦合关系分析[J].高校地质学报,2003,9(3):373-377.

[17] 高弟,秦勇,易同生.论贵州煤层气地质特点与勘探开发战略[J].中国煤炭地质,2009,21(3):20-23.

[18] 桂宝林.滇东黔西煤层气选区及勘探目标评价[J].云南地质,2004,23(4):410-420.

[19] 侯丁根,周效志.黔西松河井田煤层气成藏特征及资源可采性研究[J].煤炭科学技术,2016,44(2):62-67.

[20] 胡湘炯,高德利.油气井工程[M].北京:中国石化出版社,2003.

[21] 姜波,秦勇,琚宜文,等.煤层气成藏的构造应力场研究[J].中国矿业大学学报:自然科

学版,2005,34(5):564-569.

[22] 金安信,李国富,王峰明,等. 运用液压压裂法改造晋城无烟煤煤层渗透性浅探[J]. 中国煤层气,1995(2):71-74.

[23] 金军,周效志,易同生,等. 气测录井在松河井田煤层气勘探开发中的应用[J]. 特种油气藏,2014,21(4):22-25.

[24] 景兴鹏. 沁水盆地南部储层压力分布规律和控制因素研究[J]. 煤炭科学技术,2012,40(2):116-120,124.

[25] 康红普,姜铁明,张晓,等. 晋城矿区地应力场研究及应用[J]. 岩石力学与工程学报,2009,28(1):1-8.

[26] 乐光禹,张时俊,杨武年. 贵州中西部的构造格局与构造应力场[J]. 地质科学,1994,29(1):10-18.

[27] 李宝林. 连续油管压裂技术在大牛地气田的应用[J]. 石油地质与工程,2008,22(3):88-90.

[28] 李诚铭. 新编石油钻井工程实用技术手册[M]. 北京:中国知识出版社,2006.

[29] 李国彪,李国富. 煤层气井单层与合层排采异同点及主控因素[J]. 煤炭学报,2012,37(8):1354-1358.

[30] 李日富,梁运培,程国强. 采空区覆岩走向水平移动机理研究[J]. 煤矿安全,2008(04):8-11.

[31] 李辛子,王赛英,吴群. 论不同构造煤类型煤层气开发[J]. 地质论评,2013,59(5):919-923.

[32] 刘成林,车长波,樊明珠,等. 中国煤层气地质与资源评价[J]. 中国煤层气,2009,6(3):3-6.

[33] 刘龙乾. 青山矿区煤层气赋存规律及其资源潜力评价[D]. 徐州:中国矿业大学,2007.

[34] 刘之的,杨秀春,陈彩红,等. 鄂东气田煤层气储层测井综合评价方法研究[J]. 测井技术,2013,37(3):289-293.

[35] 罗开艳. 贵州煤层气丛式井抽采技术研究[J]. 能源技术与管理,2014,39(4):124-126.

[36] 罗开艳,金军,赵凌云,等. 松河井田煤层群条件下合层排采煤层气可行性研究[J]. 煤炭科学技术,2016,44(2):73-77,103.

[37] 孟宪武,刘诗荣,石国山,等. 滇东黔西地区煤层气开发试验及储层改造效果分析与建议[J]. 中国煤层气,2006,3(4):31-34.

[38] 倪小明,苏现波,郭红玉. Ⅰ与Ⅱ类煤中地应力与多分支水平井壁稳定性的关系[J]. 煤田地质与勘探,2009,37(6):31-34.

[39] 倪小明,苏现波,李玉魁. 多煤层合层水力压裂关键技术研究[J]. 中国矿业大学学报,2010,39(5):728-732.

[40] 聂百胜,张力,马文芳. 煤层甲烷在煤孔隙中扩散的微观机理[J]. 煤田地质与勘探,2000,28(6):20-22.

[41] 钱鸣高,缪协兴,许家林,等. 岩层控制的关键层理论[M]. 徐州:中国矿业大学出版社,2000.

[42] 秦勇,程爱国. 中国煤层气勘探开发的进展与趋势[J]. 中国煤田地质,2007,19(1):

26-29.

[43] 秦勇,傅雪海,许江.多煤层条件下煤层气联合开采储层动态评价技术[D].徐州:中国矿业大学,2013.

[44] 秦勇,傅雪海,岳巍,等.沉积体系与煤层气储盖特征之关系探讨[J].古地理学报,2000(01):77-84.

[45] 秦勇,高弟,吴财芳,等.贵州省煤层气资源潜力预测与评价[M].徐州:中国矿业大学出版社,2012.

[46] 秦勇,姜波,王继尧,等.沁水盆地煤层气构造动力条件耦合控藏效应[J].地质学报,2008,82(10):1355-1362.

[47] 秦勇,梁建设,申建,等.沁水盆地南部致密砂岩和页岩的气测显示与气藏类型[J].煤炭学报,2014,39(8):1559-1565.

[48] 秦勇,桑树勋,傅雪海,等.中国重点矿区煤层气资源潜力及若干评价理论问题[J].中国煤层气,2006,3(4):17-20.

[49] 秦勇,宋全友,傅雪海,等.煤层气与常规油气共采的可行性探讨——深部煤储层平衡水条件下的吸附效应[J].天然气地球科学,2005,16(4):492-498.

[50] 秦勇,汤达祯,刘大锰,等.煤储层开发动态地质评价理论与技术进展[J].煤炭科学技术,2014,42(1):80-88.

[51] 秦勇,吴财芳,胡爱梅,等.煤炭安全开采最高允许含气量求算模型[J].煤炭学报,2007,32(10):1010-1013.

[52] 秦勇,熊孟辉,易同生,等.论多层叠置独立含煤层气系统——以贵州织纳煤田水公河向斜为例[J].地质论评,2008,54(1):65-69.

[53] 秦勇,袁亮,胡千庭,等.我国煤层气勘探与开发技术现状及发展方向[J].煤炭科学技术,2012,40(10):1-6.

[54] 秦勇,张德民,傅雪海,等.山西沁水盆地中、南部现代构造应力场与煤储层物性关系之探讨[J].地质论评,1999,45(6):576-583.

[55] 秦勇.中国煤层气产业化面临的形势与挑战(Ⅰ):当前所处的发展阶段[J].天然气工业,2006,26(1):4-7.

[56] 沈玉林,秦勇,郭英海,等."多层叠置独立含煤层气系统"形成的沉积控制因素[J].地球科学,2012,37(3):573-579.

[57] 沈玉林,秦勇,郭英海,等.黔西上二叠统含煤层气系统特征及其沉积控制[J].高校地质学报,2012,18(3):427-432.

[58] 田维江.贵州晚二叠世各煤田含煤性分析[J].中国煤炭地质,2008,20(4):21-23,29.

[59] 王国强,吴建光.沁南潘河煤层气田稳控精细排采技术[J].天然气工业,2011,31(05):31-34.

[60] 王国司,刘诗荣,邬炳钊.贵州西部煤层气资源勘探前景[J].天然气工业,2001,21(6):22-26.

[61] 王立东,罗平.气测录井定量解释方法探讨[J].录井技术,2001,12(3):1-10.

[62] 王一兵,田文广,李五忠,等.中国煤层气选区评价标准探讨[J].地质通报,2006,25(9-10):1104-1107.

［63］王有坤.贵州松河龙潭煤系非常规天然气储层强化机理与工艺［D］.徐州：中国矿业大学,2015.

［64］邬云龙,王旭,韩永辉,等.六盘水煤层气勘探开发前景分析［J］.天然气工业,2003,23(03):4-7,12-11.

［65］吴财芳,秦勇,傅雪海,等.沁水盆地煤储层地层能量演化历史研究［J］.天然气地球科学,2007,18(4):557-560,571.

［66］吴财芳,秦勇,傅雪海.煤储层弹性能及其对煤层气成藏的控制作用［J］.中国科学(D辑:地球科学),2007(09):1163-1168.

［67］吴财芳,秦勇.煤储层弹性能及其控藏效应:以沁水盆地为例［J］.地学前缘,2012(02):248-255.

［68］夏红春,程远平,柳继平.利用覆岩移动特性实现煤与瓦斯安全高效共采［J］.辽宁工程技术大学学报,2006,25(02):168-171.

［69］熊孟辉.贵州五轮山矿区煤层气地质条件及资源潜力［D］.徐州:中国矿业大学,2006.

［70］熊孟辉,秦勇,易同生.贵州晚二叠世含煤地层沉积格局及其构造控制［J］.中国矿业大学学报,2006,35(6):778-782.

［71］徐彬彬,何明德.贵州煤田地质［M］.徐州:中国矿业大学出版社,2003.

［72］徐宏杰.贵州省薄—中厚煤层群煤层气开发地质理论与技术［D］.徐州:中国矿业大学,2012.

［73］徐宏杰,桑树勋,杨景芬,等.贵州省煤层气勘探开发现状与展望田［J］.煤炭科学技术,2016,44(2):1-7,196.

［74］徐宏杰,桑树勋,易同生,等.黔西地应力场特征及构造成因［J］.中南大学学报:自然科学版,2014,45(6):1960-1966.

［75］杨陆武,孙茂远,胡爱梅,等.适合中国煤层气藏特点的开发技术［J］.石油学报,2002,23(4):46-50.

［76］杨陆武.中国煤层气资源类型与递进开发战略［J］.中国煤层气,2007,4(3):4-7.

［77］杨瑞东.贵州晚二叠世瓦斯分布及甲烷资源［J］.贵州地质,1990,7(3):255-260.

［78］杨兆彪.多煤层叠置条件下的煤层气成藏作用［D］.徐州:中国矿业大学,2011.

［79］杨兆彪,秦勇,陈世悦,等.多煤层储层能量垂向分布特征及控制机理［J］.地质学报,2013,87(1):139-144.

［80］杨兆彪,秦勇,高弟.黔西比德—三塘盆地煤层群含气系统类型及其形成机理［J］.中国矿业大学学报,2011,40(2):215-220,226.

［81］姚艳斌,刘大锰.煤储层孔隙系统发育特征与煤层气可采性研究［J］.煤炭科学技术,2006,34(3):64-68.

［82］叶建平,秦勇,林大扬.中国煤层气资源［M］.徐州:中国矿业大学出版社,1999.

［83］叶建平,史保生,张春才.中国煤储层渗透性及其主要影响因素［J］.煤炭学报,1999,24(2):118-121.

［84］叶建平,岳巍,秦勇,等.中国煤层气聚集区带划分［J］.天然气工业,1999,19(5):9-12.

［85］易同生.贵州省煤层气赋存特征［J］.贵州地质,1997,14(4):346-349.

［86］易同生,张井,李新民.六盘水煤田盘关向斜煤层气开发地质评价［J］.天然气工业,

2007,27(5):29-31.

[87] 尹中山,李茂竹,徐锡惠,等.四川古叙矿区大村矿段煤层气煤储层特征及改造效果[J].天然气工业,2010(07):120-124,142.

[88] 袁亮,郭华,沈宝堂,等.低透气性煤层群煤与瓦斯共采中的高位环形裂隙体[J].煤炭学报,2011(03):357-365.

[89] 袁亮,薛俊华,张农,等.煤层气抽采和煤与瓦斯共采关键技术现状与展望[J].煤炭科学技术,2013,41(9):6-11.

[90] 张培河,白建平.矿区煤层气开发部署方法[J].煤田地质与勘探,2010,38(6):33-36.

[91] 张培河,李贵红,李建武.煤层气采收率预测方法评述[J].煤田地质与勘探,2006,34(5):26-30.

[92] 张培河,张明山.煤层气不同开发方式的应用现状及适应条件分析[J].煤田地质与勘探,2010,38(2):9-13.

[93] 张群,冯三利,杨锡禄.试论我国煤层气的基本储层特点及开发策略[J].煤炭学报,2001,26(03):230-235.

[94] 张小东,刘浩,刘炎昊,等.煤体结构差异的吸附响应及其控制机理[J].地球科学,2009,34(5):848-854.

[95] 张政,秦勇,傅雪海.沁南煤层气合层排采有利开发地质条件[J].中国矿业大学学报,2014,43(6):1019-1024.

[96] 赵黔荣.贵州六盘水地区煤层气选区及勘探部署[J].贵州地质,2003,20(2):92-98.

[97] 赵黔荣.六盘水煤层气选区评价参数及勘探开发模式[J].贵州地质,2000,17(4):226-235.

[98] 赵庆波,刘兵,姚超.世界煤层气工业发展现状[M].北京:地质出版社,1998.

[99] 赵兴龙,汤达祯,许浩,等.煤变质作用对煤储层孔隙系统发育的影响[J].煤炭学报,2010,35(9):1506-1511.

[100] 赵阳升,杨栋,胡耀青,等.低渗透煤储层煤层气开采有效技术途径的研究[J].煤炭学报,2001,26(5):455-458.

[101] 周尚忠,张文忠.当前我国煤层气采收率估算方法及存在问题[J].中国煤层气,2011,8(4):9-12,25.

[102] 周世宁,林柏泉.煤层瓦斯赋存与流动理论[M].北京:煤炭工业出版社,1997.

[103] CAI Yidong,PAN Zhejun,LIU Dameng,et al. Effects of pressure and temperature on gas diffusion and flow for primary and enhanced coalbed methane recovery[J]. Energy exploration and exploitation,2014,32(4):601-619.

[104] CHATURVEDI T,SCHEMBRE J M,KOVSCEK A R. Spontaneous imbibition and wettability characteristics of powder river basin coal[J]. International journal of coal geology,2009,77(1-2):34-42.

[105] CHEN Dong,PAN Zhejun,LIU Jishan,et al. Modeling and simulation of moisture effect on gas storage and transport in coal seams[J]. Energy fuels,2012,26(3):1695-1706.

[106] CHEN Dong,SHI Jiquan,SEVKET DURUCAN,et al. Gas and water relative per-

meability in different coals:model match and new insights[J]. International journal of coal geology,2014,122(1):37-49.

[107] CHEN Yaxi,LIU Dameng,YAO Yanbin,et al. Dynamic permeability change during coalbed methane production and its controlling factors[J]. Journal of natural gas science and engineering,2015(25):335-346.

[108] CHEN Zhiming,LIAO Xinwei,ZHAO Xiaoliang,et al. A semi-analytical mathematical model for transient pressure behavior of multiple fractured vertical well in coal reservoirs incorporating with diffusion,adsorption,and stress-sensitivity[J]. Journal of natural gas science and engineering,2016(29):570-582.

[109] DENNIS A A,ZULEIMA T K,TURGAY E,et al. Fracture permeability and relative permeability of coal and their dependence on stress conditions[J]. Journal of unconventional oil and gas resources,2015(10):1-10.

[110] DURUCAN S,AHSAN M,SYED A,et al. Two phase relative permeability of gas and water in coal for enhanced coalbed methane recovery and CO_2 storage[J]. Energy procedia,2013,37(37):6730-6737.

[111] FAN Tiegang,ZHANG Guangqing,CUI Jinbang. The impact of cleats on hydraulic fracture initiation and propagation in coal seams[J]. Petroleum science,2014,11(4):532-539.

[112] GUO Pinkun,CHENG Yuanping,JIN Kan,et al. Impact of effective stress and matrix deformation on the coal fracture permeability[J]. Transport in porous media,2014,103(1):99-115.

[113] HAN Jinxuan,YANG Zhaozhong,LI Xiaogang,et al. Influence of coal-seam water on coalbed methane production:a review[J]. Chemistry and technology of fuels and oils,2015,51(2):207-221.

[114] HOBBS D W. The formation of tension joints in sedimentary rocks:an explanation[J]. Geological magazine,1967,104(2):129-132.

[115] LAI Fenxxeng,LI Zhiping,FU Yingkun,et al. A drainage data-based calculation method for coalbed permeability[J]. Journal of geophysics and engineering,2013,10(10):706-733.

[116] LISLE R J,ROBISON J M. The mohr circle for curvature and its application to fold description[J]. J. structure geol. ,1995,17(3):739-750.

[117] LI Song,TANG Dazhen,PAN Zhejun,et al. Evaluation of coalbed methane potential of different reservoirs in western Guizhou and eastern Yunnan,China[J]. Fuel,2015(139):257-267.

[118] LIU Shaobo,SONG Yan,ZHAO Menjun. Influence of overpressure on coalbed methane reservoir in south Qinshui basin[J]. Chinese science bulletin,2005,50(1):124-129.

[119] LIU Shimin,SATYA HARPALANI. Determination of the effective stress law for deformation in coalbed methane reservoirs[J]. Rock mechanics and rock engineer-

ing,2014,47(5):1809-1820.

[120] LI Yong,TANG Dazhen,XU Hao,et al. Experimental research on coal permeability:the roles of effective stress and gas slippage[J]. Journal of natural gas science and engineering,2014(21):481-488.

[121] MENG Ya,LI Zhiping,LAI Fenpeng. Experimental study on porosity and permeability of anthracite coal under different stresses[J]. Journal of petroleum science and engineering,2015(133):810-817.

[122] MENG Yanjun,TANG Dazhen,XU Hao,et al. Division of coalbed methane desorption stages and its significance[J]. Petroleum exploration and development,2014,41(5):671-677.

[123] MENG Yanjun,TANG Dazhen,XU Hao,et al. Geological controls and coalbed methane production potential evaluation:a case study in Liulin area,eastern Ordos basin,China[J]. Journal of natural gas science and engineer,2014(21):95-111.

[124] MENG Zhaoping,LI Guoqing. Experimental research on the permeability of high-rank coal under a varying stress and its influencing factors[J]. Engineering geology,2013,162(3):108-117.

[125] PAN Zhejun,CONNELL L D,CAMILLERI M,et al. Effects of matrix moisture on gas diffusion and flow in coal[J]. Fuel,2010,89(11):3207-3217.

[126] SHAO Y B,GUO Y H,QIN Y,et al. Distribution characteristic and geological significance of rare earth elements in Lopingian mudstone of Permian,Panxian Country,Guizhou Province[J]. Mining science and technology (China), 2011,21(4):469-476.

[127] SHEN Jian,QIN Yong,WANG Guoxiong,et al. Relative permeabilities of gas and water for different rank coals[J]. International journal of coal geology,2011,86(2-3):266-275.

[128] SONG Yan,LIU Shaobo,ZHANG Qun,et al. Coalbed methane genesis,occurrence and accumulation in China[J]. Petroleum science,2012,9(3):269-280.

[129] SUN Zhanxue,ZHANG Wen,HU Baoqun,et al. The characteristic of the geotemperature field and its relationship of the coal methane in Qinshui basin[J]. Chinese science bulletin,2005,50(S1):93 98.

[130] TANG Dazhen,DENG Chunmiao,MENG Yanjun,et al. Characteristics and control mechanisms of coalbed permeability change in various gas production stages[J]. Petroleum science,2015,12(4):684-691.

[131] TAO Shu,TANG Dazhen,XU Hao,et al. Factors controlling high-yield coalbed methane vertical wells in the Fanzhuang block,southern Qinshui basin[J]. International journal of coal geology,2014(134):38-45.

[132] TAO Shu,WANG Yanbin,TANG Dazhen,et al. Dynamic variation effects of coal permeability during the coalbed methane development process in the Qinshui basin,China[J]. International journal of coal geology,2012(93):16-22.

[133] XU Hao,TANG Dazhen,TANG Shuheng,et al. A dynamic prediction model for gas-water effective permeability based on coalbed methane production data[J]. International journal of coal geology,2014(121):44-52.

[134] YANG Yu,PENG Xiaodong,LIU Xin. The stress sensitivity of coal bed methane wells and impact on production[J]. Procedia engineering,2012,31(16):571-579.

[135] YAN Taotao,YAO Yanbin,LIU Dameng,et al. Evaluation of the coal reservoir permeability using well logging data and its application in the Weibei coalbed methane field,southeast Ordos basin,China[J]. Arabian journal of geosciences,2015,8(8):5449-5458.

[136] ZHANG Qinglong,WU Caifang. Coal geological factors for the storage of gas and coalbed methane resources evaluation research in Liupanshui[J]. Journal of coal science and engineering,2011,17(4):414-417.

[137] ZHANG Zetian,ZHANG Ru,XIE Heping,et al. The relationships among stress,effective porosity and permeability of coal considering the distribution of natural fractures:theoretical and experimental analyses[J]. Environment earth sciences,2015,73(10):5997-6007.

[138] ZHAO Dong,FENG Zenchao,ZHAO Yangsheng. Laboratory experiment on coalbed-methane desorption influenced by water injection and temperature[J]. Journal of canadian petroleum technology,2011,50(7-8):24-33.

[139] ZHAO Junlong,TANG Dazhen,LIN Wenji,et al. Permeability dynamic variation under the action of stress in the medium and high rank coal reservoir[J]. Journal of natural gas science and engineering,2015(26):1030-1041.